U0274412

航天科技图书出版基金资助出版

火星探测征程

侯建文　张晓岚　王　燕　张德雄　陈昌亚　编著

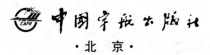

中国宇航出版社

·北京·

图书在版编目（CIP）数据

火星探测征程/侯建文等编著．--北京:中国宇航出版社，2013.5
ISBN 978 - 7 - 5159 - 0411 - 5

Ⅰ.①火… Ⅱ.①侯… Ⅲ.①火星探测 Ⅳ.①P185.3

中国版本图书馆 CIP 数据核字（2013）第 074661 号

责任编辑 舒承东　**责任校对** 祝延萍　**封面设计** 文道思

出　版
发　行　**中国宇航出版社**

社　址　北京市阜成路 8 号　　　邮　编　100830
　　　　（010)68768548
网　址　www.caphbook.com
经　销　新华书店
发行部　(010)68371900　　　　(010)88530478(传真)
　　　　(010)68768541　　　　(010)68767294(传真)
零售店　读者服务部　　　　　　北京宇航文苑
　　　　(010)68371105　　　　(010)62529336
承　印　北京画中画印刷有限公司
版　次　2013 年 5 月第 1 版　　　2013 年 5 月第 1 次印刷
规　格　880×1230　　　　　　开　本　1/32
印　张　10.5　　　　　　　　　字　数　292 千字
书　号　ISBN 978 - 7 - 5159 - 0411 - 5
定　价　88.00 元

航天科技图书出版基金简介

航天科技图书出版基金是由中国航天科技集团公司于 2007 年设立的，旨在鼓励航天科技人员著书立说，不断积累和传承航天科技知识，为航天事业提供知识储备和技术支持，繁荣航天科技图书出版工作，促进航天事业又好又快地发展。基金资助项目由航天科技图书出版基金评审委员会审定，由中国宇航出版社出版。

申请出版基金资助的项目包括航天基础理论著作，航天工程技术著作，航天科技工具书，航天型号管理经验与管理思想集萃，世界航天各学科前沿技术发展译著以及有代表性的科研生产、经营管理译著，向社会公众普及航天知识、宣传航天文化的优秀读物等。出版基金每年评审 1～2 次，资助 10～20 项。

欢迎广大作者积极申请航天科技图书出版基金。可以登录中国宇航出版社网站，点击"出版基金"专栏查询详情并下载基金申请表；也可以通过电话、信函索取申报指南和基金申请表。

网址：http：//www.caphbook.com

电话：(010) 68767205，68768904

序

　　在行星探测的历史中，火星一直是备受关注的太阳系行星之一。这不仅因为它是人类生活的家园——地球的近邻，还因为它的结构和历史与地球有相似之处，因此对火星的探测始终是人类梦寐以求的目标。人类对火星的天文观测已有 400 多年的历史，而发射探测器对火星进行直接工程探测也有 50 多年了。截至 2012 年底，以美俄为首的航天大国共进行了 41 次火星探测任务。人类不畏艰险，克服重重困难，矢志不逾地开拓进取，取得了极其丰硕的成果。我国的火星探测活动虽然晚于美、俄、欧空局和日本，但进入 21 世纪以来，也已将火星列为我国深空探测活动的一个重要探测目标，有关研制工作正在紧锣密鼓地开展中。与俄罗斯国家航天局合作发射的萤火一号，是我国第一个火星探测器。该探测器虽然因俄方计算机系统故障造成上面级发动机无法点火而未能进入火星轨道，但就轨道器本身而言，其研制工作是十分成功的，突破了超远距离深空探测一系列关键技术，为我国未来的行星探测工程奠定了很好的基础。

　　20 世纪下半叶以来，世界各国在大规模深空探测活动的基础上，相继出版了一系列火星探测方面的著作。但这些著作多数集中在科普、过程情节和天文观测等领域，比较典型的是美国航空航天局火星漫游车项目首席科学家史蒂夫·斯奎尔斯在 2005 年所著的《Roving Mars》（《登陆火星》）一书，讲述了美国勇气号和机遇号火星漫游车的研制、发射和火星巡视探测的精彩故事。但遗憾的是，这些著作对工程领域的论述或者较少涉足，或者比较分散。中文版的专著更是凤毛麟角，这和我国当前轰轰烈烈的火星探测工程活动很不相称。为此上海航天技术研究院组织相关专家，深入地研究了世界各国 50 多年来的火星探测历程，撰写了《火星探测征程》。

本书的重要特色是从火星探测的目的出发，详细论述了人类火星探测活动的各个方面。除了火星概貌、探火目标和探火技术综览外，本书重点详尽地叙述了人类探火的艰辛历程，通过不懈努力取得的丰硕成果和未来火星探测的开发前景。为了充分借鉴前人的经验教训，本书还重点讨论了 50 多年火星探测活动中发生的 40 多起典型故障案例，期望从中得到启示。相信本书的出版，将有力地配合我国深空探测活动的开展，促进未来的火星探测任务向纵深发展。同时，它对向全社会传播深空探测工程的科学思想和科学方法，激发中国民众对深空探测活动的热情也是一项十分有意义的工作。

朱芝松

2013 年 5 月

前　言

　　火星是地球的近邻，并且是和地球最为相似的行星，因此自古以来就一直受到人类的密切关注。火星的形成年代和地球相近；轨道面与地球公转轨道面接近于共面；它的自转方向和地球相同；自转周期和地球非常接近；其赤道平面与公转轨道面之间也有一个和地球极其相似的倾角，因此它也存在着和地球类似的四季变化；火星的直径只有地球的约 1/2，四周也有大气层包围着，只是比地球大气层稀薄得多。

　　人类对于火星的观测始于 1608 年，即在天文望远镜发明之后不久。借助望远镜，可观测到分辨率为 100～200 km 的火星表面特征。观测发现，火星表面有模糊的暗亮斑纹。此外，一个非常有趣的现象是火星两极还有白色的极冠现象，随着季节的变化，极冠面积会增大或缩小，就像地球上南北两极的积雪和冰山一样。1877 年夏，意大利布雷拉天文台台长夏帕雷里发现火星表面有一些狭窄的暗线，还有一些较大面积的暗区，很像是一些海峡连通着宽阔的海洋。于是他把这些暗线叫作 Canali，在意大利语中的意思是“沟渠，水道”。但是这个发现经过新闻媒体宣传后，就变成了火星上有运河，因为英文 Canal 的意思是人工挖掘的运河。于是火星上有运河的消息很快便轰动了全球。后来人们用更大的望远镜观测，发现所谓的“火星运河”是由许多孤立的形状不规则的暗斑所组成，而不是运河。虽然火星被证实不存在运河，可是这并没有彻底改变人们对火星上有生命存在的看法。

　　进入航天时代以来，火星很快就成为人类探测太阳系行星的重点。世界各国发射的火星探测器已越来越先进，探测的成功率和探测精度也不断提高，火星探测事业取得的重大成就使它的面貌逐渐为人们所熟悉。在科学技术高速发展的今天，对太阳系的起源与演化、地球的起源与演化、生命的起源与演化等自然科学基本问题的研究逐步深入，作为这些研究工作有力的旁证，火星探测的特殊地位已愈来愈被人们所确认。20 世纪 90 年代以来，以美国为代表的航天大国掀起了火星探测活动的第二个高潮。

空间时代的来临，揭开了这颗红色星球的神秘面纱，书写了人类探测火星的新篇章。截至 2012 年底，人类共进行了 41 次火星探测任务，其中苏联/俄罗斯 20 次，美国 19 次，欧洲和日本各 1 次。

早期的火星探测任务数量很多，但技术上不够成熟。从 1960 年到 1964 年短短 5 年中，美国和苏联共发射了 8 颗火星探测器，前 6 次任务均以失败告终。第 7 颗火星探测器——美国的水手-4，是第一颗成功的火星探测器。在飞越火星的过程中，它成功地发回了 21 张照片，首次向人类展示了与月球类似的荒芜的火星表面。1971 年，苏联的火星-3 在火星表面着陆，成为首个成功着陆火星的着陆器。1975 年美国发射的两颗火星探测器海盗-1 和海盗-2 在技术上已有较大进步，提供了大量关于火星的数据，使人类对于火星的了解大大超过 100 多年前的望远镜时代。

进入 20 世纪 90 年代以后，美国共发射了 11 颗火星探测器，其中火星观测者、火星气候轨道器和火星极地着陆器失败，但其他 8 颗探测器均获成功，包括火星探路者、火星全球勘测者、奥德赛、勇气号、机遇号、凤凰号、火星勘测轨道器、好奇号。这些探测器中既有着陆器也有火星车，它们无论是在尺寸大小还是复杂性都较之前的任务有重大飞跃。2003 年欧空局成功发射的火星快车轨道器，和美国探测器进行了密切的配合，也代表了当代先进技术水平。但在这 20 年间俄罗斯进行的两次火星探测均以失败告终。

与此同时，火星探测的空间合作也取得了重要进展。1993 年在德国威斯巴登成立了"火星国际探测工作组"（IMEWG），约有 10

个空间机构和组织加入这项合作计划。工作组每隔两年在各成员国召开一次会议，在火星探测战略计划和任务部署方面取得了显著的成效。世界上主要的火星探测机构联合成立了火星表面地质观测网。进入 21 世纪后，人类对火星的探测将继往开来，国际合作更加深入，这将为人类探索宇宙的奥秘，寻找生命的起源，开发、利用太空作出卓越的贡献。

我国航天事业的成就举世瞩目，但行星探测活动刚刚开始，与美、俄、欧相比存在着较大差距，行星探测成为我国航天事业中亟待开发的处女地。2007 年，在中俄两国国家元首的见证下，两国国家航天局正式签署了关于联合探测火星和火卫一的协议。这是我国继月球探测后在深空探测领域迈出的崭新一步，其科学意义和工程意义均十分重大。虽然这次发射由于俄方计算机系统故障而失败，但中方的萤火一号火星轨道器研制工作本身是十分成功的，所进行的一系列试验已表明了它的优异性能。在研制过程中取得了极其宝贵的经验，攻克了大量关键技术问题，为未来的火星探测任务奠定了基础。

为了积极配合我国未来火星探测任务的研制，我们编写了《火星探测征程》。

全书共分 8 章，第 1 章为火星概貌，介绍了火星的物理、气候和地质地貌特征；第 2 章叙述了火星探测对生命起源研究的重要意义和火星探测的 5 个发展阶段；第 3 章是火星探测技术纵览，扼要地讨论了火星探测轨道与发射窗口、进入下降和着陆、主要技术难题，以及载人火星探测问题；第 4 章～第 8 章是本书的重点，其中第 4 章介绍美、苏两国早期的火星探测历程；第 5 章逐项详细介绍了 20 世纪 90 年代以来各国的火星探测任务；第 6 章讨论了 50 多年来火星探测的丰硕成果，包括科学探测成果和工程技术成果；第 7 章系统分析了历年来火星探测中出现的重大故障和从中取得的经验教训；第 8 章讨论了火星探测的前景，包括未来十年的火星探测计划和载人火星探测构想；最后还附有世界各国火星探测活动编年表和火星探测故障表。希望本书能够为我国火星探测任务提供有力的借鉴和佐证，促进探测任务的圆满完成；并且能够对我国未来的火星探测发展战略的制定、火星探测技术的发展发挥很好的支撑作用。

本书编写过程中，方宝东、褚英志、赵晨、袁勇、华春、徐劼等提供了大量有价值的原始资料；此外还得到国防科工局系统一司的大力支持和全程指导，在此特表衷心感谢。

限于编者的水平，书中难免有不妥之处，恳请专家和读者批评指正。

作者
2013 年 5 月

目　录

第 1 章　火星概貌

1.1　火星的物理特性

　　人类生活的地球是一颗围绕太阳转动的行星，公转轨道是一个椭圆，太阳位于椭圆的一个焦点上。和地球一起围绕太阳转动的还有 7 颗行星，统称"八大行星"。这八大行星按照距离太阳的远近，从近到远依次是水星、金星、地球、火星、木星、土星、天王星、海王星（见图 1-1）。火星和木星之间还有一个小行星带。太阳与围绕它转动的这些大大小小的行星、彗星和小行星等天体组成了一个非常和谐美妙的天体系统，这就是我们的太阳系。太阳是八大行星的核心，因为太阳的质量非常大，占整个太阳系所有天体总质量的 99％以上，巨大的质量产生的巨大引力将八大行星牢牢地维系在自己的周围，永不离散。在八大行星中，火星与地球是最相似的行星，关于火星上有没有生命这个问题已经困惑了人类几个世纪。因此揭开火星神秘的面纱成为 20 世纪后半期和新世纪初行星探测的重头

图 1-1　太阳系的八大行星

戏。了解火星的物理特性、大气气候和地质地貌对于进一步探测火星有着至关重要的作用。

1.1.1　火星的运动特征[1-4]

火星是地球的一个邻近行星，其轨道也是一个椭圆，偏心率为 0.0934。它的近日点和远日点分别为 2.066 亿 km 和 2.492 亿 km，距太阳平均距离是 2.279 4 亿 km，即 1.523 7 AU（天文单位，1 AU＝1.495 978 706 6×10^8 km）。火星距离地球最大距离为 4.013 亿 km，2.67 AU；最近距离为 5 570 万 km，即 0.37 AU；轨道面对黄道面倾角为 1.850°。

火星与地球的会合周期为 779.94 个地球日，即每隔 2 年 50 天接近地球一次，称为"冲日"，因此火星探测器的发射窗口相隔约 26 个月。当火星过近日点前后冲日时离地球最近，称为"大冲"，这是从地球上观测火星的最佳时机，大约每 15 年或 17 年发现一次火星的大冲。火星在 21 世纪头 20 年的冲日发生时间见表 1-1。

表 1-1　2001 年到 2020 年发生的冲日

2001 - 06 - 14	2003 - 08 - 29	2005 - 11 - 07	2007 - 12 - 25	2010 - 01 - 30
2012 - 03 - 04	2014 - 04 - 09	2016 - 05 - 22	2018 - 07 - 27	2020 - 10 - 14

火星的自转周期是 24 小时 37 分，因此火星的一天与地球的一天很接近；但火星公转周期为 686.98 个地球日，火星上的一年大约相当于地球上的两年。地球上之所以有一年四季的变化，是因为地球的自转轴与其公转轨道面的法线并不重合，而是有一个 23°27′ 的倾角。火星同样也有一个 25°10′ 的倾角，与地球的倾角相差很小，因此火星上也有比较明显的四季变化。

1.1.2　火星的物理性质[1-4]

火星的直径为 6 794 km，约只有地球直径的 1/2。通过火星的直径即可推算出火星表面积为 1.45 亿 km^2，相当于地球的陆地面积。因此，尽管火星比地球小很多，其干燥的陆地面积并不比地球少。表 1-2 是火星和太阳系其他星体的直径及与太阳距离的对比。

表 1-2　太阳系星体的直径及与太阳距离的对比[1]

星体	直径/km	与太阳距离/10^6 km
水星	4 880	58
金星	12 200	108
地球	12 756	150
火星	6 780	228
小行星带	—	330～495
木星	142 800	780
土星	120 000	1 390
天王星	51 000	2 860
海王星	50 000	4 480
彗星	1～100	
小行星	1～1 000	50～27 000
太阳	1 390 000	

在 19 世纪 70 年代发现了火卫一和火卫二后，火星的质量才得以确定，约为 $6.4×10^{23}$ kg，相当于地球质量的 10.74%。火星的密度比地球小，约为 3.9 g/cm^3。火星表面的引力加速度大约是 3.73 m/s^2，只相当于地球的 38%。一个体重 100 kg 的人，在火星上的体重只有 38 kg。火星没有像地球那样的全球磁场。但火星全球勘测者（Mars Global Surveyor）轨道器测得火星南半球一些区域地壳是磁化的，磁化情况与地球海底的交替磁化带相当，因此有一种理论认为，这些磁化带是火星上以前板块构造的证据。显然，这应当是约 40 亿年前形成的火星地壳保留下来的残存磁场。估计火星的磁矩至少比地球磁矩弱 5 000 倍，赤道处磁场强约 0.000 4Gs。太阳风与火星电离层相互作用，形成不大的磁层，产生弱的弓形激波及其他等离子体现象。表 1-3 总结了火星的基本物理特性。

表 1-3　火星与地球的基本物理特性比较[1,4]

内容	地球	火星
直径	12 756 km	6 794 km
质量	5.80×10^{24} kg	0.642×10^{24} kg
引力加速度	9.81 m/s^2	3.73 m/s^2
距太阳的平均距离	1.496×10^8 km	2.279×10^8 km
平均光照	839 cal/（cm^2·d）	371 cal/（cm^2·d）
倾角	23°27′	25°10′
自转周期	23 h56 min4.1 s	24 h 37 min 23 s
公转周期	365 天	687 天或 1.88 年
磁场	40 000 nT	50～100 nT
平均气压	1 013 mb	7 mb
卫星数量	1	2
赤道半径	6 378.14 km	3 397 km
体积	1.084×10^{12} km^3	1.626×10^{11} km^3
平均密度	5.517 g/cm^3	3.933 g/cm^3
逃逸速度	11.18 km/s	5.02 km/s
光的反射率	37%	15%
轨道偏心率	0.017	0.093
轨道平均速度	29.80 km/s	24.14 km/s
远日点距离	1.521×10^8 km	2.492×10^8 km
近日点距离	1.471×10^8 km	2.066×10^8 km
表面温度范围	200～345 K	140～295 K

续表

内容		地球	火星
大气成分	N_2	79%	2.7%
	O_2	21%	0.13%
	CO_2	0.033%	95.3%
	H_2O	≤0.5%	—
已知稀有气体		N_2O	Ar
		CO	Ne
		CH_4	Kr
		O_3	Xe
		其他	O_3
冰		H_2O	H_2O, CO_2
表面尘土		有	有
平均表面风速		0～10 m/s	2～7 m/s，冬季 5～10 m/s
大气范围内风速		45～65 m/s	60～80 m/s

1.1.3　火卫一和火卫二[1-4]

美国人霍耳在 1877 年发现了两颗火星卫星，即火卫一和火卫二（见图 1-2、图 1-3），分别以古希腊神话中战神的两个儿子福布斯（Phobos）和戴莫斯（Deimos）的名字命名。早在 1610 年，开普勒就预言了火星有两颗卫星。更加有趣的是，1726 年斯维夫特在小说《格利弗游记》中就相当准确地描述了这两颗卫星的大小和旋转周期。这两颗卫星都不大，且形状也不规则。火卫一是 18.6 km×22.2 km×26.6 km 的扁球，质量为 $1.08×10^{16}$ kg，平均密度 1.9 g/cm³；火卫二也是一个不规则球体，尺寸为 15.2 km×12.4 km×10.8 km，质量为 $2.4×10^{15}$ kg，平均密度 1.75 g/cm³。这两颗卫星离火星都很近，火卫一和火卫二的轨道半径分别为 9 378 km 和 23

459 km，轨道面与赤道面倾角分别为 1.08°和 1.79°。与椭圆的火星轨道不同的是，火卫一和火卫二的轨道都很圆，轨道偏心率为 0.015 2 和0.000 5。自转周期分别为 7.654 h 和30.299 h，详见表 1-4。

　　望远镜时代很难观测到火星卫星的表面。直到数百年后的海盗号探测器从火卫一旁 100 km 处飞越，以及福布斯探测器从火卫一表面 800 km 处飞过，人类才见到这两颗火星卫星的真实面貌。它们的表面都受到过严重的陨击，受撞击程度相当高。陨击坑形态多样，从扁长的双重坑到圆形坑都有。陨击坑的边缘隆起，中央没有凸起，也没有明显的溅射物沉积或辐射纹。由于撞击的时间不同，有的陨击坑轮廓清晰，有的则比较模糊。

图 1-2　火卫一"福布斯　　图 1-3　火卫二"德莫斯（Deimos）"
（Phobos）"（火星勘测轨道器　　　（火星勘测轨道器于
于 2008 年 3 月 23 日拍摄）[1]　　　2009 年 2 月 21 日拍摄）[1]

　　火卫一表面崎岖不平，斯帝克尼（Stickney）坑是火卫一上最大的陨击坑，直径长达 11 km。另外还有两个陨击坑霍尔（Hall）和罗切（Roche），直径也有 5 km。此外还有很多直径 5 km 以下的陨击坑。除了布满大大小小的大量陨击坑之外，火卫一表面另一显著特点是有大量的长沟槽，有些长达 5 km，宽约 100～200 m，深 10～20 m，组成几簇平行纹。沟槽上还有星罗棋布的陨击坑。火卫二表面与火卫一有些差别，它表面较为平坦，但也布满了陨击坑，只是大的陨击坑较少。火卫二表面有一些高反照率区，而不像火卫一那样多沟槽。

表 1 - 4　火卫一和火卫二物理特征对比[1,4]

内容	火卫一	火卫二
发现人	霍耳	霍耳
发现时间	1877 年	1877 年
轨道半径	9 378 km	23 459 km
天体尺寸	18.6 km×22.2 km×26.6 km	15.2 km×12.4 km×10.8 km
质量	1.08×10^{18} kg	2.4×10^{15} kg
自转周期	7.654 h	30.299 h
平均密度	1.9 g/cm^3	1.75 g/cm^3
轨道偏心率	0.015 2	0.000 5

1.2　火星大气和气候

　　火星大气很稀薄，平均表面气压仅约 6.1 mb（1 mb＝100 Pa），不到地球海平面气压的 1/100。火星表面各处的实际气压因地而异，而且还随季节的变化而不同。火星表面平均温度为 215 K，变化范围在 140～295 K 之间。

1.2.1　大气成分和大气化学[2-5]

　　各种火星探测着陆器在火星大气降落的过程中，直接测量了大气成分。在 125 km 以下的高度，火星大气被湍流混合得很均匀。跟金星大气类似，水手 4、6、7 证实火星大气的主要成分是 CO_2，其次是 N_2 及 Ar 等（见表 1 - 5）。但火星大气的微量成分跟金星大气不同，没有硫化物或酸。海盗号探测器测量到了火星大气中有大量的同位素，结果如下：

　　1）火星上碳和氧的同位素比率跟地球类似，说明火星上存在 CO_2 和水冰的大储库，且从储库来的气体跟大气中的气体进行了交换；

　　2）过去火星大气中存在大量 CO_2、N_2 和 Ar，在历史早期可能失去了很多挥发物，或逃逸到太空，或潜藏于陆地（化学上封锁于岩石内）。惰性气体 ^{38}Ar（放射元素钾衰变产生）与 ^{36}Ar 的比率大，后又确认存在痕量（约占体积的 1 亿分之一）甲烷（CH_4）。

表 1-5　火星低层大气的成分[3,5]

主要气体	wt%	微量气体	wt%	同位素比率	
CO_2	95.32	Ne	0.000 25	D/H	5
N_2	2.7	Kr	0.000 03	$^{15}N/^{14}N$	1.7
Ar	1.6	Xe	0.000 008	$^{38}Ar/^{36}Ar$	1.3
O_2	0.13			$^{13}C/^{12}C$	1.07
CO	0.07				
H_2O	0.03				

　　在太阳紫外辐射作用下，火星的高层大气发生光化学反应，主要有两种循环反应。一种是氧循环，CO_2 光解为 CO 和 O，O 结合成 O_2 和 O_3，O_2 和 O_3 都是土壤的氧化剂。另一种是氢循环，水汽光解为 H 和 OH，氢与氧生成 H_2O，这又是土壤的氧化剂。最后，CO 和 O 结合成 CO_2，留在大气中，一些氢和氧逃逸到行星际，总的结果是火星丢失水。虽然水汽是火星大气的少量成分（1 万分之几），但由于火星大气和表面的温度低，水汽等挥发物在大气化学、气象学、地质学，尤其生命中仍起着重要作用，表 1-6 列出挥发物 H_2O 和 CO_2"储库"的等效全球"海洋"深度。

　　在火星大气中，水汽是有效饱和的，但表面却没有液态水，而主要以水汽和冰的形式存在。海盗号轨道器观测到火星大气的水含量会随一个火星年的四季变化而变化。

　　火星大气的水汽跟大量的表土储存库接触。在纬度 40°以上，普遍存在地下冰层，因为地下温度很低，其冰不升华。奥德赛轨道器的观测证实，高纬度表面 1 m 以下就存在冰，冰层深度未知。相反地，低纬度的冰是不稳定的，表层冰必然升华为大气的水汽，详见表 1-6。

表 1 - 6 挥发物 "储库"[3,5]

挥发物	"储库"	等效全球 "海洋" 深度
H_2O	大气	10^{-5} m
	极冠和层化带	5~30 m
	储在表土的冰、吸附水或含水盐	0.1~100 m
	深部含水层	未知
CO_2	大气	~6 mb
	风化尘中的碳酸盐	~200 mb/100 m 风化尘层
	吸附在表土的	<200 mb
	碳酸盐沉积岩	~0 (表面)
SO_2	大气	0
	风化尘中的硫酸盐	~8 m/100 m 风化尘层
	硫酸盐沉积岩	广泛,但未定量

1.2.2 大气结构[2-5]

火星大气的垂直结构 (即温度和压强随高度的分布) 一部分取决于几种能量的转换,一部分取决于进入火星大气的太阳辐射和火星向外太空的辐射损失。

火星低层大气的垂直结构有两个决定因素——纯 CO_2 和悬浮尘埃含量。由于 CO_2 在火星大气中能够有效地辐射能量,大气对接受的太阳辐射变化响应很快。悬浮尘埃直接吸收大量的太阳辐射,提供遍及低层大气的能量分布源。

火星表面温度跟纬度有关,且昼夜变化范围很大。在海盗-1 和火星探路者登陆点 (20°N) 一人高处,温度在 189 K (−84℃,日出前) ~240K (−33℃,中午) 之间规则变化,这比地球上沙漠地区的温度变化大得多。由于火星大气稀薄而干燥,表面在夜间能够很快地散发掉热量,因而近表面的温度变化大。在沙尘暴期间,表面温度变化范围减小。在高度几 km 范围内,温度的昼夜变化变得不十分明显,但因太阳辐射直接照射情况的不同而呈现遍及大气的温度和压强振荡，有时称为"大气潮汐"。因此火星大气的垂直结构很复杂。

火星低层大气的特征温度约 200 K（−73℃），低于表面白昼平均温度（250 K，即−23℃），这相当于地球南极的冬季温度。在火星的夏季，表面之上一人高处，白昼气温高达 290 K（17℃）。在高度约 40 km 内，温度随高度增加而降低，海盗号和火星探路者在降落过程中测得的温度梯度为 1.5℃/km，低于预计的 5℃/km，可能是悬浮尘埃造成如此差异。在对流层顶（高度约 40 km），温度大致在 140 K（−130℃）左右变化。向上有一系列冷暖层，跟太阳辐射加热和潮汐作用有关。对流层高度也随地域变化很大。跟地球不同的是，火星的气压随季节的变化很大，因为火星大气的主要成分 CO_2 在冬季的极区凝为干冰而气压减小，到了春季又蒸发而气压增大，海盗号的测量表明，火星大气气压的年变化达 30%，相当于 7.9 万亿吨 CO_2 在固态−气体之间季节性地循环，或冬季极冠至少有23 cm 厚的干冰。

火星大气没有地球大气那样的臭氧层和中层。高层大气的温度又增加，大气顶的平均温度约 300 K。在高度 100 km 以上，由于大气密度小、温度高，气体分子碰撞少，达不到各种成分湍流混合均一，不同成分的气体按其质量大小发生扩散分离。由于分子量小的气体更容易逃逸到外太空，于是影响到剩余气体的同位素组成，例如，火星大气的氘/氢比率是地球大气的 5 倍。

高层大气因吸收太阳紫外辐射而离解和电离，发生复杂的化学反应。火星在高度 130 km 附近有电离层，突出的是 F1 层：O_2 占 90%、CO_2 占 10%，其高度和温度有相当大的变化。火星大气中 CO_2 也产生温室效应，可使表面温度升高 5℃。

1.2.3　云、雾、霜[2-5]

火星大气中也发生一些气象现象，望远镜观测可看到某些迹象，例如，火星表面地貌短时间被遮掩，常解释为大气和尘埃凝结的白云或黄褐云所致。火星探测器返回的照片则揭示了很多云、雾霾、霜等大气现象。火星有对流云、波状云、山岳云和雾。火星上最重要的是秋冬季极区上空的极冠云，它也是存在时间最长久的。近表面的大气在白昼被加热，上升后变冷，形成对流云，常在中午出现于赤道高地区域上空。强风吹过山脊等障碍，若湿度和温度适宜，在下坡形成波状云，例如直径 100 km 的米兰科维奇陨击坑下风侧的波状云绵延达 800 km。空气沿山坡上升且冷凝，形成山岳云，常在春季午后出现在低纬山岳上空。火星中纬地区在冬季出现西向运动的螺旋风暴系统。火星云一般是水冰白云，有时也有高空的干冰（CO_2）云。而含沙尘多的云则呈黄褐色。火星的平均云量比地球少得多。

探测器所拍摄到的火星黎明前后半小时的照片显示，在低谷和陨击坑常出现多种很低的云和雾，可明显看出谷底或坑底由模糊变清晰的过程，这是由于云雾消失了。在火星的寒冷夜晚，H_2O 和 CO_2 都可能冻结成霜。例如，Argyre 盆地黎明前有霜覆盖。

自 1892 年以来，地面望远镜多次观测到火星的几个局部发生"闪亮"（Flare）现象。其原因是什么？有人曾提出火山喷发、陨击等看法，更合理的解释是冰晶云、霜、雾在特殊方向的反射太阳光增强。

1.2.4　大气环流和尘暴

火星的大气环流复杂而多变。火星的自转跟地球相似，因此可以预见火星有类似地球的大气环流，例如，低纬区有子午方向的哈德莱环流，一定季节在中纬区出现斜压涡旋，地势高（到 25 km）的地方出现驻波等。但是，火星低层大气环流也跟地球有差别，由于火星大气稀薄、云量少，没有海洋，表面直接被太阳直射，夏季最热的地方不是赤道区，而是在热带或亚热带，结果是单一层次的哈德莱环流从最热处上升，分成两支向南、北向运动（其中一支跨过赤道），到高纬区再沉降。冬季半球中纬区温度变化大，出现准周期的斜压波，向上转移动量，维持季节性 CO_2 极冠云的凝聚流，也向极区转移物质。火星上还有从太阳直射的热区上升的气流，流向周围别处，而低层气流又流向照热区，形成"热潮汐"风。

海盗号和火星探路者直接测量了火星风速。登陆点地表风的运动很规则，平均风速小于 2 m/s，也记录到了 40 m/s 的狂风。由于极冠边缘在秋冬季的水平温度梯度大，因此推断风跟季节有很大关系。在冬季，高纬区形成约 100 m/s 的东向强湍流。

"尘暴"是火星上时常发生的自然现象。当火星上的风速达到临界值（约 50～100 m/s）时，100 μm 的尘沙也被吹到大气中，形成区域性（几百 km 到几千 km）尘暴。每个火星年约发生上百次的区域性尘暴，主要在季节性 CO_2 极冠边缘和亚热带高地，持续几星期。每 2～3 个火星年，几个区域性尘暴偶然联合起来，把大量尘沙卷到 30 km 空中，发展成全球性大尘暴，遮住火星表面，可持续几个月。火星的大尘暴可以从地球上用望远镜观测到。当火星运行到近日点附近时，南半球为春季和夏季时，表面温度最高，大气变得极不稳定，成为尘暴发源地。尘暴不仅改变大气温度，而且尘沙也成为水汽和 CO_2 气体的凝结核，最终沉降到极区。图 1-4 是美国火星全球勘测者（MGS）在 2001 年拍摄到的火星的区域尘暴发展为全球尘暴的过程。火星探路者和火星全球勘测者还拍摄到火星的多次气旋风暴，它们类似于地球上的飓风，这些气旋风暴的范围都很大，高度达 6～7 km，呈螺旋云逆时针旋转。

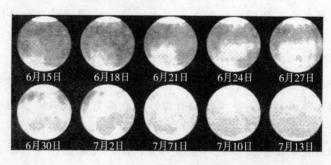

图 1-4　火星的区域尘暴发展为全球尘暴的过程[2-6]

1.2.5　极冠与水[2-5]

火星极区出现的白斑叫作"极冠"，随火星季节变化而变化。由于火星公转轨道是偏心率较大的椭圆，火星过远日点时恰是其南半球冬季，南极冠范围很大，可达南纬 50°；过近日点时南半球是夏季，南极冠几乎完全消融。北半球冬季则是在火星过近日点时期，北极冠范围要小些，但也可达北纬 55°；北半球夏季是过远日点时期，北极冠仍留下小范围未消融。

极冠现象的原因是 CO_2 和水的凝结和消融。由于火星极区冬季气温会降至 $-125℃$，大气中很大部分（约 30%）CO_2 凝结，成为干冰降落在极区表面，形成较薄的白色极冠（厚约 23 cm）；到了春季，干冰蒸发，极冠消融。除了 CO_2，水汽也凝结，形成水冰极冠。由于水冰的溶化温度较高，甚至到了夏天，水冰极冠也不会完全消融。

火星大气中的总含水量不多，如果水全部凝结也仅能在火星表面覆盖约 0.01 mm 厚的薄薄一层（与此对比，地球大气中的水汽可覆盖几毫米厚的一层），可见火星世界是极其干燥的。火星北极冠水冰层的厚度为 1 m～1 km，相当于火星大气中水汽的上万倍。假设火星与地球的 H_2O/N_2 比率一样，那么火星的 H_2O 总量相当于在火星整个表面都覆盖 80～160 m 厚的冰层。因此我们会产生这样的疑问，火星上大量的水到底去哪里了？有人认为火星有永冻土或地下水。另一方面，火星表面有许多干涸的河床，说明火星曾出现过大量流水。

1.2.6　火星的气候变迁[2-5]

火星除了上述气象和季节性气候变化以及尘暴外，还有跟地球类似的，甚至更严重的长期气候变迁，火星过去曾有过温暖、潮湿，乃至适于生命存在的时期。火星在诺亚纪（Noachinan，约 35 亿年前）、西方纪（Hesperian，约 35～25 亿年前）、亚马逊纪（Amazonian，约 25～20 亿年前）各时期形成的三种地貌——"谷网"（Valley network）、"河床"（Channels）、"沟渠"（Gullies），有力地说明火星曾经历了流体改造表面的过程。

关于火星过去温暖气候的产生机制，有以下几种可能性：

1）CO_2 的温室效应，如果火星大气过去 CO_2 含量高，水汽含量也高，且没有碳酸盐沉积，温室效应就会很强；

2）陨击加热，大的小行星或彗星陨击使表面岩石升华，可以使火星变暖和降水；

3）SO_2 的温室效应，火山活动喷发有可能使大气中存在很多 SO_2，但该问题还需仔细研究；

4）CH_4（甲烷）增大温室效应，但对于火星是否存在足够的 CH_4 尚有疑问；

5）流动的火山岩浆也可能形成上述地貌。

1.3　火星地质地貌[3,4]

在地球上，用普通光学望远镜观测火星表面，常见到白色的极冠和一些暗的斑纹特征，且多数特征是随时间和季节变化的。曾有人预测过火星上的暗区是海洋或植被区，甚至有人怀疑是"火星人"开凿的运河或水渠。其实，由于当时分辨力有限，很多表面特征并不是人们所想象的那样，而是流动的风沙、云雾及亮暗物质覆盖表面以及未分辨出的陨击坑和断裂排列所造成的错觉假象。直到火星探测器飞近火星表面后，拍摄到了高分辨率的火星图像，火星的神秘面纱才被逐步揭开。

1.3.1　火星地质[3,4]

经过半个多世纪的探测，火星的地质状况逐步被各个探测器揭开了神秘的面纱。探测表明，火星表面可能覆盖着玄武岩，它们已风化成含水的氧化铁。我们在地球上观测到火星表面或明或暗的部分，其实也是由于含有不同的矿物所致。暗区富含橄榄石或辉石，亮区可能含有氧化或水化的风化产物。

水手 9 号探测器的红外资料表明，火星表面有水冰（或含水的矿物），大气尘粒中含约 55%～65% 的 SiO_2。苏联探测器的探测结果表明，火星表面 U、Th、K 含量相当于地球的基性火成岩。

海盗 1 号和海盗 2 号着陆器共收集到了 22 个火星表面土壤样品，并做了 X 射线荧光分析。火星表面土壤在成分上跟地球和月球的土壤差别并不大，最丰富的重元素有 Si（15%～30%）、Fe（12%～16%）、Mg（5%）、Ca（3%～8%）、S（3%～4%）、Al（2%～7%）、Cl（0.5%～1%）、Ti（0.5%～2.0%）。无疑，这些元素许多已与氧化合，但仪器不能直接测出氧的含量。火星表面土壤中也有相当数量的磁性物质。元素分析结果跟火星表面土壤由富含 Fe 的黏土、镁硅酸盐、氧化铁、碳酸盐组成的推断符合。奇怪的是，火星上硫含量为地球的 100 倍，而 K 含量仅为地球的 1/5。火星表面土壤跟地球土壤最重要的差别是没有有机物。火星土壤元素丰度跟任何已知的单一矿物或岩石类型不同，显然为多种矿物的混合物。火星表面呈黄褐色是由于土壤中含有磁性赤铁矿。

1.3.2　火星地貌

火星表面有多种地貌：陨击坑和盆地、大的盾形火山、峡谷和干涸的河床、崩塌地貌、沙丘、极区沉积层等，但没有如地球板块构造所造成的地形（例如，类似于长直的安第斯山脉、海沟等）。火星最高点是奥林匹亚山，高 27 000 m，长 600 km；火星上的水手峡谷是太阳系最大、最深的峡谷，深 5 000～10 000 m，宽 100 km，长达 4 000 km。就火星全球表面来说，大致以一个跟火星赤道倾斜 30°角的大圆分成南北两个不同的半球：南半球较高，地势较平坦，陨击严重；而北半球则较低（平均比南半球约低 6 km），陨击较少，而且比较年轻，有广延熔岩流、塌陷和巨大火山。在某些地方，南北边界宽且不规则；在另一些地方，边界很陡峭；某些剥蚀严重区就沿着边界分布。火星的半球二歧性是未解之谜，它可能是火星历史早期被一颗或多颗大的小行星撞击时形成的，或者是火星的内核形成时发生的内部变化所致。火星全球勘测者测得的重力资料说明，火星的南半球高地的地壳比北半球平原厚。

火星的地貌比月球和水星的地貌都要复杂，跟地球也有差别。例如，火星的高原和盾形火山（Shield Volcano）比地球上相应的地貌大，火星表面最大高程差也大于地球，现已完成了一些火星全球及区域地质地理图的绘制。火星的地貌和构造主要有古老单元、火山单元、已改造单元（峡谷和河床）和极区单元四大类。

古老单元主要是南半球高地的严重陨击地区，包括密布的陨击坑、陨击盆地及有关的山环，它们约占火星表面的一半，可能代表最古老的火星地壳。火星南半球高地的大陨击坑较多，说明那里很古老，可能 38 亿年前就形成了。

火山单元包括火山建造、火山平原、陨击平原。火山建造包括可以解释为盾形火山、火山穹丘和火山口的地貌，它们主要在南半球北侧的塔西斯区和天堂区及海腊斯盆地附近的陨击区。

火星北半球低地及两半球交界区有多种已改造单元——平原、多丘带和河床等，它们各自具备不同的成因。

火星极区有着与其他地区不同的地貌。极区表面最上层是水冰和干冰以及尘埃的极冠，它随着火星的季节变化而增大或减小。

参 考 文 献

［1］ Pellinen R，Raudsepp P. Towards Mars. Raud Publishing Ltd. ，2000.

［2］ Nolan K. Mars – A Cosmic Stepping Stone. Praxis Publishing Ltd. ，2008.

［3］ McFadden L，et al. 太阳系百科全书（第二版）. 科学出版社，2006.

［4］ Barlow N G. 火星关于其内部、表面和大气的引论. 吴季，赵华，等，译. 科学出版社，2010.

［5］ 胡中为，徐伟彪. 行星科学. 科学出版社，2008.

［6］ Ulivi P. Robotic Exploration of the Solar System. Praxis Publishing Ltd. ，2007.

第 2 章　探火目的和各个探火阶段

2.1　火星探测最重要的使命是研究生命起源

　　在八大行星中，火星是最可与地球作比较的行星，它是太阳系中最有可能存在过生命的地外行星。因此对于火星的探测一直是所有行星探测中的重点。

　　人类探测火星的活动始于 20 世纪 60 年代。但为什么要探测火星，各个国家、不同时期的探测目的是多种多样的，涉及的领域相当广泛、错综复杂，可以包括政治、经济、军事、科学、工程等各个方面，同一个计划的目的本身就可能是多重性的。实际上，几十年来各国火星探测目的已经历了重大变化。早年美国和苏联发射的大量探火飞行器，其主要目的都是两个超级大国为冷战而进行的空间竞赛。到 20 世纪 80 年代末期，苏联因经费紧缺不得已暂停了探火计划，而美国也发现自己走到了一个十字路口，因为经过 20 多年的探测，特别是具备了水手号和海盗号获得的探测数据，使美国人认识到将探测目的转向科学研究上来的时机已经成熟。

　　1995 年，美国 19 位顶级科学家提出了一份名为"火星探测地外生物研究战略"的核心文件，文件总结了当时的火星研究现状，认为今后的火星探测应当立足于寻找火星上生命出现前的化学活动和火星上生命（过去与现有）的研究，同时还提出了一个分五个阶段继续实施火星探测的发展战略。这份文件对美国航空航天局（NASA）以及世界各国未来的火星探测计划产生了重要影响。到 20 世纪末，各国探火计划的重点已逐步归于一致，集中在生命科学领域。以 2005 年美国 NASA 制订的火星探测计划（Mars Exploration

Program) 为例，其中确定的四项最重要目标中，前三项都是围绕寻找火星上的生命而展开的，即：寻找火星上过去存在生命的证据，寻找火星上水热生长环境的证据，寻找火星上现存生命的证据。欧空局、俄罗斯等空间大国的计划也与此相似。

寻找火星上生物出现前的化学活动和火星上生命的证据，目的是为论证地球上生命的起源，以及探讨宇宙中其他星体存在生命的可能性提供有力证据。到目前为止，尽管人类对地球上生命起源仍不是十分清楚，但对地球上生命是从简单的化学成分经过一系列进化后形成的假设，已经有了较好的共识。人类已经有充分的理由相信碳是生命中基本的元素，特别是碳元素构成的复杂的有机分子（像核酸和氨基酸）对生命具有重要的作用，地球上的生命都具有 DNA、RNA、酶等碳基聚合物的主体。同时也认识到生命体的复制、代谢、演化，其基本要求是生命体物质要具有复杂的结构，而碳正是最有可能构成这类复杂结构的组成元素。但遗憾的是，人类至今缺少能够验证这一假设的证据。因为地球上生物出现以前化学活动的证据产生在几十亿年前上古时代的地球环境中，而地球上这么长时间以来大规模的地质活动，特别是大陆漂移活动，已使上古时期的地球构造面目全非了，相关证据已经消失殆尽，无法用来证实地球上生命出现前的化学演变过程，因此人们将希望寄托于火星。

火星是太阳系中少有的一颗类地行星，它和地球在同一时期形成，其早期的自然环境和地球曾经非常相似。在宇宙中寻找生命的起源或许可以在火星上实现，如果生命真的在火星上出现过，人类就能在火星上寻找到证据。火星和地球是非常相似的行星，生命既然在地球上出现并赖以生存下来了，那么我们就没有理由排斥火星上出现过生命的可能性。正是基于这种考虑，人类探索火星的脚步从未停止！有理由相信，火星上也可能出现过生命出现前的化学活动，并且也可能在火星上产生过生命。人们对这种观点非常感兴趣。如果生命出现前的化学活动真的在火星上出现过，那么我们就能断定火星上确实存在过生命。

　　如果这些假设成立，火星上 30 多亿年前的证据很可能仍旧保留至今，因为火星的地质活动比地球稳定得多，特别是没有地球上那样的大陆板块漂移。人类几十年来在对火星探测活动中逐渐认识到，火星是太阳系中寻找生命起源证据的最佳星体，在火星上可能保留着 30 多亿年前火星表面活动的大量证据。如果火星上曾经出现过这种化学活动，生命出现前的化学活动的迹象也许还存在。研究这些活动至少可以提出一种关于生命出现时的火星和地球环境的新见解，也许还可以得出地球上生命起源的特殊环境条件和化学途径。从这点来说，探索火星是研究生命起源的无可比拟的好机会。如果火星上曾出现过早期生命，也会留下生命化石的痕迹，也许还会生存下来延续到今天。

　　1996 年，英国科学家和美国航空航天局组成的联合研究小组对在南极洲艾伦山地区找到的 SNC 陨石的研究结论，更加激发了人类对火星上生命探索的热情。这块陨石代号为 ALH84001，质量 1.9 kg，同位素检测表明它形成于 45 亿年前的火星表面，在 1 600 万年前由于小行星撞击火星后溅出，继而一直在行星间漂泊，直到 1.3 万年前才坠落到地球南极，于 1984 年被人们发现。该研究小组对陨石进行了详细研究，并宣布他们在这块陨石中发现了微生物生命化石的证据，高倍电子显微镜显示了陨石中的细菌化石图像。这是一些极其微小的单细胞结构，其尺寸小于 1 μm，故称为"微化石"，其形状和尺寸都很像地球上的细菌。在细菌化石近旁，还有细菌代谢时的排泄物与环境相互作用生成的产物，同时化石内还含有微生物死亡后体内有机物质退化产生的多环芳香烃有机物。人们对这些显微图像无可非议，但目前对研究小组的推理过程尚存争议。此外，仅从一件样品提供的证据也不足以对这种重大科学问题做出结论，但不管怎样，这仍是一项重大发现，极大地鼓舞着人类火星探测的信心。

　　科学家们已将在火星上寻找与生命有关的活动大致分成三大类。首先，要找到火星上生物出现以前的化学活动的证据，包括复杂的前驱体活动，如有机合成；同时要找到帮助进行原始代谢活动的无机能源，以及为生命的出现提供稳定的、作为催化剂的各种矿物活动和自然环境。其次，要寻找火星形成早期出现的微生物，虽然早在 30 亿年前它们可能就已灭绝了，但必须寻找到这些古生物的遗迹，在那里有可能会找到它们的化石。最后，还要寻找今天现存于火星的微生物。

2. 1. 1　寻找生物出现前化学现象的证据[2-4]

对火星上生物出现以前的化学活动的研究，要从这个星球的本身着手。其中包括火星的构成、地壳构造、火山活动、水的分布和活动、挥发性物质和生物起源所需要物质的种类和含量，特别是氢、碳、氧、硫、磷。只有当这些问题被定性和定量表征后，才能开始讨论特定的地理地质条件下复杂的化学活动出现的可能性。人们特别感兴趣任何导致产生自我依赖、自我复制系统的活动证据，包括无机条件中的有机分子，以及可能提供代谢能量的稳定性无机能源。

早期的火星可能存在有机物。事实上，在如上所述的 ALH84001 陨石中就已发现了可能起源于火星的有机物。但是如果我们要了解火星上生物出现前的化学活动，我们必须确定有机物是如何产生的，即是由于彗星或小行星撞击而产生，还是火星环境本身产生的。

传统观点认为，有机物的合成是在大气中充满了还原性气体的条件下（如甲烷、氨气等），由太阳辐射或闪电火花激发产生的。但现在已不再把它认定为年轻火星上有机物生成的主要原因。因为尽管这种条件下可以生成某些有机物，但很明显，甲烷和氨气这两种非常重要的气体，不可能在行星体大气中存在水蒸气的条件下存在很长时间，因为水蒸气会与这些气体进行化学反应，生成氮和二氧化碳，因此由大气进行有机合成的生存时间相对较短。

现代的观点则与传统观点相反，认为有机合成发生在大气中存在二氧化碳时的行星表面或表面下的水－岩石相互作用的过程中。

水—岩石的作用释放出氢，氢再和大气中二氧化碳反应生成各种简单的有机分子。火星上的火山岩和水相互作用时完全可能产生这类反应。尽管火星温度极低，火星表面无法存在液态水，但内部的行星活动会形成地热梯度，使水在火星表面下某深度处融化，与新生的火山岩进行反应。当然还有其他可能的化学途径生成氢气，然后和大气中二氧化碳进行还原反应生成有机物。

我们没有理由怀疑这些类似机理曾发生在早期的火星上，当务之急是要寻找它们存在的证据。寻找的重点尤其应放在搜寻发生在拥有液态水且地质活动活跃的行星上的水热系统（过去和现在）的证据上。水热现象产生于熔岩经历固化、冷却、接触、断裂的过程中。水循环通过这些区域，受到加热、膨胀，再循环到温度较低的地方。正是在这种火山岩、快速的水循环和高温环境下，才可以生成氢气并释放出来，然后与大气中的二氧化碳化合，生成有机分子。

人们还必须在发生有机合成的恒定的供能和稳定的环境中，从无机源中找到令人信服的原始代谢能量源。当然，现在已经知道自然界中许多能量的来源，太阳能就是其中之一。但是它不被认为是在生命出现时的最主要能源，因为那时还没有出现控制和吸收太阳能所需的复杂化学途径。相反，自然化学和电化学能在早期有机合成环境中很有可能已经出现。其中两种最值得考虑的能源是来自水热泉口的酸碱边界的能量，以及水热和火山系统的流水通过火山岩风化而释放出的能量。

尽管我们必须考虑或寻找所有的有机合成和能源的可能性，但寻找早年水热系统的证据是格外重要的，因为它可能产生当时的有机合成和能源。通过在轨观测，人们可以找到水热地质和地质化学的证据。从地质研究上讲，主要观察火星上最古老的地貌，寻找火山附近远古时代水的活动迹象，并寻找经过风化和腐蚀暴露出来的远古时代亚表面和水下水热系统。地质化学研究将特别重要，水和地壳的相互作用发生在水热系统的特殊温度和压力条件下，产生不难辨别的独特的矿物迹象。例如，水蚀作用的水合矿物——氯酸盐、蒙脱石、云母，以及无水长石和辉石都可以用于指示水热活动的区域。

一旦火星轨道探测器发现了有研究价值的区域，下一步就是要释放着陆器登陆火星表面，表征其地质形态学、地质学和矿物特征，从而确定发生在远古时代地质活动的过程以及是否涉及挥发物和生物起源活动，是否可以引起有机合成和能量生成。人们可以利用同位素分析法来寻找火星表面矿物同位素比率与预期比率中的不均衡性，从而揭示物质在大气、液态水源、地壳的循环现象，并提示其水热活动。

如果在火星不同年龄层的土壤中发现了同位素成分的变化，人们就能够确定它们所含的有机物起源的时间，以及它们本身究竟是产生于火星环境，还是受到其他星体的碰撞而成。如果发现碳基物质，可以采用各种技术确定是有机物还是无机物，并辨认出分子形态和类别，如确定碳、氢、氧的相对量值，以及原子键的类别，人们甚至能辨认出有机物种类，如脂肪酸、氨基酸和核酸。

尽管上述试验依赖机器人完全能够得以实现，但实际上只有在对火星几十个区域进行深入探测研究后，人们才能获得对火星上生物出现前化学活动的认识，而且必须通过钻取，获取火星表面土壤层中珍贵的土壤样本，或者带着土壤样本返回地球进行深入分析。人们越来越自信地认为，通过努力是可以确定火星上是否发生过生命出现前的化学活动的。随着研究的不断深入，还会揭示出一些有关生命起源过程中迄今尚不为人知的现象。

2.1.2　寻找过去的生命[2-4]

地球在其长达六分之五的漫长时期内，所有的生物都是微生物。甚至直至今日，细胞仍然是地球上所有生物形态的最基本的构成要素。从最初开始，都是由薄膜包裹着的、内壁充满水的细胞为地球上生物的活动提供了安全的防护环境。只是数十亿年之后，在地球上生物圈建立后才出现更大的生物形式。出于同样的原因，我们认为火星上生命的起源也是从微生物开始，从火星最初开始的活跃期起一直如此。

有一种对生命起源的假设，认为生命从其他星球起源，然后再"扎根"于火星。比如，在爆炸时期由于受到小行星或者是彗星的撞击，承载着生物的物质飞到了宇宙太空。其中一些物质直接到达了火星，并在那里生存了下来。还有一种假设认为生命在整个宇宙仅仅出现过一次，它们作为微生物被传播到银河系的星云、彗星以及小行星中。尽管这种说法有点荒诞，但是仍有一些理论揭示了其值得研究。然而，尽管这种假想是不正确或者说不完善的，但仍有充分的理由认为微生物是能够被"传播"的，只要条件允许，它们可以在星际间存活，并有可能到达另一个行星。所有的迹象表明，微生物是生命的最初形式，并且生存了相当长的时间。寻找火星上过去的生命，最重要的就是要寻找火星上的微生物。

虽然我们认为寻找火星上远古时代微生物的证据十分有价值，但我们必须保持警惕性和客观性，务必要寻找所有可能的形式和形态结构。比如，火星特定的组成、大小、与地球完全不同的行星生物史以及演变过程，我们无法预测这些对火星生物性质的影响。虽然寻找微生物是有价值之举，对此我们有相当的自信，但是我们不能因此受到限制，必须不断思考，不断观察。

由于火星上的地貌和地质保存了远古时期的历史的记录，因此我们很幸运地能够找到火星上已灭绝生物的证据。或许还有其他各种证据：地形地貌、沉积层、化学和同位素。从地貌上来看，我们可以在岩石样本中通过肉眼寻找独立的微生物化石。化石之所以形成，需要迅速的沉积和埋葬在不渗透的矿物中。如果我们认为火星上生命的起源和在水分充足的环境中存活有关，那么我们应该特别地去寻找水沉积的岩石。在地球上，大约有 25% 纯细粒硅酸盐，10% 的纯碳酸盐，50% 硅化碳酸盐含有微化石，寻找此类矿物也是火星探测的首要任务。

我们还可以在较大的地质特征中寻找化石证据，如叠层石——

展示微生物生活过程的大化石，如蓝藻细菌。在地球上这类原始细胞大批量地生存，可以形成浮排或者礁石、碳酸钙岩层和石穿等。在火星上，我们可以寻找类似的大型地貌结构，任何目视甄别的证据都要通过显微镜、化学和同位素技术进行进一步分析，来确认生物的起源。

对远古地层进行化学分析，可以揭示一些生物标志，如特殊的氨基酸、脂肪和磷酸的存在，从而指明生物的起源。同样，正如 ALH84001 陨石那样，我们可以去寻找各种潜在的生物标志，如磁矿石、硫化铁、低温下的碳酸盐。如果发现了这类物质，就预示着生物的起源，因为用无机方法生成时，它们无法保持处于平衡状态。例如，碳基化合物的同位素分析如果表明 ^{12}C 的偏离，或存在沉积有机碳和超过无机碳酸盐的差异，也就提示了过去的生命活动。

如果火星上真的存在微生物化石，我们有希望寻找到它们的痕迹。第一步是利用轨道器寻找古老水热源、火山、湖泊、海洋、沉积盆地的地质学和矿物学证据。我们还可以在轨直接搜寻过去的生命迹象。在轨的矿物分析可能发现其生物标志，如磷酸盐、硫酸盐、蒸发盐和富含石英的燧石。然后释放着陆器，钻取土壤、碾碎岩石、收集样本，拍摄显微镜图像以寻找存在其中的化石，并且可进行一系列矿物学、同位素和化学生物标志分析。

但即使有了这些提示，寻找火星上古代生物仍然极具挑战性。尽管目前我们已具备各种研究手段，然而即使在最适宜的地点要发现合适的样本仍然是艰辛之举，未来还有漫长的道路要走。火星现在不是一颗生物体繁盛的行星，可能从来也不是。揭示过去的生物的证据少不了付出艰苦的努力，对此我们必须有充分的认识。

2.1.3 寻找现有的生命[2-4]

现有生命指的是目前在火星上生存、新陈代谢，或者是仍活着但仅处于休眠阶段、等待环境条件适宜时重新进行代谢的火星生物体。如果远古时代火星上出现过生命，应当考虑它们可能仍存活到今天。

迄今为止发射的轨道器和着陆器只探测到无法支持动植物群落生存的荒芜火星，但并不能因此就下结论，目前的火星无法支持微生物的生存。因为我们已经注意到，地球上有些细菌的生存条件远比火星上的自然条件恶劣，显然微生物生命特别能适应自然条件重大且迅速的变化。而我们目前对火星上微生物的搜寻也仅仅有海盗号等少数着陆器而已，而且寻找对象也只是和今天地球上生命类似的生命。

在火星上寻找现有生命的证据大致可分为三类：1）现有生命的直接证据，即活着的生命及其生长、代谢活动、化学和生物副产物的痕迹。2）处于蛰伏状态的正在休眠的生命体。3）最近的但目前已不再活着的生命体残迹和环境。

寻找的重点应当是甄别火星表面或其附近目前的水活动区域，地点包括火表和地下的水热及火山系统，其地热能可以融化水冰，地质化学作用可以生成氢、一氧化碳、SH 等非光合化学的自养代谢反应剂。这项任务要由具有甄别能力的轨道器来完成。另一个合理的区域是比较深的地下含水层系统，在该处的地热梯度仍有可能支持液态水和现有的生命。地球上南极干冷荒漠岩石中的生命和一种名为 cryptoendolithic 隐埋自养细菌在火星上也可能存活，但按照目前火星的环境状况，它们即使存活也只能处于休眠状态。

也应当考虑在含盐环境中寻找火星现有的生命，在这种环境下的蒸发结晶中可以残存着耐盐生命体。在火星上的盐晶体中就可能残存着处于休眠状态的生物，等待比较适宜的环境来临后恢复代谢。此外，火星南北高纬度地区的永久冻土地带、临近火表冻海、火山坡面的冰川活动带也均必须予以考虑。

另一个值得考虑的是，最近已探测到当前的火星表面可以出现有限数量、有限时间长度的液态水。根据海盗号和火星探路者着陆器搜集到的数据，火星大气层中的水蒸气在夜间降温后变成火星表面的一层薄霜，早晨火表的热量将它融化成水，但由于离火星表面

1 m内空气层温度太低而无法容纳水蒸气，因此该空气层客观上产生了绝热作用，保护了已融化的水分，使它可以在一段时间内湿润土壤，而不至于很快就变成水蒸气散发到大气层中，人们应当考虑这种水循环对现有生命的作用。因为根据 Wesley Huntness Jr. 的名言，"哪里有水和化学能，哪里就有生命，无一例外。"如果这个论断也适用于火星，它可以提示这里可能存在生命。

在火星上寻找现有生命的活动可以分阶段实施。先用轨道器观测，寻找可能存在生命的地点。可以利用轨道探测器高分辨率轨道图像揭示出冻海、最近的冰川活动和冰川沉积物、表面和近表面含水层、沟渠等。在轨拍摄的矿物照片可以显示土壤中水循环、最近水活动征兆的矿物和盐，以及其他蒸发沉积物的证据。特别是极区的分层沉积区的分析，可以用来甄别有价值可继续探测的着陆区。

轨道器探测后再释放各种机器人着陆器和火星车到各个感兴趣的地区作详细的化学分析和生物分析。在火表采集土壤和极冠冰核、钻探岩石采样，用着陆器和火星车上装备的高分辨率相机和显微镜来甄别有机生命体和孢子；用光谱仪来检测碳基材料，鉴定它们是否是有机物，还可以表征其分子类型；用环境探测器来甄别土壤和大气中的生物副产物。专用的密闭型化学和生物实验室将用来分析其生长、代谢或复制迹象。

2.2 各个探火阶段

根据美国航空航天局和欧空局的分类原则，火星探测可以归纳为五个发展阶段：飞越和环绕勘测阶段；机器人着陆器和火星车阶段；生物实验室阶段；着陆采样返回阶段；载人探火阶段。

到目前为止，对火星的探测活动基本上都围绕前两个阶段的活动展开，并已取得了一系列重大成就，估计还会延续一段时间；第三个探测阶段，即生物实验室阶段的探测活动也已经开始，将对火星的地质、地貌、资源、环境作更加深入和直接的科学研究，在条件具备时将启动着陆采样返回阶段的探测活动；人类登陆火星是探火活动的最终阶段，相信该阶段的到来将不会是遥不可及的。

2.2.1　飞越和环绕勘测阶段[5-14]

　　飞越和环绕探测都是探测器在火星上空进行遥感探测，其中飞越探测是最初始的探测方法，这种方法技术难度较小，借助探测器在绕太阳飞行轨道上飞越火星时的较为短暂的时刻，拍摄火星图像和进行相关的探测。美、苏两国最早的火星探测活动都是飞越探测。其不足之处是能够探测到的火星部位比较有限，而且和环绕探测相比，探测时距离火星比较远。但即便如此，它仍然是人类火星探测的重要里程碑。从 1960 年开始，美、苏两国共发射了 10 个火星飞越探测器，其中苏联 6 个，基本上全部失败；美国 4 个，其中水手-4、水手-6 和水手-7 完全成功，获得了火星大气、表面形态、表面温度等一系列参数。

　　环绕探测在技术上要先进得多，探测时间、范围、精度远远优于飞越探测，是该阶段探测活动的主体。从 20 世纪 60 年代后期开始，苏、美两国火星探测活动很快就转向进入火星轨道后的在轨环绕探测，同时还释放了一些火星着陆器，配合轨道器的探测活动。20 世纪 90 年代前，苏联和美国共发射了 14 个火星环绕探测器，其中，苏联发射的火星探测器大部分不成功，只有少数属于部分成功。但美国的水手-9 号和海盗-1/2 却获得巨大成功，拍摄了数万张较高分辨率的图像，覆盖了 97% 的火星表面；还获得了火星温度、臭氧层、电磁、重力场、火星土壤成分的相关参数；并找到证据说明火星夏天北极存在冰盖，南极为干冰所覆盖。

　　20 世纪 90 年代以后，人类的火星探测掀起了新高潮，其特点之一是环绕探测技术水平和目的性均显著提高。这一阶段环绕探测的主要任务是探测火星地貌、地质构造、化学矿物学、大气、气候、磁性和太阳辐射场的相互作用。火星全球勘测者等探测器卓有成效的工作，标志着人类的火星探测迈入了新纪元。与早期的环绕探测轨道器相比，本阶段的轨道器更精密，人们将其定义为第二代轨道器。火星环绕探测典型的成功项目有：火星全球勘测者（Mars Global Surveyor，MGS）、奥德赛（Odyssey）、火星快车（Mars Express）和火星勘测轨道器（Mars Reconnaissance Orbiter，MRO）。

2.2.2　机器人着陆器和火星车阶段[5-14]

　　机器人着陆器和火星车的特点是在广泛、深入的环绕探测基础上，选择最可能取得成效的地点进行零距离图像拍摄，在不同地质的火星表面作岩石和土壤采样，采集不同高度的火星大气，并进行相应的理化分析，获得准确、可信的第一手资料。美国在 1975 年发射的海盗-1/2 着陆器就十分成功，配合轨道器进行了大量探测工作，只是探测的范围十分有限。而苏联的机器人着陆器均不大成功。

　　在 20 世纪 90 年代以来的火星探测活动中，机器人着陆器和火星车技术实现了快速的发展。本阶段成功释放的机器人着陆器主要有火星探路者（Mars Pathfinder）着陆器；火星车有索杰纳（Sojourner，由火星探路者释放）、勇气号、机遇号（MER - A/B，Spirit/Opportunity）。

　　机器人着陆器的主要任务是进行火星地质化学探测，寻找过去和现在引导生命活动的化学和矿物证据。有了以前的 1 m 分辨率勘测数据，着陆器可以在亚米和显微尺度进行无缝的分析连接，对轨道数据实现标定。这些探测器已经明确找到了火星远古地表水和浅表水冰的证据。未来还需要发射更多的机器人着陆器和火星车，用于揭示火星过去和现在更具体的细节，以甄别可用于生物研究的场所。

2.2.3　生物实验室阶段[5-14]

　　火星探测的第三阶段就是向火星上的选定地点释放专业化的生物实验室，以寻找生物前化学、远古化石、现在生命的证据，以及有机物质和其他复杂分子，代谢排泄物和其他生物标志中最重要的副产物。

凤凰号（Phoenix）是该阶段的第一个探测器，但只是比较初步的生物实验火星探测项目。NASA 于 2011 年发射的火星科学实验室（MSL）探测规模和技术水平均有很大幅度的提高，该探测器已于 2012 年 8 月 6 日成功着陆火星，将开展长时期的较深层次的火星表面探测和研究工作，为未来的采样返回和载人火星探测提供有力的支持。此外，ESA 也计划在近几年内发射同类型的机器人火星着陆探测器——地外生物探测器（ExoMars）。

2.2.4　采样返回阶段[5-14]

火星采样返回任务是火星探测技术的大幅度飞跃，难度很大，该任务将成为深空探测活动的又一个里程碑。采样返回不仅具有重要的历史意义，而且任务本身将成功地演示载人探索火星行程的各个阶段，将对这类任务的开展提供重大的技术推动。

ESA 曾对该阶段任务作了规划，计划在 2016 年前后开展的"曙光计划"的第二个旗舰任务将是火星采样返回。NASA 也有类似的设想，并曾和 ESA 发出"联合探测倡议"，但后来退出了该计划，因此目前尚无确定的实施项目。

有几种方法可开展火星采样返回任务，最可能实现的是两步走战略。第一步，由登陆火星的机器人着陆器收集多种样品，包括各种岩石、地下钻取的土壤、表层土、沙子、尘埃，以及一天中不同时段的空气样本；然后将这些样本放入一个密封舱内，转移到火星上升飞行器（MAV）中飞向火星轨道。第二步是从地球发射第二枚探测器前往火星，在火星轨道上与 MAV 对接，转移样品，然后返回到地球。

2.2.5　载人探火阶段[5-14]

人类的进取精神永无止境，火星环绕探测、机器人着陆器、火星车、生物实验室和采样返回的成功并不能让人类就此止步,人类的最终愿望是要登上火星,开发火星。

载人登火将是人类有史以来最伟大的航天事业,NASA 和 ESA 早在 20 世纪 90 年代就确定载人探火作为火星探测战略的最终阶段任务。他们计算了 2048 年前的所有相关发射任务和时间,认为 2033 年是人类载人探火的最佳时机。NASA 和 ESA 都乐观地设想了为时两年半的探火任务,在 2033 年 4 月 8 日发射,2035 年 11 月 25 日返回地球。但由于这项任务和载人登月相比困难得多,或者说两者之间没有多少可比性,未来 30 年内是否能成功地实现载人登火,全世界将翘首以待。至少美国方面已经明确表示:在未来 20 年内将把人类送上环绕火星的轨道,然后返回地球。

参 考 文 献

［1］ Forget F. et al. Planet Mars - Story of Another World. Praxis Publishing Ltd. , 2006.

［2］ 胡中为，徐伟彪. 行星科学. 科学出版社，2008.

［3］ Rapp D. Human Mission to Mars：Enabling Technologies for Exploring the Red Planet. Praxis Publishing Ltd. , 2008.

［4］ Nolan K. Mars - A Cosmic Stepping Stone. Praxis Publishing Ltd. , 2008.

［5］ Baglioni P, et al. The Mars exploration plans of ESA. IEEE Robotics &. Automatioin Magazine，June 2006，p82 - 88.

［6］ Shirley D L. Mars exploration program strategy：1995－2020. AIAA 96 - 0333.

［7］ Cataldo R L. Power system evolution - Mars robotic outposts to human exploration. A2001 - 40217.

［8］ Cook R A. The Mars exploration rover project. IAC - 04 - Q. 3. A. 01.

［9］ Foing B. From Mars Express results to future Mars exploration. IAC - 07 - A3. 3. 01.

［10］ Hubbard G. The exploration of Mars：Historical context and current results. AIAA 2004 - 0003.

［11］ Huntress W，et al. The next step in exploring deep space - A cosmic study by the IAA. Acta Astronautica，Vol. 58 No. 6 - 7，March - April 2006.

［12］ NASA. NASA's exploration systems architecture study, final report，November 2005. NASA - TM - 2005 - 214062.

［13］ 张敏. 解读美国"火星技术发展计划". 中国科教创新导刊，2005 (8)：5 - 12.

［14］ 建新. 人类迈向火星之旅-历次火星探测行动回顾. 中国科教创新导刊，2005 (8)：17 - 21.

第3章 火星探测技术综览

3.1 探测轨道与发射窗口

火星和地球一样是太阳系中的两颗行星，火星与地球之间距离最近时为 5.57×10^7 km，最远时为 4.01×10^8 km（见图 3-1），是月球与地球间距离的数百倍到一千倍。当地火之间处于最远距离时，无线电信号空间衰减将超过 200 dB，信号时延将超过 20 min。这就意味着从地球发出的信号要经过相当长的时间才可以到达火星轨道。在探测器绕火星飞行的时候，地面指挥控制中心所获得的探测器各种信息都远低于和滞后于来自地球轨道卫星的信息，而且从地面站控制探测器的飞行将极为复杂，稍不注意就会出现错误，导致无法弥补的损失。从这点可以提炼出火星探测的各个技术难点。

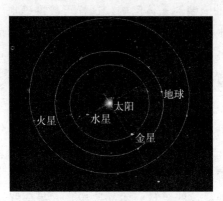

图 3-1 火星与地球间距离示意图

3.1.1　复杂的轨道设计[1-3]

　　火星探测器飞往火星过程中的运动是一个多体问题,在进行探测器的轨道设计时,需确认探测器运动的数学模型。对于探测器运动的近似分析,常采用双二体问题模型。使用引力范围的概念,当探测器 T 在第一个大天体 m_1 附近时,作为 T 相对于 m_1 运动的二体问题考虑;而当 T 进入第二个大天体 m_2 的引力范围时,即作为 T 相对于 m_2 的二体问题考虑,如图 3-2 所示。

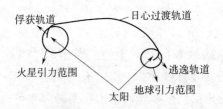

图 3-2　二体拼接轨道

　　虽然双二体问题模型的结论并不能作为轨道设计的基本依据,但可以作为轨道设计的一个参考。更合理的近似是考虑 T 在 m_1 和 m_2 共同作用下的限制性三体问题,这样可较准确地给出探测器的运动规律。进一步的精确力学模型还要考虑各种摄动的作用。本书在介绍二体问题条件下的奔火轨道设计的基础上,重点介绍双二体问题约束下的轨道拼接设计方法。

3.1.1.1　奔火轨道设计设想

　　火星探测器飞往火星过程中的运动可分为 3 个阶段:绕地心(地球质心)运动阶段,绕日心(太阳质心)运动阶段,绕火心(火星质心)运动阶段。

　　在飞行时间最长的绕日心运动阶段,火星探测器相对于日心的运动轨道可以是一个以日心为焦点的椭圆或抛物线、双曲线。当速度量值小于该处逃逸太阳的速度时,轨道为椭圆;等于逃逸速度时,轨道为抛物线;当速度量值大于逃逸速度时,轨道为双曲线。

地球和火星绕太阳的公转轨道为两个基本同面的椭圆。地球公转轨道的平均半径为 1.496×10^8 km，近日点日心距为 1.471×10^8 km，远日点日心距为 1.521×10^8 km。火星公转轨道的平均半径为 2.279×10^8 km，近日点日心距 2.066×10^8 km，远日点日心距为 2.492×10^8 km。这样，如果探测器出发时地球正好处于近日点，将有利于缩短飞到火星的时间。

3.1.1.2　二体问题条件下的奔火轨道设计

火星探测器利用运载火箭发射升空后，加速到第二宇宙速度，进入日心轨道，即地-火转移轨道。

由于地球和火星绕日的轨道偏心率均较小，且它们均在黄道面附近，因此作为初始近似，可以将两者轨道近似为共面的圆轨道。而采用大推力火箭对探测器进行加速的时间相对整个轨道的时间较小，因此也可将探测器的速度改变近似为瞬时冲量模式。

对于火星探测任务来说，设计时首要问题之一就是解决如何从地球轨道进入地-火转移轨道。然而对于转移变换来说燃料是宝贵的，所以要以最节约燃料的方法实现轨道变换，利用霍曼转移可以达到节能的目的。霍曼转移利用一个与初始轨道和最终轨道都相切的椭圆轨道来实现变轨，要求轨道在同一个平面上（共面轨道）；轨道的主轴（拱点连线）在一条线上（共拱点轨道）；瞬间的速度改变矢量与原始轨道和最终轨道相切。因为两个椭圆轨道主轴（拱点连线）在一条直线上而被称为共拱点轨道。同样，速度的改变是瞬时的，因为假定发动机点火的时间要远远小于霍曼转移的飞行时间。切向速度的改变意味着航天器要改变其速度矢量的大小而方向不变。在转移的后期，航天器要再次改变速度矢量的大小，而方向不变。为了满足这个条件，航天器的推进器必须产生平行于速度矢量方向的推力。切向速度变化量是霍曼转移节约能量的真正原因。

基于上述分析可知，与地球轨道和火星轨道都相切的霍曼椭圆过渡轨道是最省能量的转移轨道（见图 3-3），它仅需在初始和结束时分别给以速度脉冲增量即可。这种模型是在二体问题条件下进行的，在这种情况下，飞行器从地球出发的能量消耗和整个过渡轨道的飞行时间都是容易满足的。

　　根据火星和地球的绕日公转周期可知，每 26 个月火星和地球的相对位形就会重复一次，这也意味着发射火星探测器的周期也为 26 个月。

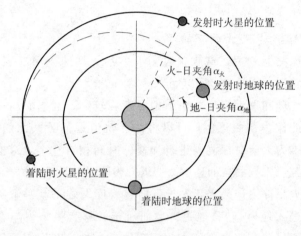

发射时火星的位置

火–日夹角$\alpha_{火}$

发射时地球的位置

地–日夹角$\alpha_{地}$

着陆时火星的位置

着陆时地球的位置

图 3-3　霍曼转移轨道

3.1.1.3　双二体问题约束下的轨道拼接设计方法

　　在奔火轨道设计中，我们通常将从地球出发到探测器进入火星轨道分为 3 个部分，第一部分为从地球表面或近地停泊轨道飞行到地球引力范围边界处的逃逸轨道，此段轨道飞行过程中，太阳和火星的引力摄动相对地球中心引力而言较小，可忽略它们的影响，故探测器仅仅是在地球引力下作双曲飞行；第二部分为从地球引力范围边界到火星引力范围边界的日心过渡轨道，在这段轨道飞行过程中，地球和火星的引力摄动相对于太阳的引力而言较小，可忽略，因此探测器是在太阳引力下作椭圆飞行；第三部分为从火星引力范围边界到火星近地轨道或者登陆火星表面的俘获轨道，同第一部分类似，此段轨道仅仅考虑火星引力的影响而忽略太阳和地球的引力摄动，探测器在火星引力作用下作双曲飞行。此方法为火星探测轨道设计的一种近似方法，称为双二体轨道拼接方法。如上所述，第一部分与第二部分构成一个双二体轨道拼接问题，第二部分与第三部分又构成一个双二体轨道拼接问题，见图 3-2。

由于火星的引力范围（58 万 km）和地球的引力范围（92.8 万 km）相对于整个探测火星数亿 km 长的转移轨道而言是非常小的，因此在初步设计时可以认为探测器直接从地球的位置出发，在太阳中心引力作用下作椭圆轨道飞行直接到达火星的位置。这种简单的模型有利于直接获取探测器从地球发射时所需要的能量和整个轨道的飞行时间。通常探测火星的轨道转移张角小于 180°，在此种情况下，探测器逃逸地球引力范围所需的速度增量比霍曼转移方式所需的速度增量大不了多少，但是转移时间却少很多。

上面所述的霍曼转移轨道仅仅是理论上的，由于火星的偏心率相对而言有些大（0.093 4），其轨道半径变化相对较大，而且对于一些具体的任务，要求探测器到达火星时相对火星有一定的位置和姿态约束；所有这些都对具体的轨道设计有进一步的约束。

具体设计时，需要考虑不同的发射时间和轨道飞行总时间，比较不同轨道的能量消耗和飞行时间状况，综合优化，必要时还要考虑发射轨道的要求或者登陆火星（或绕火飞行）的轨道要求，调整发射时间和轨道飞行总时间。

（1）飞离地球

一旦发射时间和飞行总时间确定下来，则要考虑火星和地球引力范围内的轨道飞行。二体拼接轨道的方法是使两颗行星引力范围内的飞行轨道和日心过渡轨道在两者引力范围边界处衔接起来，即位置和速度相同，可以采用迭代法达到目的。由日心过渡轨道在地球处的速度即可获得探测器从地球引力范围边界上出发的相对地球的速度，此相对速度矢量也是探测器在地球引力范围内作双曲运动在无穷远处的速度矢量。运载火箭要在和探测器分离时将其加速到双曲逃逸轨道上，在发射轨道方案论证时，拟采用两种方式。

第一种方式是直接奔火。发射后，火箭第三级（或上面级）进行二次点火后直接将探测器加速到所需要的双曲逃逸速度，即在双曲轨道的近地点附近与探测器分离；从发射到分离的总时间在 1 h 左右；探测器分离后，进入双曲逃逸轨道，其在无穷远处的速度矢量满足预定的要求；针对不同的轨道倾角，比较上述发射方案不同能量消耗情况。

　　第二种方式是调相奔火。利用运载火箭将探测器发射至近地圆轨道，即近地停泊轨道（见图 3-4），轨道倾角根据飞行轨道设计确定；然后进行无动力飞行，探测器同时对日定向；待到达预定的空间轨道位置后第一次启动主发动机，对探测器加速，探测器进入椭圆过渡轨道。发动机工作时间和探测器的速度增量根据轨道设计来确定。探测器第一次加速完成后，在过渡轨道进行无动力飞行。待到达过渡椭圆轨道的近地点时，再次启动主发动机，对探测器进行加速。通过若干次的变轨加速，达到所需要的逃逸速度，同时比较不同停泊轨道所需要的能量消耗情况，探测器最终脱离地球，进入双曲逃逸轨道，奔向火星。火星探测器飞离地球的飞行轨道如图 3-5 所示。探测器的过渡椭圆轨道和主发动机点火次数，要根据探测器的轨道设计来确定。探测器轨道设计的制约因素包括：发射场、运载火箭、发射窗口、探测器主发动机推力、探测器飞行状态的过载能力、地面测控能力。

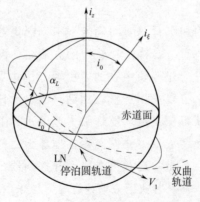

图 3-4　近地停泊轨道

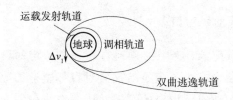

图 3 - 5　探测器飞离地球过程示意图

（2）地-火转移飞行和轨道修正

地球-火星的转移飞行开始于探测器从地球轨道进入转移轨道时刻，结束于到达火星时刻。火星探测器进入地-火转移轨道的速度为第二宇宙速度，在地-火转移轨道的飞行过程中主要受到太阳引力场作用，进行无动力飞行。

由于探测器在火星转移轨道的计算误差可能导致实际误差达到 10 万 km 量级，所以在转移轨道星际飞行时必须进行轨道修正，轨道修正可以由地面控制完成，也可以自主完成。

（3）近火制动和环绕火星飞行

探测器通过数月地-火转移轨道飞行后，进入火星引力范围。由于探测器在转移轨道中的飞行速度太大，以霍曼转移为例，探测器相对于火星的飞行速度为 5.494 7 km/s，远远超过环绕火星飞行所需要的速度。为了让火星引力捕获，需要对探测器进行制动。探测器开启主发动机进行减速。进入绕火星椭圆轨道最少需要减速 0.680 7 km/s，而进入近火点 300 km 高度的绕火星圆轨道则需要减速 2.090 7 km/s。

火星探测器进入火星探测的预定轨道，一般选择于火星大气影响球外，入轨后探测器建立对日定向三轴稳定姿态；通过对低增益天线信号的捕获，使用甚长基线干涉测量（VLBI）方法（或其他方法）对探测器进行精确定轨；星上自主管理开始探测工作，在积累一定数据存储后，校正姿态，对地定向并完成数据下传。

3.1.2　有限的发射窗口[2-4]

对于大多数航天任务，必须运行在一个特定的轨道上才能有效地执行其飞行使命。为了满足航天器对目标轨道的要求，发射航天器需要在指定的地点、指定的时间并按照指定的方向及速度执行发射任务。

发射航天器通常希望能在一个确定的时刻完成，这一时刻称为发射时刻，例如上午 11：30：00。然而在实际情况中，由于各种工程条件的限制，一般不太可能在某一特定时刻瞬间完成，为此按航天器的轨道要求，规定发射任务必须在某一确切时刻附近的一段时间内完成，这段时间就称为发射窗口。发射窗口可以是确切时刻附近的几分钟，几小时、几天，甚至几个月；需要在确定时刻瞬间完成发射任务的情况也称零发射窗口。

在给定的发射地点、发射窗口时段内发射的航天器可以进入到指定的轨道上。对于探火任务，从发射到最终目标轨道，基本上可分为三个飞行阶段：先将航天器送入近地停泊轨道，然后进行轨道转移，即从停泊轨道经变轨后在行星际空间运行，最终航天器到达指定的火星轨道，即进入最终目标轨道。最终目标轨道视航天器的使命确定，可以是着陆火星前的运行段，也可以是作为火星的人造卫星（轨道飞行器）轨道，或是绕行若干圈后再经变轨飞离火星返回地球的运行轨道，或再飞往下一个探测天体的运行轨道。

发射窗口的确定与选择，实质上是在满足一定约束条件（如飞行时间、光照、测控条件等）的前提下，实现耗能最优化的轨道转移。显然发射窗口的确定主要受到地球、火星、太阳三者的相对位置关系的影响。由于地球和火星按不同的运行角速度绕太阳公转，因而首先要了解地球、火星、太阳三者的相对位置随时间的变化规律。

行星际探测器的发射窗口按时段划分可分为年窗口、月窗口、日窗口，年窗口指的是对指定的航天任务，适合发射的年份及在这些年份里哪几个月适合发射；月窗口指的是某一个月中适合发射的日期；日窗口指的是某一天中适合发射的时段。年窗口、月窗口、日窗口分别由各种约束条件确定。

3.1.2.1　年窗口的选择

在选择发射窗口时，受到影响最大的就是燃料的制约。在满足航天器任务目标的前提下，人们通常会选择一条燃料消耗和飞行时间都可以接受的飞行轨道，即在飞行时间允许的条件下，选择燃料最为节省的飞行轨道。燃料主要消耗在转移轨道阶段，在时间允许的前提下，选择霍曼转移进行轨道转移是极好的选择。当探测器在停泊轨道上启动轨道转移时，航天器加速至第二宇宙速度作行星际空间飞行，奔向火星的探测器飞行时间大致为 10 个月，当探测器完成行星际飞行后，火星应该就在探测器所处的位置附近，探测器应能被火星捕获，这一目标就是年窗口选择的依据。进行具体分析后发现，为达到这一目标，对航天器发射窗口的限制是较大的，大致每 26 个月出现一次满足上述要求的发射窗口。

表 3-1 为推算的未来 8 年中 4 次火星探测发射窗口，这也是我国最有可能实施未来探火任务的时间段。最佳日期的计算方法是利用传统的二体拼接轨道计算结果，并且是进入地-火转移轨道的入口点时间，根据不同的发射轨道和发射场，其具体的最佳窗口需要进一步确定。如果采用不同的轨道设计方法，如借力飞行、"星际高速公路"轨道，其发射窗口又将不同。

表 3-1　未来 8 年中的 4 次发射窗口

发射窗口	2013 年 12 月	2016 年 2 月	2018 年 5 月	2020 年 7 月
最佳日期	12 月 7 日～12 月 11 日	2 月 18 日～2 月 22 日	5 月 10 日～5 月 14 日	7 月 18 日～7 月 22 日

3.1.2.2　月窗口和日窗口选择

在实施星际航行的具体工程任务时，发射窗口的选择除了必须重点考虑燃料最省的原则以外，还有些其他必须满足的约束条件，要满足这些约束条件，会对发射窗口有进一步的限制。以探测火星的航天器为例，该航天器是在火星软着陆还是绕火星飞行？如绕火飞行，它的目标轨道是什么类型？在何处（远火星点还是近火星点）被火星捕获？这些具体要求都与航天器在行星际的飞行时间有关，从而会影响发射窗口的具体日期（月窗口）或具体的时段（日窗口）。再如，由于太阳至火星的平均距离约为 1.5 AU（天文单位），比太阳至地球的平均距离（1 AU）约远 0.5 AU，太阳对火星探测器的光照效率比绕地球飞行时小得多。在对航天器光照条件进行考虑时，一般希望航天器的太阳电池阵能有较长的光照时间，也希望航天器进入火星地影的时间越短越好，这就需要通过对发射月、日窗口的选择，达到优化航天器光照条件的目的。又如，由于地球上可对星际探测器进行测控的地面测控站数量有限，即便在全球可进行协作的前提下，也总希望测控站的测控条件（测控时间、航天器相对测量的方位、仰角、距离等）尽可能有利，这也需要通过发射月、日窗口的选择达到优化测控条件的目的。

综上所述，探火飞行器的发射窗口是有限的，主要从燃料最节省的原则出发，同时考虑具体工程任务的各种约束来进行发射窗口的选择。在进行发射窗口分析时，应从上述原则出发进行年、月、日窗口的具体选择。

3.2　进入、下降与着陆

火星进入、下降与着陆（Entry，Decent and Landing，EDL）过程是指在探测器进入火星大气层后通过着陆舱的气动外形减速，然后弹出降落伞进一步使飞行速度由超声速降低至亚声速，最后在近地着陆时采用制动发动机、气囊、缓冲支腿等方式实现着陆。探测器的进入、下降和着陆是保证探测器成功着陆火星的重要问题。本节主要介绍火星进入、下降和着陆面临的挑战（与地球相比）以及有关的主要系统，即气动外形减速、火星用降落伞、着陆缓冲系统等。表 3 - 2 是历年来美国火星探测器着陆系统的主要参数一览表[5-7]。

表 3 - 2　美国火星探测器着陆系统参数一览表[7]

着陆器	海盗-1	海盗-2	MPF	勇气号	机遇号	凤凰号	好奇号
着陆时间	1976 年	1976 年	1997 年	2004 年	2004 年	2008 年	2012 年
进入方式	轨道	轨道	直接进入	直接进入	直接进入	直接进入	直接进入
进入速度 / (km/s)	4.7	4.7	7.26	5.4	5.5	5.67	6
进入角度/ (°)	-17	-17	-14.06	-11.49	-11.47	-12.5	-15.2
弹道系数/ (kg/m²)	64	64	63	94	94	70	115
进入质量/kg	992	992	584	827	832	600	2 800
进入姿态控制	3 轴 RCS	3 轴 RCS	2 RPM	2 RPM	2 RPM	3 轴 RCS	3 轴 RCS
进入配平攻角 / (°)	-11	-11	0	0	0	-4	-15
进入制导	无制导	无制导	无制导	无制导	无制导	有制导	有制导
升阻比	0.18	0.18	0	0	0	0.06	0.22
热防护罩直径/m	3.5	3.5	2.65	2.65	2.65	2.65	4.6
热防护罩形状	70°锥体	70°锥体	70°锥体	70°锥体	70°锥体	70°锥体	70°锥体
热防护系统	SLA - 561	SLA - 561	SLA - 561	SLA - 561	SLA - 561	SLA - 561	PICA
热防护层厚度 /mm	13.7	13.7	19.1	15.7	15.7	14.0	22.9
总综合加热 / (J/m²)	1 100	1 100	3 865	3 687	3 687	3 245	<6 000
峰值热流/ (W/cm²)	26	26	100	44	44	58	155
盘-缝-带降落伞直径/m	16	16	12.5	14	14	11.5	19.7
阻力系数	0.67	0.67	0.4	0.4	0.48	0.67	0.67

续表

着陆器	海盗-1	海盗-2	MPF	勇气号	机遇号	凤凰号	好奇号
降落伞开伞马赫数	1.12	1.1	1.57	1.77	1.77	1.6	2
降落伞开伞动力学压力/Pa	350	350	585	725	750	420	750
降落伞打开高度/km	5.79	5.79	9.4	7.4	7.4	9	6.5
下降姿态控制	RCS	RCS	无	无	无	RCS	RCS
雷达高度计感应范围/km	137	137	1.6	2.4	2.4	1.5	6
水平速度敏感器	多普勒雷达	多普勒雷达	无	相机/IMU	相机/IMU	多普勒雷达	多普勒雷达
触地时垂直速度/(m/s)	2.4	2.4	12.5	8	5.5	2.4	0.75
触地时水平速度/(m/s)	<1	<1	<20	11.5	9	<1	<0.5
着陆缓冲装置	3个着陆腿	4个着陆腿	4面气囊	4面气囊	4面气囊	3个着陆腿	6轮
触地点岩石许可高度/cm	20	20	50	50	50	30	100
触地点最大坡度/(°)	15	15	>30	>30	>30	15	>15
着陆器质量/kg	590	590	360	539	539	364	1 541
着陆点高度/km	-3.5	-3.5	-2.5	-1.9	-1.4	-3.5	2
长轴方向着陆精度/km	280	280	200	80	80	260	20
短轴方向着陆精度/km	100	100	100	12	12	30	20

注：MPF—火星探路者，RCS—反作用控制系统，IMU—惯性测量单元，SLA-561——一种硅酚醛复合材料，PICA—碳酚醛复合材料。

3.2.1　进入、下降和着陆的挑战[5-13]

火星的进入、下降与着陆与地球的返回式卫星、载人飞船有一些共同之处，因此有一定的借鉴作用。但二者之间也存在不小的差异，火星的进入、下降与着陆面临着一系列重大挑战，其中最主要的是火星大气十分稀薄、表面环境非常复杂，以及飞行验证难度极大。

3.2.1.1　大气层密度

火星大气密度很低，在地球上 10 km 高度处的大气密度为 0.413 kg/m^3，而在火星上同样高度的大气密度只有 $0.006\ 5 \text{ kg/m}^3$，相差 2 个数量级。因此大气阻力减速只有在火星探测器进入到距离火星表面很近时才发挥重要作用。在火星上，只有当探测器的弹道系数小于 50 kg/m^2、高度在距火星表面 10 km 以下时，速度才能降低到亚声速阶段，使着陆系统没有充足的着陆准备时间，这对着陆系统提出了比较高的要求。因此目前进入火星大气层的探测器均在超声速时开伞，如海盗号开伞马赫数为 1.12，勇气号和机遇号为 1.77，凤凰号为 1.6。由于这时的环境条件十分复杂，降落伞必须有良好的充气性能。

图 3-6 是火星降落和地球降落典型弹道的对比，图中上方的曲线是地球着陆器的弹道，下方是火星着陆器的弹道。由此可以看出火星上着陆减速的难度要大得多。试想，如果一个进入质量为 600 kg 的火星探测器，以 400 m/s 的稳定速度在 10 km 高度打开降落伞，即便降落伞面积高达 $1\ 200 \text{ m}^2$，阻力系数 0.6，其着陆速度仍将为 20 m/s，远不能满足软着陆速度的要求。而实际上如此大面积的降落伞很难实现，因此火星着陆必须采用反推力发动机作为辅助减速手段，并配备有效的减震设计避免探测器受损。但采用气囊系统减震时火星表面风向的多变性又会导致很大的弹道误差。

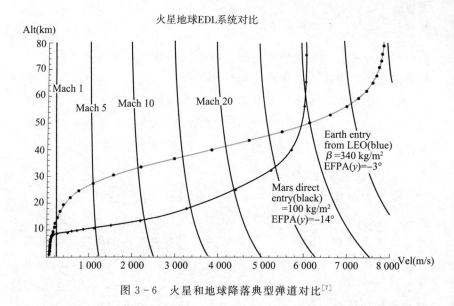

图 3-6　火星和地球降落典型弹道对比[7]

3.2.1.2　复杂的地形地貌

　　火星表面复杂的地形地貌也给着陆带来了诸多困难。对于着陆腿型探测器来说，火星上的岩石是最严峻的挑战之一。为了防止探测器底部与火星表面直接接触，因此已发射的探测器在着陆后都要与地面保持 20～30 cm 空间高度。即使如此，假如着陆腿下存在小岩石时，也会在着陆器下面产生不稳定的背压，给着陆腿型探测器带来倾翻的危险。在火星上，空隙达到 30～50 cm 便可认为是有效的着陆区域。然而，目前在火星轨道上还无法直接探测到精密的岩石分布密度，目前的岩石尺寸分布大都采用火星全球勘测者和奥德赛、火星勘测轨道器等探测器测得的平均热惯性值推断求得。目前从火星轨道上可达到的观测分辨率只有 50 cm。

3.2.1.3　飞行试验难以验证

　　由于火星着陆是在稀薄的大气层中进行，而且其开伞是在超声速条件下执行，这些条件是影响探测器着陆系统设计的关键问题。

要保证火星上着陆成功，必须对着陆系统工作性能及可靠性进行充分验证。火星表面大气层密度和地球上空 30～35 km 高度相近，因此可以利用在地球上空投方式进行一部分验证试验。但是二者之间仍存在很大的差异，给验证工作带来巨大的困难。

首先是大气成分间的差别，火星表面的声速比地球 30～35 km 处小 35%，因此在高空模拟试验中只能模拟大气密度环境，无法同时模拟开伞马赫数、动压和速度；其次是由于重力场的不同，试验中也无法同时模拟其质量和重力。通常情况下，验证工作要通过试验和理论相结合的途径实施。以降落伞为例，通常的验证步骤如下：

·确定降落伞基本构型；

·通过风洞试验、低空和高空投放试验分别验证单项条件的影响，并逐步改进、建立和完善物伞系统动力学理论分析模型或仿真模型和仿真系统；

·通过仿真系统对火星条件下物伞系统进行评估；

·通过风洞和空投试验来验证改进后的降落伞；

·通过仿真系统来鉴定火星条件下物伞系统的性能。

此外，还由于火星 EDL 工作时间短（5～8 min），加上在飞行中单元之间切换复杂，导致大多数火星 EDL 子系统通常采用非冗余的配置方法，要求 EDL 系统必须具有足够的可靠性。这更加说明仿真和试验是验证火星进入、下降和着陆可靠性和有效性的必要手段。但是仿真火星上的高超声速和超声速 EDL 系统环境的成本很高，这个过程的复杂性和经费开支远非地球上返回式着陆器可比。

3.2.2 气动外形减速[5-11]

火星着陆器的各个子系统（包括降落伞、下降平台、减速发动机、缓冲气囊、着陆器等）在进入大气层时通常全部都封闭在一个防护壳体中。利用这个外壳的气动外形在进入火星大气层时实行气动减速，是火星探测器着陆减速最主要的手段，同时也是防护各个子系统确保安全通过高速高温飞行区，并最终实现软着陆的重要保障。

从进入火星大气层开始，到降落伞开伞前（通常高度为 5～10 km），依靠防护壳体的气动阻力可以将下降速度从数 km/s 减小到 400 m/s 左右。然后抛弃防护壳体的前防热罩和后挡板，由降落伞和其他子系统继续减速直至最后安全着陆。图 3-7 是勇气号、机遇号着陆器各个子系统收拢在防护壳体中的结构图，图 3-8 所示为美国几种火星着陆器的半锥形气动外形。

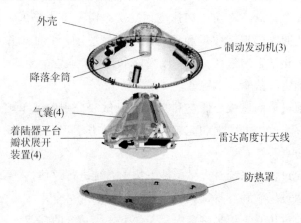

图 3-7　勇气号、机遇号着陆器防护壳体结构[8]

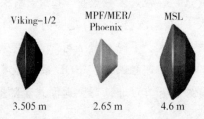

图 3-8　几种火星着陆器外壳的半锥形气动外形[7]

　　从图 3-8 可以看出，火星着陆器的正面（迎风面）通常设计成具有很大半锥角的圆锥型表面。半锥角的定义是圆锥体中心线和圆锥面的夹角，大的半锥角意味着气动外形的头部很钝，可以改善气动外形的加热环境，其不良影响是使稳定性降低。在海盗号探测器成功着陆后，美国的火星着陆器都继承了海盗号的成功经验，即采用了 70°半锥角的球锥形外壳，在零攻角时阻力系数可达 1.68。

大的半锥角还提高了其阻力系数 C_D。加大阻力系数可以降低气动外形的弹道系数。弹道系数也对探测器气动减速有重要影响，因为弹道系数越大，对气动外形的要求越高。一般情况，着陆火星表面的探测器弹道系数大多在 $63 \sim 94$ kg/m^2 范围内，如海盗号为 64 kg/m^2，漫游者为 94 kg/m^2，而第三代火星车好奇号的防护壳体则达到了 115 kg/m^2。

气动外形的另一个参数称为圆锥体钝度，其值是圆锥曲率半径 R_n 和底部半径 R_b 之比，当前常用的钝度值为 0.5。钝度对阻力系数的关系不大，但它直接影响驻点附近的气动加热和压心位置。驻点热流密度与头部曲率半径的平方成反比，因此钝度越大，头部气动加热就越小。但它使着陆器的压心位置靠前，轴向静稳定性下降。

此外，热防护材料也是影响气动外形的另一个因素。目前，美国火星探测器上的热防护材料使用的均是 SLA-561V，它是由洛马公司制造的填充二氧化硅微粒和软木的酚醛复合材料。但如果气动热峰值超过 100 W/cm^2，就需要对 SLA-561V 材料进行性能改进，或者寻找其他新型材料。

3.2.3　火星用降落伞[11-14]

降落伞减速在着陆器通过气动外形减速后实施，是火星着陆器从防护壳体中分离出来后广泛采用的一种继续减速方法，其作用是进一步降低着陆器速度，使下降速度从超声速降低至接近于要求的着陆速度。目前所有的火星着陆器都采用了降落伞减速装置，虽然通常在超声速下开伞，但由于火星大气密度很低，在马赫数不是很大时对降落伞强度的压力并不是很大。

降落伞的透气量直接决定了它的稳定性。透气量来自两个方面，一是伞衣的透气量，二是伞结构的透气量。如果没有足够的透气量，降落伞的稳定性差，在下降过程中将出现较大的摆动和不稳定。由于火星用降落伞通常在稀薄大气中工作，而织物的透气量一般很低，因此伞衣的透气量作用不大，起主要作用的是结构透气量，这是火星用降落伞的一个特点。

火星降落伞主要采用盘-缝-带式降落伞，在提高其稳定性的同时，又能保证工作的可靠性。上部伞衣采用透气量较小的材料，但在伞衣底部附近要开一个较大的宽缝，形成具有足够结构透气量的伞型。

海盗号（见图3-9）是第一个使用盘-缝-带型降落伞的火星探测器。后续的火星探测器都沿用了与海盗号类似的降落伞。美国在海盗号任务开始之前通过大量试验，获得了降落伞的阻力系数，约为0.67，最终确定了海盗号所使用盘-缝-带伞的具体参数（见表3-3）。

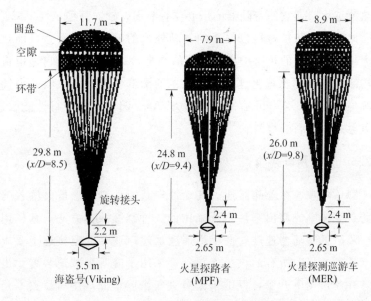

图3-9　三种型号降落伞的构型[7]

表3-3　海盗号盘-缝-带伞参数比例关系

名义直径	盘直径	缝宽	带宽	顶孔直径	伞绳长度
D_0	$0.72D_0$	$0.042D_0$	$0.121D_0$	$0.07D_0$	$1.7D_0$

　　火星探路者使用的盘-缝-带伞是在海盗号的基础上，根据进入质量、开伞高度、动压等技术要求作了相应改进。参数比例关系和海盗号有显著的不同，主要是带宽比例明显增加，达到名义直径的0.234，使阻力系数从0.67减小到0.41，而降落伞在超声速时的稳定性却得到明显改善。

　　为了适应更高的进入质量要求，勇气号和机遇号火星探索漫游车的降落伞在火星探路者的基础上又进行了修改：其名义面积增加了22％，有效阻力面积增加了28％；将火星探路者盘-缝-带伞的带宽缩小5％，使阻力系数从0.41增加到0.48。

　　好奇号火星科学实验室同样采用了盘-缝-带伞，其几何比例尺寸和海盗号相同。由于其进入质量达到2 800 kg，是海盗号的3.3倍，为满足进入质量的要求，在海盗号的基础上进行了较大修改：降落伞名义直径达到19.7 m，拖拽距离是前体直径的10倍，性能也有了一定的改进。

　　未来的探测器进入到火星表面的有效载荷质量越来越大，海盗号采用的降落伞系统将无法继续满足着陆系统减速要求，因此需要设计新型的降落伞系统来满足未来火星探测系统的发展。目前提出了两种方法，一种是设计更大面积的超声速伞，然而比火星科学实验室直径更大的降落伞尚没有进行过地面验证；另一种是采用两级开伞技术，即一个超声速伞和一个亚声速伞，这样可以解决尺寸过大、地面验证困难的问题。

3.2.4　着陆缓冲系统[15-21]

　　由于降落伞的减速性能受到着陆系统总质量和体积的限制，经降落伞减速后的下降速度离安全着陆的要求仍有一定差距，为了实现探测器的软着陆必须采用反推发动机进一步降低速度，然后再采用缓冲装置进行着陆缓冲。目前，已经在火星探测器上成功应用的着陆缓冲系统主要有三种：着陆支架、缓冲气囊和空中吊车。

3.2.4.1　腿式支架着陆

海盗号和凤凰号都采用了腿式支架着陆方案。着陆支架方案的优点是其技术已在火星着陆工程中被多次验证，容易与着陆器结构集成，能够承受很大的质量；缺点是受支架高度和稳定性的限制，对着陆点的地形要求较高，着陆表面不能有大的坡度、岩石和凹坑等不良情况。采用支架着陆方案，着陆时火星探测器离地面有一定的高度，过高的着陆器重心会增大着陆时发生危险的几率，需要采用某种补充手段将着陆器安全降落到火星表面。为了保证着陆安全，需要配备大推力的制动发动机进行减速，将垂直着陆速度减小到 2 m/s 左右，水平着陆速度小于 1 m/s。但是，发动机需要在触地前关机以避免对着陆姿态产生干扰，这样会导致着陆器自由落下，使着陆速度增大。

3.2.4.2　气囊式缓冲着陆

气囊式缓冲着陆方式也是一种有效的着陆缓冲措施，其系统具有可折叠、缓冲性能优越等优点。由于简化了着陆系统的设计，着陆器可以较大的速度进行着陆，对着陆姿态没有太多的要求，更适应相对复杂的着陆地形。其缺点是气囊结构相对质量较大，只适合于着陆质量小于 1 000 kg 的着陆器。

火星探路者和勇气号、机遇号漫游车都采用了气囊式缓冲着陆。火星探路者采用了一种新型的、不带排气孔的着陆缓冲气囊系统，该气囊系统由四个子气囊系统构成，包括一个底部气囊系统和三个相同规格的侧面气囊系统，如图 3 - 10 所示。每个气囊系统由 6 个直径 1.8 m 按照"台球三角架"形状排列的球体瓣组成，形成一个等边三角形保护着着陆器的每一个侧面。用一个束缚系统紧固充气前的气囊系统，并把它和着陆器连接起来。这四个子气囊系统形成一个近似封闭的区域，将装有设备的着陆舱包封在内部，能够在着陆时给着陆舱以充分的保护。

勇气号及机遇号火星探测漫游车的气囊系统设计方案与火星探

路者基本相同，但在局部作了改进，提高了缓冲保护能力。改进主要在材料方面，使得漫游车的承载能力提高了 40%。

图 3 - 10 火星探路者的气囊系统[21]

3.2.4.3 空中吊车着陆

空中吊车是一种由火星科学实验室首先采用的全新着陆方式。由于进入质量大（约 2 800 kg），传统的气囊式着陆已经无法满足如此大质量的有效载荷，必须采取新的着陆缓冲方式。其工作模式是着陆前下降级（DS）保持 0.75 m/s 恒定的下降速度，在离地面高度 18.6 m 时，开始释放吊索和火星车，吊索全长 7.5 m。当吊索全部释放以后，继续保持 0.75 m/s 的下降速度直到火星车着陆。安全着陆后断开吊索，下降级垂直上升飞离。

与传统的气囊和腿式着陆相比，空中吊车具有很多的优势。两个机体结构使用发动机和推进器远离火星表面，最大程度减少表面接触。此外，由于在着陆期间采用吊索设计，着陆速度较低，因此系统的着陆稳定性和冲击负荷优于其他的着陆系统。另外，探测车的轮轴架悬架是专门为表面接触而设计，其本身就是着陆系统，在着陆之后可立即开始工作。

3.3　火星探测的主要技术难题

3.3.1　制导、导航与控制 (GNC)[22-23]

在火星、地球和太阳之间的时空位置关系中，火星和地球均围绕太阳转动，以火星为顶点的太阳和地球之间的夹角变化范围为$0°\sim36°$，但其变化规律是非线性的，需要根据具体任务时段确定。这要求研究探测器在轨工作时由姿态控制系统保障高增益天线对准地球，并保证太阳能帆板有效工作。

当然在实际轨道设计时，根据不同的探测任务和发射窗口，可以设计不同的飞行轨道，在行星际飞行过程中，可以采用借力飞行方案，即借助其他天体的引力进行加速、减速和转向。近年来，国际深空探测领域已提出利用空间各种天体间的平动点关系（"星际高速公路"）进行轨道设计，其主要目的是最大限度地节省燃料。然而节省燃料的飞行方案对发射窗口的限制更加严格，一般这种飞行方案不具备普遍性，都是针对特定发射时间而言的。

（1）多体问题的分析及最小燃料轨道设计问题

首先研究多体动力学问题，寻找引力平衡的超曲面（Hypersurface）问题，在此基础上进行火星探测飞行轨道的设计，其中包括多体力学问题解的数值计算。

（2）长期精确导航问题

探测器上自主导航要解决精确的恒星敏感器和太阳角计等硬件设计，并要研发精确、可靠的自主导航算法，在此基础上研制探测器的自主导航系统。特别需要研发高精度的自主导航，以及在此基础上与捷联惯导的组合导航系统。

（3）控制问题

在深空飞行过程中，必须研究中制导及到达火星附近的精确末制导控制问题，包括轨道控制和姿态控制，中制导采用开路制导控制。随着计算机技术的发展，也应开展相应闭路制导控制的研究。

（4）软着陆控制

在末制导中，需研究环绕火星的探测器轨道设计问题以及相应的行星软着陆精确制导问题，以及相对应的软着陆过程控制问题。

软着陆控制有两种：一种是地球-探测器大回路测控系统，其特点是大时间时延控制问题；另一种是关于探测器上自主控制问题，其控制方法在软着陆过程中需考虑轨道与姿态的联合控制问题，以解决精确的软着陆。软着陆过程的导航类似于地球附近的着陆，区别在于引力体不同。因此必须研发以测高仪为基础的自主导航系统，以实现精确的自主导航。在实现探测器-地球大回路的控制时，要考虑系统的时延问题，同时需要利用宽带通信技术，以方便实现地面控制的遥操作问题。

3.3.2　测控通信[24-29]

探测器与地球的最远通信距离达 4 亿 km，要克服巨大的信号衰减，仅依靠提高星载设备或深空地面测控网的发射机功率是不够的，为完成火星探测任务，地面应建立相应的深空测控网。其中的大口径多频段高增益天线站技术、测控通信站的规模和布局、系统的工作方式、国际联网的途径以及系统的总体指标设计和采用的技术手段等内容是必须解决的关键技术。

在地面系统的支持下，火星探测器应尽量提高编码增益和天线效率，以保证测控的精度需要。同时，探测器可能由着陆器、行星巡视探测器等多个部分组成，合理、有效地组织通信链路才能满足测控通信需求，这需要解决轻型低功耗双频段应答机研制、先进扫描天线研制、高编码增益高编码率信道编码技术、高精度高稳定度时间和频率标准技术等。

火星探测还需要完成火星测控通信的新手段、新办法的研究，例如火星深空测控系统采用的频段、信号形式和调制方式，测量精度更高的同波束干涉技术（SBI）、ΔDOR 测量技术，实时性更强的高精度连接单元干涉技术（CEI），天基深空数据中继的组网技术，针对各种火星测控体制的不同测量数据类型的系统误差修正技术等。

火星探测器上通信链路技术初步考虑建立的方式是：探测器首先利用星敏感器自主对地球粗定向；指令接收机和数传发射机利用宽波束低增益天线与深空站建立初始通信；探测器采用低增益天线接收地面遥控指令，调整探测器姿态，引导高增益天线初步定向；在完成高增益天线粗定向之后，探测器改用高增益天线与深空站进行通信，继续调整天线指向，实现高增益天线的精确定向，以获得较高的天线增益。但该方式的有效性需要进一步研究。

3.3.3　探测器智能自主技术[30-35]

3.3.3.1　探测器自主控制的相关要求

火星探测的一个重要的特点是星地信息传输时延较长，信息传输效率较低。地面的工程技术人员如果完全通过探测器传回地面的信息来对探测器的状态进行判断，然后采取相应的措施并发送至探测器，这个过程中往往会出现偏差。例如，当火星探测器在距离地球最远端时的星地信息单向传输时间要 20 分钟以上，这就意味着地面工程技术人员获得的探测器状态是 20 多分钟前的状态，即便当时就发送上行指令进行状态控制，所控制的状态也是 40 多分钟后的状态。在面对复杂的火星探测任务时，这种情况带来的风险是巨大的，所以深空探测器在设计上就提出了探测器智能自主管理的要求。

所谓智能自主管理技术就是探测器通过在轨敏感器得到的信息采用智能技术自主作出判断，并自主在轨采取相应的措施控制探测器各方面的状态，这种要求主要体现在探测器制导导航和姿态自主控制（GNC）、探测器供电和热控自主控制以及探测器在轨故障判断和系统修复。

（1）制导导航和姿态自主控制

火星探测任务的航行距离远，探测器采用不同推力的发动机，在转移飞行过程中需进行轨道变换、轨道修正、轨道保持、姿态转换等在轨操作，其特点是操作次数多、复杂程度大、精度要求高。这些特点对火星探测导航定位技术提出了提高探测器自主性的要求。导航在狭义上是指如何精确地确定探测器的位置、速度和姿态，在广义上还包括探测器状态方程所出现的所有未知参数，以及所有通过观测信息能够估计出来的目标天体参数和空间环境参数等。

经典的导航方法使用地面站数据，观测精度很高，再结合复杂的滤波技术，就可能估计出探测器的全状态，这些技术已被证明是非常精确而又具有鲁棒性。但是这种观测需要持续不断的测量，而且不是实时处理就无法满足深空探测任务（例如飞越、绕飞、近距离变轨、交会小天体等）的要求。自主导航的特点首先是满足实时要求，不会频繁地要求人的介入；其次是导航的精度完全取决于探测器上的软硬件条件，虽然不可能像地面那样采用非常准确的环境模型，但是已经能够满足相对目标天体定位的精度要求。未来的火星探测任务要求更快、更好、更省，而自主导航能降低操作的复杂性，减少任务的费用，简化探测器的地面支持系统，大大增强探测效率；即使在与地面通信联络完全中断的条件下，仍然能够完成轨道确定、轨道保持等日常功能，具有较强的生存能力，成为未来火星探测任务必然的和最重要的技术手段之一。此外，自主导航还能带来其他方面的自主性，如姿态控制、机动规划、轨道控制和通信信号的获取等，并且采用自主导航技术还扩大了探测器在空间的应用潜力。

但是由于可利用的导航目标受到太阳光照角、探测器姿态、相机特性、星载计算机、飞行轨迹、星上软件等软硬件条件的限制，各个航行阶段又具有不同飞行特点，每段必须采用相应的自主导航算法，所以在整个火星探测任务中需要采用多种导航方式，致使导航系统变得复杂。由于惯性测量单元存在常值偏差和漂移，导航精度较低，同时随着导航相机等光学敏感器的发展，通过图像分析能够方便地得到较高精度的角度与距离信息，于是以光学信息为主的自主导航研究成了热点之一。在现有深空探测任务中，美国水手系列和海盗系列火星探测器就已经开始使用光学信息导航，但完全利用自主导航系统的只有 NASA 的深空-1。这一方面说明在深空小天体探测任务中使用光学自主导航技术是可行的，另一方面也说明此技术还存在较大的技术难度，需要更加深入的研究。综上所述，如何设计最适合的自主导航方法就成为研究的重点。

深空自主导航方法包括三个主要内容：建立探测器在深空环境中的高精度动力学方程，即建立状态方程；根据导航敏感器获取角度、距离等各类观测信息，建立观测信息与状态之间的联系，即观测方程的建立；依据对观测信息的了解程度，选取合适的滤波方法对所选取的状态进行估计。

（2）供电和热控的自主控制

电源和热控是航天器的重要分系统，其高度自主运行能力取决于不依赖于地面的完备感知能力和执行能力。

由于在探测外行星时，太阳光强普遍要低于地球轨道的光强，所以太阳能电池的发电量相对地球轨道较低，从最优设计角度考虑合理的控制用电对探测器任务执行是有好处的。电源系统的自主管理主要体现在供电管理和蓄电池保护等方面，特别是蓄电池保护需要在发生蓄电池损害情况时立即采取措施，所以电源系统的自主管理是必要的。

热控系统的自主管理主要体现在对整星和各单机的热状态及时进行调整，通过星载计算机采集整星和各单机的温度参数，适时对散热系统和加热器进行管理来保障探测器的正常运行。目前对散热的管理途径主要有两种：一种是对散热热流量的控制，可以通过两种不同导热介质的热管系统来实现；另一种是通过对探测器散热面积的管理，例如电控百叶窗等装置来实现。一般在能源供给充沛的情况下，自主的热控管理是不难实现的。

（3）探测器在轨故障判断和系统修复

深空探测任务执行过程中，探测器难免会出现一些故障，在对在轨的探测器进行故障判断和系统修复时，探测器的自主智能技术显得尤为重要，因为通过探测器-地球间的信息传递来解决上述问题风险极大。

在轨探测器可能出现的故障多种多样，根据不同平台和不同任务要求探测器的故障也是不同的，主要有以下几类：计算机软硬件故障、电源故障、有效载荷故障、活动部件故障、通信故障和姿态失稳等类型，其中有些故障是致命的不可修复的，但有些故障可以通过冗余备份或剔除有危害的单机方式来进行系统重构，使探测器在出现故障后还能发挥可能的最大价值。

3.3.3.2　自主控制实施策略

从功能角度将探测器划分为由多个分系统和有效载荷组元，每个分系统均分配有一定的遥测遥控数据容量，地面操作人员根据遥测数据了解各分系统的工作状态，通过遥控命令对各个分系统和有效载荷进行管理。实施自主运行，就是要在探测器星载计算机飞行软件内部嵌入一个自主软件实体，它能完成原来由地面操作人员从事的工作。

自主控制能力主要由天基自主控制智能体提供，它构成底层实时控制系统的上面级。从分层递阶智能控制系统的角度可以将深空探测器远程智能代理的结构进行排列，如图 3 - 11 所示，它包括三个层次。

（1）组织规划层

该层由任务管理器和规划调度器组成。任务管理器根据整个任务期间需要实现的全部预定目标（在探测器发射之前产生，也可在运行过程中由地面遥控更新），确定下一时段（1～2 周或稍长）应该达到的若干目标。对上述目标，规划调度器按照规划专家对有关资源消耗和时间等限制的知识进行搜索，以产生一个灵活、和谐一致的动作序列计划。

（2）协调监控层

该层包括动作协调系统和模式识别与重构组件。动作协调系统将计划中的高层动作分解为实时系统的指令，并且为动作分解确定

可以替代的方法。当一种方法导致任务失败，动作协调系统便尝试任务预先定义的某一替代方法来完成该任务，或者求助于模态重构

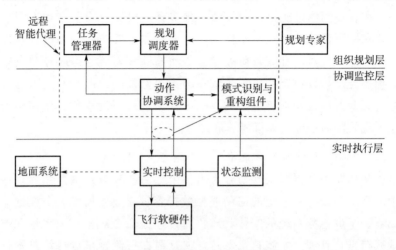

图 3-11　自主控制实施策略图

组件。如果当前执行的计划还要求继续执行新的计划，动作协调系统便将航天器在当前计划执行结束时的状态提供给任务管理器，以申请一个新的计划。假如动作协调系统已经没有能力执行或修复当前计划的执行过程，便停止所执行的全部动作，并将受控系统切换到一个稳定的安全状态（称为备用模式）。然后动作协调系统将当前的状态告知任务管理器，并申请一个新的计划，与此同时确保系统处于备用模式，直到接收到新的实施计划时为止。

　　模式识别与重构组件包括模式辨识和模式重构，实际上是进行自主故障诊断、预报和系统重构。模式辨识通过辨识输入-输出模型的稳定性来跟踪探测器最可能的状态，并向动作协调系统报告；模式重构借助于探测器的模型知识，以及需要建立和维护的约束关系，形成一个代价最小的指令序列让动作协调系统来执行，通过重构硬件或修复失效的组件，建立或恢复期望的功能。

　　（3）实时执行层

　　实时执行层用于实时姿态和轨道控制系统（包括部件级）自主

故障处理。

3.3.3.3　自主控制智能体技术

（1）规划调度技术

针对目标和约束，在高层次描述空间内生成由推理、联系、判断、决策等模块构成的任务作业序列。对于探测器自主控制来说，规划调度的难点在于要考虑电源、燃料、计算机数据容量等资源约束，以及相邻任务之间的时间、空间限制。

（2）多敏感器信息融合与集成技术

对包括不同性质的姿态敏感器，不同距离的视觉敏感器、接近度敏感器和接触敏感器等进行综合处理，建立通用模型并进行自主学习和更新。

（3）混杂系统控制技术

自主控制系统中同时存在顶层具有离散时间特征的组织规划过程和底层具有连续变量的实时执行过程，这是一个复杂的混杂系统，对探测器自主控制提出了苛刻的技术要求。

（4）自主故障处理技术

包括敏感器、执行机构的解析冗余特征研究和优化配置设计，快速故障检测、诊断和预报方法研究，主动与被动容错控制方法研究等。

（5）星上自主数据处理技术

包括适用于自主运行控制的高性能计算机设计技术、星上软件设计技术，基于特征识别的数据搜索、分析和分类，数据比较、存储和传输，地面人员任意介入能力的实现等。

（6）轨道自主控制方法

探测器在比较复杂的深空环境中运行，各种轨道摄动因素都不被完全掌握，因此，轨道控制律要具有较强的鲁棒性。

（7）最优轨道协调控制

通过多种轨控模型的比较，综合轨道捕获、轨道交会、轨道维持调整轨道平面内形状的轨控策略，可用 $\zeta-\eta$ 相关平面找到 ΔV 轨控矢量多边形，可以对 a，e，ω 轨道状态变量进行协调控制，即每次轨道机动都可同时控制 a，e，ω，调整轨道平面方向。用轨道坐标系 y 轴方向的推力 $\Delta \mathbf{V}$ 对 i，Ω 轨道状态变量进行协调控制，最终以最少机动次数控制到达目标轨道。

（8）自由轨道制导

初始轨道和目标轨道是可以确定的，根据起始位置、速度值和所要求的终态以及转移时间，计算出施加冲量的大小、方向和施加冲量的轨道位置幅角。常用方法有霍曼交会和兰伯特求解。

（9）似滚动椭圆制导控制

似滚动椭圆制导是基于航天飞行器 Clohessy - Wiltshire（C - W）方程的水平推力 C - W 制导，在中心引力场中探测器和机动虚拟点的相对运动方程是非线性的，找到最优轨道机动制导律和计算很困难，但当两个飞行器在两个近圆轨道上运动时，其相对运动方程可以线性化为 C - W 方程。基于此方程可以派生出各种控制律来。如 20 世纪 60 年代末 Prussing 应用 Lawden 的"基向量"理论，对于定冲量数，给出了满足 Lawden 必要条件的解，可以给出 2、3、4 冲量的交会解；C - W 方程最优控制原理（综合时间和燃料最优），可根据不同的最优指标，求解出各种不同的飞行控制方案。C - W 制导方程为线性化方程，较适合星上计算，适用于探测器的轨道调整制导控制。

（10）姿态自主控制方法

根据火星的地理环境，可以选用的姿态敏感器和执行机构相对地球卫星要少。由于火星环境参数存在较大的不确定性，为了完成姿态自主控制，需要研究鲁棒性较强的姿态控制律。

根据任务需求，合理选用姿态基准。针对火星的地理环境，采用星敏感器结合陀螺进行姿态测量，采用扩展 Kalman 滤波算法进行姿态估计。由于火星的磁场非常弱且磁场分布规律未知，磁力矩器不适合配置在环绕火星的探测器上，因此姿控执行机构配置推力器用于给飞轮卸载。例如，美国的火星气候轨道器配置推力器给反作用飞轮卸载，ESA 采用 4 个 12 N·ms 反作用飞轮，用推力器来卸载。根据火星基本参数和探测器的轨道特性，选用高性能的飞轮和轻小型推力器，采用小脑模型神经网络（CMAC）结合比例积分微分（PID）控制设计出鲁棒性较强的控制律。

小脑模型神经网络是一种表达复杂非线性函数的表格查询型自适应神经网络，该网络可通过学习算法改变表格的内容，具有信息分类存储的能力，被公认为是一类联想记忆神经网络的重要组成部分。CMAC 算法基于局部学习的神经网络，把信息存储在局部结构上，使每次修正的权很少，在保证函数非线性逼近性能的前提下，学习速度快，适合于实时控制。PID 控制具有结构简单、稳定性好、对模型依赖程度小和工程上易于实现等优点，但是，PID 控制是基于对象精确数学模型的控制方法，自适应性差，难以适应参数不确定性的系统，而 CMAC 算法正好可以弥补 PID 的不足。

采用 CMAC 与 PID 混和控制律进行姿态控制。在控制初期 PID 起主要控制作用，经过对常规控制器的输出不断学习，逐渐由小脑模型神经网络的输出起控制作用。结合 CMAC 和 PID 控制的优点，可以加快控制响应速度，减小输出误差，加强鲁棒性。

3.3.4　新型空间电源技术[36-45]

电源系统是产生、贮存、变换、调节和分配电能的分系统。其基本功能是将光能、核能或化学能转换成电能，根据需要进行贮存、调节和变换，然后向各分系统供电。任何一个航天器任务的完成都需要可靠的能量来源保障。火星探测器与地球轨道航天器比较，首先有任务周期长、光照强度低、温度条件恶劣等特点；其次，火星与地球平均距离约 2.3 亿 km，通信时间长，遥控遥测信号传输时延大，地面监控困难；最后，火星探测器在质量、体积方面会受到运载能力的限制；因此火星探测任务电源系统要求高效、可靠、轻量化、自主智能控制。主要关键技术包括：高效太阳能电源技术、锂离子电池、同位素温差电池和其他新型储能技术，此外，还必须配备高超的电源系统自主和智能控制系统。

　　国外火星探测起始于 20 世纪 60 年代，经过几十年的实践，已经积累了丰富的空间电源系统研制经验，具备了较成熟的电源系统设计水平，国外几种主要火星探测器电源系统见表 3 - 4。我国的火星探测工作刚刚起步，对轨道和环境的认知程度还不够，缺乏必要的手段进行环境模拟。需要对探测器有效载荷及平台的用电需求进行论证，全面了解探测轨道的光照、辐照、磁场、温度、粒子、气压、气体、尘暴等各种环境因素，对这些因素的影响进行深入分析，实现系统方案优化，设计出合适的电源系统，确保探测任务的成功。

表 3 - 4　国外部分火星探测器电源系统

型号	发射时间	主电源	贮能电源
美国水手-4 轨道器	1964 - 11 - 28	太阳电池阵	可充电银锌电池
美国海盗-1 轨道器	1975 - 08 - 20	太阳电池阵	镍镉电池
美国海盗-1 着陆器	1975 - 08 - 20	同位素温差发电器	蓄电池
美国火星观测者轨道器	1992 - 09 - 25	太阳电池阵	镍镉电池
美国火星探路者着陆器	1996 - 12 - 04	太阳电池阵	可充电银锌电池
欧空局火星快车轨道器	2003 - 06 - 02	太阳电池阵	锂离子蓄电池
美国火星漫游者/勇气号	2003 - 06 - 10	太阳电池阵	锂离子蓄电池
美国火星漫游者/机遇号	2003 - 07 - 08	太阳电池阵	锂离子蓄电池
美国火星勘测轨道器	2005 - 08 - 12	太阳电池阵（三结砷化镓）	镍氢电池
美国好奇号火星车	2011 - 11 - 26	多任务放射性同位素热电发生器	锂离子蓄电池

3.3.4.1　高效率、长寿命太阳能电池技术

　　火星探测任务周期较长，一般奔火过程历时 7～11 个月，探测任务视探测目的而定，就轨道器而言一般不会低于一个火星年，相当于 687 个地球日。因此，在电源系统主电源的选择上不宜采用一次性电池，国际上火星探测器主电源一般采用太阳能电池。

　　火星与太阳的距离在 1.38～1.67 AU 范围内变化，其平均太阳光强约是地球轨道的 43.1%，一个轨道周期内最小光强和最大光强

（490～720 W/m²）之差可达 230 W/m²，这就意味着同样能源需求下，火星探测器将携带面积相对地球卫星大一倍的太阳能电池才可以满足要求。因此，为了减轻太阳帆板的质量、减小帆板面积，并且保证任务周期内电源系统供电的连续与可靠性，火星探测需要高效率、长寿命的太阳能电池。

自 20 世纪 50 年代发现砷化镓（GaAs）材料光电效应之后，GaAs 电池以其高性能得到广泛关注。20 世纪 80 年代后，GaAs 太阳能电池技术经历了从同质外延到异质外延，从单结到多结叠层结构的几个发展阶段，其效率不断提高，已达到 29%。与传统硅太阳能电池相比，GaAs 太阳能电池具有更高的光电转换效率、更强的抗辐照能力和更好的耐高温性能，对于提高太阳电池阵的面积和质量比功率，降低电源系统的体积、显著降低成本有着非常重要的意义。此外，三结 GaAs 太阳能电池具有较好的温度特性，其高温下的性能衰减只是硅太阳能电池的 60%～70%，更加适合深空探测使用。因此，三结 GaAs 太阳能电池已成为目前世界上最具竞争力的空间站和深空探测器的主电源。20 世纪 80 年代初以来，国外航天飞行器空间主电源开始应用 GaAs 电池，苏联 1986 年发射的和平号轨道空间站，日本发射的 CS-3 通信卫星都使用了 GaAs 太阳能电池。在深空探测方面，美国火星探测器勇气号和火星勘测轨道器也都采用三结 GaAs 太阳能电池。

目前，空间光伏系统的趋势之一是采用聚光器，1998 年美国发射的深空 1 号探测器首次采用聚光太阳阵技术。1999 年投入使用的休斯-702 太阳电池阵整阵采用薄膜光学反射板聚光技术，输出功率是平面电池的 1.4～1.5 倍。机械叠层式多结 GaAs 聚光太阳能电池的效率已经达到 37%（AM1.5）。

3.3.4.2　锂离子蓄电池技术

锂离子蓄电池是指以锂离子嵌入化合物作为正、负极活性物质的二次电池。正极活性物质一般采用锂金属化合物，负极活性材料一般采用碳材料。充放电时，锂离子在正、负极材料晶格之间脱出嵌入。在正常充放电情况下，锂离子的嵌入和脱出只引起晶格间距变化，不会破坏晶体结构。从充放电反应的可逆性看，锂离子电池的反应是一种理想的可逆反应。

锂离子蓄电池的研究开始于 20 世纪 80 年代，于 1991 年实现了商品化。锂离子蓄电池与传统蓄电池相比，有以下优点：

1）比能量高。锂离子蓄电池具有最高的比能量，可达到 120 W·h/kg。电源分系统的质量一般占航天器总质量的很大比重，以小卫星为例，电源系统的质量通常要占总质量的 38%～42%。因此，锂离子蓄电池作为储能手段，对于火星探测器的轻量化设计有极大帮助。

2）平均放电电压高，其单体平均工作电压达到 3.6 V，为镉镍电池和镍氢电池单体电压的 3 倍。

3）自放电率低，月自放电率低于 10%。

4）使用温度范围宽，−20～45℃。

5）循环寿命长，100% 充电深度（DOD）下充放电可达 800 周。

目前，锂离子蓄电池在航天领域正在逐步代替传统电池。在火星探测器上，锂离子蓄电池已经得到了广泛应用。2003 年欧空局的火星快车、NASA 的勇气号和机遇号火星车均采用锂离子蓄电池组储能。

但是，锂离子蓄电池在深空探测的应用上仍存在一定局限性，其一是电池低温性能不好。目前，锂离子蓄电池在 −30℃ 以下低温环境中工作性能较差。在 −40℃ 下，只能放出室温下电池容量的 30%。其二是电池安全性问题。锂离子电池组在使用过程中，单体电池的容量会逐渐产生差异，从而导致在同一电流进行充电时，低容量电池可能处于过充状态，从而对其造成不可恢复的损害。因此若在长任务周期中使用锂离子蓄电池组，在充电控制上必须采用均衡充电控制，但是这些充放电管理设备又会增加电源系统的复杂性。

锂离子蓄电池技术在很多方面正在不断改进与创新，例如正在大力发展新一代离子液体-聚合物电解质和新型硅负极材料等，并通过蓄电池结构设计和电性能设计各项技术的研究，进一步提高蓄电池的比能量、高低温性能、蓄电池安全性、循环寿命，使其能适应深空探测各项任务需求。

3.3.4.3　同位素温差电池

同位素温差电池（Radioisotrope Thermoelectric Generator，RTG）是利用温差电换能器将放射性同位素衰变产生的热能直接转换为电能的一种发电装置，主要采用钚（^{238}Pu）燃料。其结构可分为放射性同位素热源、温差电换能器和外壳及附件三大部分。目前主要利用塞贝克效应，通过温差电偶对实现热电转换，这也是如今在深空探测中普遍采用的唯一方式。图 3 - 12 是深空探测器用的同位素温差电池简图。

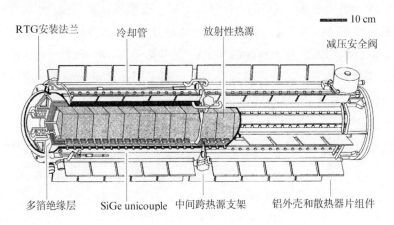

图 3 - 12　深空探测器用的同位素温差电池[6]

同位素温差电池是一种致密能源，可靠性高，是深空探测不可替代的能源。主要具有以下优点：

1）高的比能量。RTG 电池的单位质量比能量一般在 105 W·h/kg 以上，是已知化学与物理电源中的佼佼者。此外，与太阳能电池相比，核电源的结构非常紧凑，体积小，易于携带与安装，使用方便。

2）长寿命。RTG 电池的工作寿命在 10 年以上，已用于木星探测器伽利略号、土星探测器卡西尼号等，其长寿命特性适应深空探测任务周期长的特点。

3）受环境影响小。RTG 与太阳电池和化学电池相比，对周围环境依赖性小，不需要外部能源输入，且使用温度范围宽，受辐照影响小。因此对于深空探测器，RTG 是首选的空间能源；而对于需要在行星表面着陆，尤其是需要过夜的着陆探测器而言，RTG 已经成为必备的能源。

1961 年，美国首次使用 RTG 作为航天器能源，用于导航卫星 Transit - 4B 的辅助电源。迄今，美国已在 26 个空间飞行器上使用 44 个 RTG。所用燃料在进行原型实验时使用^{210}Po，以后均采用 ^{238}Pu。电功率从 2.7 W 增大到 300 W，质量从 2 kg 提高到 56 kg，最高效率已达 6.7%，最高质量比功率达 5.36 W/kg，设计寿命为 5 年。美国RTG 在火星探测器上的应用见表 3 - 5。苏联于 20 世纪 60 年代同步开展了空间电源计划，研制了用于火星探测器、使用放射性同位素^{238}Pu 的 RTG，名为"安杰尔"，设计寿命 10 年。

表 3 - 5　　RTG 在美国火星探测器中的应用

序号	航天器	同位素装置	任务目标	发射时间	状态
1	海盗-1	SNAP - 19 RTG	着陆探测	1975 - 09 - 09	正常工作 4 年
2	火星探路者	RHU 加热器	着陆探测	1996 - 12 - 04	火星车寿命 84 天
3	勇气号	RHU 加热器	着陆探测	2003 - 06 - 10	工作正常
4	机遇号	RHU 加热器	着陆探测	2003 - 07 - 07	工作正常

目前国际上许多机构在研制低功率 RTG，这种发电器体积小、质量轻、输出电压高，可以接入电源系统，为常值负载提供功率，并给蓄电池组充电，多余的热量通过热控分系统导入舱内，为仪器舱供热；如使用多个 RTG 并联供电，还可增加输出功率，并提高电源系统的可靠性。

但是，RTG 在使用过程中也有其不利的一面。首先，RTG 热

电转换效率低，目前的最高水平为 6.7%，在使用过程中会产生大量
余热，必须解决其散热问题；其次，RTG 内阻较大，并且随温度呈
线性变化，如何从温差发电器获得最大功率，即多源混合供电综合
能源系统的研究也是一个难点与重点；最后是安全问题，RTG 存在
潜在核泄漏与辐射风险，为了保证核电源在空间使用的安全性和可
靠性，联合国于 1992 年 12 月审议并通过了《外层空间使用核动力
源原则》（草案），RTG 的设计、发射和使用必须严格遵从这个国际
准则。

3.3.4.4　新型储能技术

储能元件是深空探测领域必不可少的组成部分，随着新技术的
不断发展，涌现出一批新的储能方式，诸如飞轮储能方式、可再生
能源技术、超级电容器等，都在深空探测领域有着较好的应用前景。

飞轮储能具有长寿命（寿命可达几十年，几乎无需维护）、高能
量密度（100~130 W·h/kg）、高输出效率（放电深度可达 90%）、
快充电能力、不受温度影响、无记忆效应等优点；而且有可能将能
量存储功能和姿态控制功能组合在一个单一装置中，这样不仅提高
了可靠性而且还可以减少航天器的整体质量和体积。但飞轮储能技
术也有其局限性，如抗震性差、平稳性不好、安全性不高。美国于
20 世纪 80 年代起就开始航天器用飞轮的研究，已逐渐应用于卫星、
空间站、行星探测器以及飞船上。

空间可再生能源技术是指可在空间环境下通过外部能源得到可
逆再生的一种能源技术。其中再生氢氧燃料电池系统（RFC）具有
高能量密度（比能量可高达 400~600 W·h/kg）和高比功率，使用
中无自放电，也没有对放电深度和电池容量的限制，产生的高压氢
气、氧气还可用于航天器的姿态控制和航天员的生命保障，因此是
重要发展方向之一。RFC 是水电解技术和氢氧燃料电池技术的结合，
由燃料电池子系统、电解子系统、储罐和电源调节及控制子系统组
成。电池的燃料氢气和氧气可以通过水电解过程得以再生，RFC 与
太阳能电池的结合可以构成一个封闭的能量循环系统，是一种高效

储能装置,具有高比能量的特性。由于该装置复杂,目前在航天器中未见使用,但它是极有前途的替代传统二次电池的空间电源。

超级电容器具有极高的功率密度（10 kW/kg）,放电电流高,非常适合用于短时间、高功率输出的场合;且充电速度快,可以采用大电流充电,能在几十秒到数分钟内完成充电过程,是真正意义上的快速充电;使用寿命长（实际可达 10 万次以上）;低温性能优越,容量随温度的衰减非常小。超级电容器对于光伏发电等输入功率波动大、效率要求高的可再生能源系统具有很好的适应性,在需要负载平滑化的系统中也具有很高的应用价值。但是它的能量密度相对于蓄电池较低,目前很难实现大容量的电力储能。研究重点在于提高其储能密度。在航天领域,由于电容的放电特性致使电压呈指数下降的缘故,它在特定条件下可望作为火工品电源、脉冲放电的电源。

3.4　载人火星探测

在太阳系行星中,人类对火星情有独钟。科学家们认为,火星上可能存有生命和液态水,寻找火星上的生命和水已成为世界科学家一个巨大的梦想。如果火星上确有生命和水,它可能就是适合人类居住的另一颗行星,人类也就有可能向火星移民,开辟新的生存空间。因此,自 20 世纪 60 年代以来,美国、苏联、欧空局、日本、中国都竞相开展了火星探测。尽管迄今为止进行的只是轨道器和机器人的着陆探测,但最终目标是要实现载人火星探测。

3.4.1　载人探火的基本问题[46-54]

3.4.1.1　超大型探火飞船

载人火星探测任务从低地球轨道出发到最后返回需要经历 6 个大规模加速（或减速）阶段,用来克服地球或火星的巨大引力:

1) 具有 7.62 km/s 速度在 500 km 高度的环绕地球轨道飞行的

探测器，要飞往地-火转移轨道需要的速度增量约为 3.55 km/s，只有达到第二宇宙速度时才能在太阳的引力作用下飞往火星；

2）探测器经过几个月星际飞行到达火星引力场范围后，要想被火星俘获进入 500 km 高度的圆轨道则需要约－2.52 km/s 的速度增量，即必须作大幅度减速才能进入绕火星轨道；

3）绕火星轨道飞行的探测器要想着陆火星，还需继续减速 3.42 km/s；

4）完成火星表面考察后，探测器起飞进入 500 km 高度的绕火星轨道需要加速到 3.42 km/s 的环绕速度；

5）环绕火星飞行的探测器要进入火-地转移轨道约需要 2.52 km/s 的速度增量；

6）到达地球引力场范围后，约需减速 3.55 km/s 后才能进入低地球轨道。

这 6 次大幅度改变速度总计的速度增量约达到 19.0 km/s，这个速度增量是登陆火星然后返回地球的基本要求，极具挑战性，而且这里尚未计及从地球表面飞往低地球轨道所需的速度增量。要获得这个巨大的增量值，除了某些场合可以利用空气阻力制动或借助其他天体引力的借力飞行外，绝大部分速度改变，不管是获得正加速度还是负加速度，都要通过火箭发动机点火提供的反作用力来实现，因此需要的燃料量特别巨大。通常情况下，一个质量 5 t 的探测器从近地轨道出发，到达火星轨道时其质量将只剩下 1 t，称为五比一定律。

超大量的燃料需求，再加上载人火星探测通常由 4~6 名航天员组成的团队长达 900 天的历程，需要大量的生活物资，这些因素导致探测器尺寸极大，总体规模要比无人探火任务大两个数量级，从 500 km 高度的地球轨道出发时探测器初始质量大约要达 1 500 t。要运送如此庞大的探测器，需要极高能量的推进系统。

需要说明的是这些速度增量是在圆轨道基础上计算出来的，而实际上火星轨道的偏心率达到 0.093（地球为 0.017），因此上述数字只是在平均意义上才成立。不同日期、不同探测任务发射的火星探测器在与火星相遇时，其相对速度是不同的，变化幅度最高可达17％，离开火星时的相对速度变化也与此相似，因此实际计算时选择恰当的发射时刻和发射速度十分重要。尽管如此，本书所列的上述速度增量值仍具有重要标志性意义。

3.4.1.2　分批发射和空间组装

　　如此大型的深空探测器，目前的运载火箭根本不可能具有这样大的发射能力。而且从安全角度来看，单一的巨型探测器风险性也比较大，一旦出现故障和意外事件，造成的损失将十分巨大。

　　因此，当前考虑的途径大都采用多步方案，即分批发射进入低地球轨道，然后分批飞往火星。具体办法是先用十数枚至数十枚重型火箭将探测器的各个模块、数量庞大的物资和推进剂发射到低地球轨道。美国考虑使用正在研制中的基于航天飞机技术的新型空间发射系统（SLS），欧空局考虑使用已退役的俄罗斯能源号运载火箭。这些探测器模块在空间站组装成数个执行不同使命的探测器（也可以是一个）并加注推进剂，在不同时间分批发射往火星轨道，几个探测器协同完成大型载人火星探测任务。这种发射方式比较妥善地解决了巨型探测器的入轨问题，但首先要具备高度成熟的空间组装技术，使空间组装的探测器具有与地面组装同样的可靠性。此外如果采用将航天员和保障设施分批发射往火星的技术方案，还需达到精确的火星着陆精度，使航天员能迅速而顺利地到达工作场所，因为在火星表面即便几 km 的交通也可能要付出艰辛的努力。

3.4.1.3　返回地球难题

　　航天员完成科学探测任务后从火星上返回地球，首先要乘坐上升飞行器从火星表面飞向环火星轨道，在那里和停泊在轨道上的返回飞行器对接，然后才能返回地球。要飞向环火星轨道，上升飞行器必须加速到环绕火星的停泊轨道飞行速度，对于一个乘坐 6 名航天员的上升飞行器，如果采用液氧/甲烷推进剂的话，将需要 30 t 推进剂和一个高 9 m，直径 4 m 的飞行器。航天员在乘坐上升飞行器出发前，必须要在火星上等待从火星返回地球的发射窗口。采用冲点（Oppostion）航线只需 30～90 天，但从低地轨道起飞时需要的速度增量很大；采用合点（Conjunction）航线最典型的就是霍曼轨道，但不得不在火星上停留 550 天。

因此，航天员在地球-火星间往返需要 500 天到 1 000 天。航天员要成功返回地球必须保证在如此长时间后返回舱携带的所有控制和通信设备、降落伞及制动火箭工作性能仍处于良好状态，并且返回舱要经历严酷的深空环境，这比近地轨道载人飞船和登月载人飞船的返回要求更为严格。所以，载人火星探测任务返回地球的难度非常大。

3.4.1.4　后勤保障系统

火星探测器乘员一般为 4～6 人。根据估算，每人每天生活需要用水 27 kg、食物 1.5 kg、氧气 1 kg。按照资源消耗比例，长达数百天的飞行时间和火星表面生活，如果采用非循环方式提供，累计起来所需物资的数量将十分惊人，如此大量的物资全部由地球输送相当困难；而且探测器空间有限，不太可能通过光合作用生产食品以进行空间生物链（食物链）循环，就地资源利用的实施难度极大，所以航天员必须从地球出发时就携带充足的食品。鉴于飞船携带质量的限制，必须携带低残渣、高热量食品。但长时间使用这类食品有可能导致较为严重的身体代谢问题。

此外，在地球空间站和其他近地轨道载人航天任务中，如果出现故障或航天员无法解决的意外事件时，是有可能求助地面指挥部通过地面发射备件或其他方式帮助解决的。但载人火星探测任务不仅距离地球上的后勤基地极其遥远，而且它们分隔在两个不同的行星天体轨道上，不大可能得到来自地球的物质援助。为防止探测器上的生命保障系统、电源、推进、通信、遥测、热防护、探测仪器出现故障，重要的系统必须在起飞前给足备件。

3.4.1.5　航天员健康防护

载人探火按照霍曼轨道飞往火星的方案往返时间均约为 259 天；这是一个相当漫长的旅程。特别是星际轨道期间要经受严酷的宇宙辐射和太阳耀斑爆发的危害，其状况已和近地轨道空间站完全不同。空间站的飞行高度低于地球周围的范艾伦辐射带，而且地球磁场也可以有效地保护航天员免受来自宇宙射线和太阳耀斑爆发时电离辐射的危害。而在漫长的星际轨道上，航天员缺乏地球的保护，必须具有准确的灾害预报和特殊的辐射屏蔽技术。

在长期失重条件下，人体的感觉系统、运动系统、骨骼系统、心血管系统、血液系统、水-盐平衡系统、新陈代谢系统、免疫系统都会发生复杂变化，可导致航天员产生较为严重的身体和心理的环境适应问题。目前还没有任何航天员在空间单次停留 500 天以上。时间越长，空间环境导致的太空综合症将变得更为严重。现在已有科学家在研究采用人工重力的方法防止长期失重问题，但技术难度很大，以 4 r/min 的旋转速度产生 1g 量级的离心加速度，所需设备的旋转半径最少要达到 56 m。

到达火星后，其表面的重力只有地球的 0.38，表面的电离辐射和地球也完全不同。平均环境温度仅为 -23℃，且昼夜温差极其显著。稀薄而干燥的大气环境也是对人体的挑战和考验。火星大气密度只有地球的 1% 量级，而且和地球大气完全不同，没有氧气可利用。由于气压过低，航天员必须身着航天服活动或者处于加压和有生命保障系统支持的着陆舱中，因此在火星表面的工作和活动都较为困难。在这样的环境中停留很长时间，环境适应难度可想而知。因此需要开展深入、细致的航天医学研究，以高度可靠的健康监测和疾病治疗手段，保障航天员的健康。

3.4.1.6　电源保障系统

初步估计，载人火星探测需要用 1 500 t 的探测器才能完成，如此规模的探测器远远超过一个大型空间站，必须为飞船长途航行提

供可靠的电源，以保障航天员生活工作以及上升飞行器与返回飞船
对接。目前的办法是采用太阳能电池板，但其功率有限，而且稳定
性令人担忧，有必要考虑使用核能装置，以及研制长寿命、大容量
的储能技术。

登陆火星以后对能源的需求同样十分迫切，如果采用常规的太
阳能电池阵，由于火星距离太阳较远，接收到的太阳光照强度较低，
而载人探测对供电的要求却极高，这样将导致太阳电池阵面积过于
巨大。太阳翼展开空间太大会导致探测器出现控制和结构方面的问
题，进而影响太阳翼工作的可靠性。已有人提议建立一个小型的火
星核电站，利用核能装置提供稳定而可靠的电力，这在技术上已经
可以实现，但要把核电站运往火星以及长期安全运行难度不小。

3.4.2　星际飞行推进系统

安全可靠的高性能推进系统在载人探火任务中具有特别重要的
地位。根据当前技术水平，从 500 km 地球轨道出发的载人火星探测
器，可供选择的主要是液体火箭推进系统、电推进系统、核热推进
系统三类。

3.4.2.1　液体火箭推进系统

液体火箭发动机是当前深空探测最主要的推进系统，技术上已
相当成熟，且可以在较短时间内提供巨大的推力。不足之处是化学
推进系统的能量较小，因此需要的燃料量很大。当前火星探测任务中
主要考虑三类燃料的液体发动机，即液氢/液氧发动机、一甲基肼/
N_2O_4发动机、液氧/甲烷发动机。

（1）液氢/液氧发动机

液氢/液氧发动机是当前能量最高的化学火箭发动机，推进剂理
论比冲 390 s，使用高速涡轮输送推进剂，采用高的燃烧压强，曾在
美国航天飞机主发动机、欧空局阿里安－5 重型火箭以及各种高性能
上面级中使用。和其他液体发动机相比，其优点是可以大幅度地提
升推进系统运载能力，以减少对推进剂用量的需求。这类发动机用

于载人探火任务时的最大难度是液氢/液氧推进剂的不可储存性。液氢和液氧的临界温度分别为 $-241℃$ 和 $-118℃$，沸点为 $-253℃$ 和 $-183℃$。在高于临界温度时，无论施加多大压强也无法使它们保持在液态。由于推进剂加注后无法再施加保温，因此地面发射的运载火箭通常允许推进剂有一定量的气化，在气化过程中可以吸收大量气化热，使其余推进剂继续保持在临界温度以下。但为了弥补因气化导致的推进剂损失，火箭发射前必须始终不断地补充推进剂。

显然这种方式很难适应载人探火任务要求。低地球轨道中的航天器温度很难始终保持在其临界温度以下，而空间组装需要的时间最长可达 1 年，发射后抵达火星轨道还需要飞行 200 多天，在如此漫长的时间内，只能通过加设制冷系统来保温，不可能像地面发射台那样通过补充燃料的方式来解决。然而低温条件下制冷的功率要求极大，液氧为 32 W/t，液氢则高达 524 W/t，无疑将加大航天器系统的功率要求和惰性质量，并加大系统复杂性。因此，适宜使用的场合主要是从近地轨道向地-火转移轨道的加速。

（2）一甲基肼/N_2O_4 发动机

肼类燃料和氮氧化物推进剂大量应用于液体火箭发动机，这类推进剂品种很多，在常温下多为液态，因此可以长期储存。深空探测任务中最常见的是一甲基肼/N_2O_4，使用非常方便，是一种可自燃类推进剂，肼燃料和氧化剂分别存储在球形容器中，使用时用高压氦气增压，输送到火箭发动机燃烧室内相遇后即会自燃，不必使用点火器。

一甲基肼的凝固点为 $-52℃$，沸点 $87℃$；N_2O_4 分别为 $-11℃$ 和 $21℃$。虽然它们的储存温度范围很小，只有 $-11℃ \sim +21℃$，但这一要求并不十分严格，只要许可储箱适量膨胀，就允许其超过温度上限；而一旦推进剂被冷冻，只要在使用时适当地加热使之再度液化即可。如果是在火星表面使用，由于其环境温度极低，最高也只有 $-31℃$，因此平时可以不必保温。

肼类推进剂的最大缺点是能量水平相对较低，特性速度 1 720 m/s，燃烧温度 3 400 K，排气平均分子量约 20，比冲 298 s，和液氢/液氧推进剂相比差距较明显，因此推进剂需要量很大。

（3）液氧/甲烷发动机

液氧/甲烷也是一种优良的液体火箭推进剂，比冲 344 s，恰好处于液氢/液氧推进剂和一甲基肼/N_2O_4 推进剂之间，但迄今为止在 NASA 的各项任务中尚未被使用。首先考虑使用液氧/甲烷推进剂的是载人火星探测任务，主要出发点是希望利用火星上的资源就地生产，以便大大减轻探火过程的推进剂需求。

前期的火星探测活动中已发现火星大气中 95.3％组分为 CO_2，同时还发现火星浅表中含有丰富的水冰。通过水的电解反应可以产生氢气和氧气，而采用萨巴蒂尔（Sabatier）反应在约 400℃ 温度和镍或钌的催化下可以用 CO_2 和 H_2 为原料生成纯的甲烷和水蒸气。而且该反应本身是放热反应，可以独立地持续进行下去，不需要消耗很多的能量。另一个特点是甲烷密度较高（0.425 g/cm³），因此从火星起飞的上升飞行器所用的储箱体积也将大大减小。俄罗斯也对这种推进剂感兴趣，认为这是执行载人探火任务的最佳选择，而且这种推进剂还适用于其他液体火箭发动机（如 RL-10），不必改变发动机设计便可以直接使用。

3.4.2.2　电推进系统

载人探火任务漫长的历程若采用化学推进剂火箭发动机需要数量十分巨大的燃料，因此科学家们一直在努力寻找更加有效的推进方式，电推进系统就是其中之一。经过几十年的努力，已经成功地研制出各类电推进系统，包括电热推力器、电弧加热推力器、离子推力器、霍尔效应推力器、等离子推力器等。以氢、氮、氩、氙等气体为工质，电推进系统连续工作时间可达上万小时。

（1）电推进系统可以显著地减少推进剂用量

电推进系统的显著优点是可以用数量很少的推进剂来完成规定的发射任务，这是因为电推力器的排气速度和比冲远远高于化学火箭发动机。航天飞机主发动机是当前最优异的液体火箭发动机，排气速度为 4 500 m/s，比冲为 450 s；而一般的电热推力室的排气速度就可以达到 10 000 m/s，是液氢/液氧发动机的 2 倍；先进的离子推力室排气速度可达 200 000～600 000 m/s。这是因为化学推进剂的排气速度主要是由其燃烧过程中释放出的化学能决定的，而电推进系统的排气速度主要是由发动机功率决定的。在推力不变的前提下，电推力室功率越大，排气速度也越高。推力室功率由提供的电力控制，提高电能可以提高每个分子的能量，达到提高排气速度的目的。科学家们曾针对各种任务进行过计算，其结果十分相似。以某项6 名航天员的火星探测构想为例，使用液氢/液氧发动机需要 1 600 t推进剂，而采用电热推力室只需要约 300 t 推进剂。因此，用电推进系统完成载人火星探测任务是人类梦寐以求的愿望。

（2）电推进系统的主要难点

迄今为止，已有大量的电推进系统成功地用于航天系统，但都是机器人航天器任务，要用于载人探火任务仍有许多重大问题需要解决。首先是其推力很低，通常不超过 100 N，因此需要发动机长时间工作，通过不间断地加速才能使探测器达到所需的速度增量。这是因为电推进系统在发动机功率给定后，发动机排气速度和推力成反比。要提高推力，就要降低排气速度。推力过低对于载人深空探测极其不利，因此它只适用于货运探测器或具有混合推进系统的载人探测器。

其次是提高电推力室功率的难度很大。当前电推力室的电能来源主要是太阳能帆板，按 2006 年俄罗斯太阳能电池的功率水平计算，一种使用氙推进剂的 15 MW 功率离子型电推进系统，采用非晶硅、多晶硅、砷化镓太阳能电池时需要的电池阵面积分别为 115 000 m^2、17 000 m^2、38 400 m^2。如此巨大的太阳能电池阵需要的刚度设计要求将难以实现。当然也可以采用小型核反应堆来提供电能，美、俄两国在技术上也已经接近可行，但它们将遇到和核热推进一样的核安全防护难题。

载人飞船装备混合推进系统有可能是适宜的解决方案，NASA

的研究小组提出的由 2 艘货运飞船和 1 艘载人飞船组成的探火编队构想中，就曾提出采用 1 个太阳能电推进系统＋1 个小型化学助推级的载人飞船方案。由于电推进固有的高比冲、低推力特性，电推进系统无法采用常规的短脉冲燃烧方式快速地进入火星轨道，而是要以盘旋上升的方式在历时 9 个月的长周期内连续地提高飞船速度，先将探测器从低地球圆轨道（LEO）送到高地球椭圆轨道（HEO），然后用小型化学推进级最后加速送往地-火转移轨道。用于载人探火飞船时，其工作的方式要稍有变化，不能使航天员长期暴露在环境恶劣的范艾伦辐射带并长期处于零重力环境中。因此，在太阳能电推进载人飞船飞往 HEO 轨道时，将不携带航天员，他们将另乘一艘高速快船飞往 HEO 轨道，在那里与已在轨等候的飞船对接，最后加速飞往火星轨道。

3.4.2.3　核热火箭推进系统

（1）系统组成

核热火箭是一种和同位素温差电源不同的能源系统。虽然两种系统都采用放射性同位素作能源，但同位素温差电源只是一种利用核衰变过程生产电能的装置，一般使用^{238}Pu 燃料，利用其衰变过程中释放的热量通过塞贝尔效应直接转换为电能，但这种衰变过程释放出的能量有限。核热火箭是利用放射性同位素的核裂变能量的推进系统，以^{235}铀为核燃料，利用^{235}铀在中子轰击下分裂成 2 个中等核子数的核碎片时释放出巨大能量的原理进行工作，二者间的差别很大。

核热火箭通常由小型核反应堆、反射层及其操纵杆、喷管、推进剂贮箱、涡轮泵组成，采用液氢作为推进剂（见图 3 - 13）。它的工作原理十分简单，就是通过中子轰击核燃料产生的核裂变反应直接加热液氢推进剂。来自贮箱的推进剂通过涡轮泵压送进入核反应堆堆芯，被加热至高温后沿着喷管膨胀加速排出。推进剂加热温度通常不超过 3 000℃，但由于所用的液氢推进剂分子量极小，因此其排气速度可达 9 000 m/s。

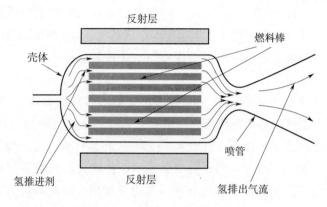

图 3-13　核热推进系统示意图[53]

在核热火箭中，核反应堆室取代了化学火箭的燃烧室。反应堆室体积要足以容纳裂变堆芯，并把热量完全传递给推进剂，常见的尺寸为直径 1.0 m，长 1.5 m，也有尺寸更大的。内壁用液氢冷却，因为要承受较高的工作压强（＞5 MPa），因此壁较厚。采用浓缩 ^{235}U 为堆芯材料时使用的是慢中子，以石墨为减速剂，成本比较低。采用纯 ^{235}U 时使用快中子裂变，不用减速剂，但成本很高。

核裂变需要高通量的中子来维持，设置在反应堆室四周的以铍为反射剂的反射层将来自堆芯的中子回弹进入裂变堆中，就可以不断地轰击堆芯的核燃料。反射层由半个中子吸收剂缸体和半个中子反射剂缸体组成，围绕在反应堆室四周形成一个复合缸体，通过操纵杆用电机控制缸体旋转，可以使两种不同缸体分别面向堆芯，从而使反应堆室处于完全不同的工作状态，以这种方式来启动或关闭反应堆。图 3-14 是美国某核热发动机剖面图。

（2）核热发动机的应用

核热推进是一种性能优异的火箭推进系统，现代核热火箭（如美国 NDR 发动机）的输出功率已达 1 787 MW、推力 334 kN，尽管和航天飞机主发动机的输出功率 5 323 MW、真空推力 2.3 MN 相比要低得多，但已足以用于载人探火任务，特别是其排气速度 9 250 m/s

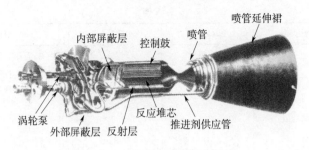

图 3-14　核热发动机剖面图[53]

和航天飞机主发动机（4 550 m/s）相比要高一倍以上。计算表明，执行同样的载人火星探测任务，它的推进剂消耗量仅为化学火箭推进的 24%，和电推进系统大致在同一个水平，但它能提供的推力已非电推进系统可比，这正是近年来航天界普遍呼吁开发核热推进的主要原因。

核热推进的开发起始于 20 世纪 50 年代，到 70 年代初期美、苏两国的核热发动机技术已取得重大进展。美国当年最重要的项目是 Rover 计划和 NERVA 计划，曾成功地在内华达州核试验场进行过 20 多种航天器核反应堆试验，推力室功率达 1 140 MW。由于后来美国将开发重点转向航天飞机的化学火箭推进系统，这些计划就此终止。但相关基础技术却保留下来了，已经具备进一步开发的条件，完全可以在较短时间内完成开发。2011 年奥巴马明确指出将采用核热火箭为载人探火任务的推进系统，可见这种推进系统的东山再起已是大势所趋。表 3-6 是美国历年来开发的几种核热推力器设计数据。图 3-15 是停泊在低地球轨道上的火星探测器核热推进系统示意图。

表 3-6　美国几种核热推力器设计数据[53]

发动机型号	NRX XE	NERVA-1	新型 NERVA
材料棒	嵌入石墨的 UO_2 珠	嵌入石墨的 UO_2 珠和 ZrC 涂层	UO_2 珠＋ZrC＋碳基复合材料

续表

发动机型号	NRX XE	NERVA - 1	新型 NERVA
减速剂	石墨	石墨＋ZrH	石墨＋ZrH
反应堆容器	铝	高强度钢	高强度钢
工作压强/MPa	3.0	6.7	6.7
喷管膨胀比	100∶1	500∶1	500∶1
比冲/s	710	890	925
燃烧室温度/K	2 270	2 500	2 700
推力/kN	250	334	334
反应堆功率/MW	1 120	1 520	1 613
反应堆质量/kg	3 159	5 476	5 853
喷管和泵等质量/kg	3 225	2 559	2 559
内屏蔽质量/kg	1 316	1 524	1 517
外屏蔽质量/kg	—	4 537	4 674
投入使用年份	1969	1972	2006

图 3 - 15　停泊在近地轨道的探火飞行器核热推进系统示意图[61]

（2）使用安全问题

核热推进系统最主要的问题是核燃料的安全问题，特别是苏联切尔诺贝利核电站和近年日本大地震导致的福岛核电站等重大事故，使得人们对核技术产生了一种莫名的反感情绪，甚至是谈核色变。在美国，凡是使用核燃料均必须经过总统办公室的批准，即便是机器人深空探测用的同位素温差电源也是如此，载人火星探测使用核热推进系统自然更引人注目，需要付出艰苦的努力才能获得公众的认可。

实际上，核热推力器工作时是会产生大量中子流和 γ 射线的，因此其周围各个侧面必须妥善屏蔽以防护航天员和电子设备。但这种推进系统在未使用前并不具备放射性，使用期间处于不工作状态时也只有轻微的放射性。因此只要有严格的管理、监督、控制和质量保证，是可以在规定的场合安全地使用的。但由于其氢排气中可能混杂有放射性颗粒物，因此它只限于在外层空间使用，不能在地球或火星大气层内使用，以防止大气污染；其次是要确保其他非核推力器出现故障时，核电推进系统必须是安全的；再者是推力器处于工作状态时不能给航天员带来任何危害；最后是推力器工作完成后必须进行安全处理。这些措施必须全过程透明，任何阶段均应受到公众监督。

3.4.3　载人探火的特需技术[1,53-62]

3.4.3.1　探测器轨道组装技术

载人火星探测历程漫长，距离遥远，轨道转变需要的速度增量十分巨大。这些因素导致载人火星探测器规模十分庞大，从近地轨道出发，通常需要重达 1 500 t 的探测器才能完成载人着陆火星后安全返回地球的探测任务。要将如此巨大的探测器发射到低地球轨道，现有的运载火箭的能力远远不及，必须通过重型运载火箭多次发射升空，然后在轨道上完成组装。

空间组装是一项新技术，尽管在国际空间站建设中取得了成功的尝试，但载人火星探测器规模更大、要求更高，必须达到地面装配的精度和可靠性才能用于载人探测任务，无疑需要大量而繁重的研发工作。

3.4.3.2　核热火箭技术

核热火箭（Nuclear Thermal Rocket）是一种新的完全不同类型

的火箭，是鉴于载人探火要求能量大、且质量受限的推进系统特点而提出来的。核热火箭的技术原理是核裂变，在分裂成中等核子数的核碎片时释放出巨大的能量，将工质气体加热到极高温度，在排出喷管时产生大的火箭推力。核热火箭可以产生的能量与传统火箭相当，但是只需要 $1/3 \sim 1/4$ 的推进剂。NASA 认为，依靠 20 世纪研制工作的技术基础，不需要太长的时间核热火箭就有可能投入使用。因此，目前规划中的所有货船发射都打算采用核热火箭。但是即便如此，核热火箭仍有很多问题需要解决。

3.4.3.3　小型核电站建设

建设小型核反应堆意在用于航天员奔火途中和登陆火星后探测活动和生活的供电。由于火星赤道附近的云层很少，太阳能发电对于勇气号和机遇号那样的小型机器人探测任务来说是非常好的选择，但火星距离太阳很远，要满足 6 个人 18 个月探测活动的需要，单靠太阳能发电系统是远远不够的。在正式开展火星表面探索前，需要在火星上安装 $1 \sim 2$ 个小型核反应堆用于发电。美国和俄罗斯都在考虑这种核电站的设计。俄罗斯考虑了 25 kW、100 kW、200 kW 三种方案，使用寿命超过 15 年。主要技术要求有：

1）1 台核电站和 1 台太阳能电站配合，满足峰值功耗要求；

2）核电站尺寸应与运载火箭有效载荷舱的尺寸匹配；

3）尽可能减少在火星表面组装的工作量；

4）运送到火星表面的组件总质量不大于 10 t；

5）从核电站到用电设备的距离以 1 km 为宜；

6）采用所有必要措施提供核辐射防护。

3.4.3.4　推进剂就地生产

火星表面制备推进剂也是一项迫切需要。因为航天员返回地球所用的上升飞行器大约需要 30 t 的化学推进剂才能进入火星轨道。常规方法是从地球上将这 30 t 推进剂送往火星，按照 1∶5 法则，首先要将 150 t 推进剂送到低地球轨道，也就是说需要一个满载的重型火箭来运送这些燃料。而实际上需要的推进剂量可能更多，因为从环火星轨道运往火星表面还要消耗一部分推进剂。由于火星探测已证明在火星大面积浅表土壤内含有水，同时在火星大气中有大量的 CO_2，利用化学反应，可以用从水里取得的氢和从大气中得到的 CO_2 来制备甲烷和氧气，以此作为火箭的推进剂。因此，可考虑在火星上制备上升飞行器所需的燃料。但是这一过程需要在航天员团队离开地球前完成，因此整个过程必须自动进行。尽管目前看来这一想法有些令人匪夷所思，但是一旦核反应堆在火星表面配置完毕，就可得到推进剂生产所需的足够能量。这一过程已得到了广大科学家的支持，可以采用首批货船带来的资源利用系统（ISRU）为随后到达火星的载人飞船生产必需的燃料。

参 考 文 献

[1] Nolan K. Mars – A Cosmic Stepping Stone. Praxis Publishing Ltd. , 2008.

[2] Musser G. 怎样飞往火星. 科学，2000（6）：6 – 13.

[3] 张旭辉. 火星探测器轨道设计与优化技术. 导弹与航天运载技术，2008（2）：15 – 23.

[4] 朱毅麟，火星探测器必须在火星冲日时发射吗. 国际太空，2004（10）：26 – 28.

[5] Erickson J K. Mars exploration rover：launch，cruise，entry，descent，and landing. IAC – 04 – Q. 3. A. 03.

[6] Ball A J，et al. Planetary Landers and Entry Probes. Cambridge University Press，First Published 2007.

[7] Braun R D. Mars exploration entry，descent and landing challenges. Aerospace Conference，2006 IEEE.

[8] NASA. Mars Science Laboratory Landing，Press ki.

[9] Schmidt E W，et al. Mars lander retro propulsion. IAF 99 – S202.

[10] Grover R. Overview of the Phoenix entry，descent and landing system architecture. AIAA 2008 – 7218.

[11] 彭玉明，等. 火星进入、下降与着陆技术的新进展. 航天返回与遥感，2010（4）：7 – 14.

[12] 荣伟，等. 火星探测器减速器着陆技术特点. 航天返回与遥感，2010（4）：1 – 7.

[13] Witkowski A，et al. Mars exploration rover parachute system performance. AIAA. 2005 – 1605.

[14] 于莹潇. 火星探测器降落伞综述. 航天返回与遥感，2007（12）：12 – 16.

[15] Adams D S. Mars exploration rover airbag landing loads testing and analysis. AIAA 2004 – 1795.

[16] Sandy C R. Development of the Mars Pathfinder airbag subsystem. AIAA

1997 - 1545.

[17] Stein J, et al. Recent development in inflatable air - bag impact attenuation systems for Mars exploration. AIAA 2003 - 1990.

[18] Willey C E, et al. Impact attenuation airbags for earth and planetary landing systems. AIAA 2007 - 6127.

[19] Bown N W, et al, . Advanced airbag landing systems for planetary Landers. AIAA 2005 - 1615.

[20] 朱仁璋, 等. 美国火星表面探测使命述评（上）. 航天器工程, 2010 (2): 17 - 34.

[21] 朱仁璋, 等. 美国火星表面探测使命述评（下）. 航天器工程, 2010 (3): 7 - 29.

[22] Barie T. Mars exploration rovers entry, descent, and landing navigation. AIAA 2004 - 5091.

[23] Miele, Wang T. Near - optimal guidance scheme for a Mars exploration. Acta Astronautica, v51, n1 - 9, 2002, p351 - 378.

[24] Antsos D. Mars technology program communications and tracking technologies for Mars exploration, 2006 IEEE, p1 - 20.

[25] Hall T R, et al. Telecommunications and navigation systems design for manned Mars exploration missions SPIE, 1059 - 008.

[26] De Paula R P, et al. Evolution of the communications systems and technology for Mars exploration. Acta Astronautica, v51, n1 - 9, 2002, p207 - 212.

[27] Edwards C D. Key telecommunications technologies for increasing data return for future Mars exploration. IAC - 06 - B3. 1. 03.

[28] Kuln W. A UHF proximity micro - transceives for Mars exploration, 2006 IEEE, p1 - 7.

[29] Edwards C D, et al. Strategies for telecommunications and navigation in support Mars exploration. IAF - 00 - Q. 3. 05.

[30] Alami R, Chatila R, Fleury S, Ghallab M, Ingrand F. An Architecture for Autonomy. International Journal of Robotics and Research, Special Issue on Integrated Architectures for Robot Control and Programming, Volume 17, number 4, 1998, 315 - 337.

[31] Biesiadecki J，Leger C，Maimone M. Tradeoffs Between Directed and Autonomous Driving on the Mars Exploration Rovers. Proceedings of IS-RR - 2005，2005.

[32] Jonsson A，Morris R A，Pedersen L. Autonomy in Space：Current Capabilities and Future Challenges. AI Magazine，28（4），27 - 43，Winter 2007.

[33] Robertson P，Effinger R T，Williams B C. Autonomous Robust Execution of Complex Robotic Mission . IAS 2006，595 - 604.

[34] 崔平远. 深空探测自主技术研究进展. 中国宇航学会深空探测技术专业委员会第九届学术年会，2012.

[35] 李俊峰，崔文，宝音贺西. 深空探测自主导航技术综述. 力学与实践，2012（4）.

[36] Carl J G. Characterization testing of Hughes 702 solar array，2000 IEEE，p972 - 975.

[37] Baggio N. Solar cell development for Mars exploration missions. IAC - 05 - C3. 2. 02.

[38] Stella P M，et al. Design and performance of the MER（Mars Exploration Rovers）solar array，IEEE 2005，p626 - 630.

[39] Surampudi S. Mars Pathfinder Lander battery and solar array performance. AIAA 1998 - 1023.

[40] Ratnakumar B V，et al. Lithium batteries on 2003 Mars exploraation rover，IEEE 2002 p47 - 51.

[41] Smart B. Validation of lithium - ion cell technology for JPL's 2003 Mars exploration rover mission. AIAA. 2004 - 5764.

[42] Juri J A. The US Space radioisotopes power program - Nuclear power in space conference USSR. 15 - 18 May，1990.

[43] Gundlach J F. Unmanned solar - powered hybrid airships for Mars exploration. A99 - 16728.

[44] 张建，等. 空间应用放射性同位素温差发电器的发展趋势. 电源技术，2006（7）.

[45] 张新荣，等. 再生燃料电池及其在空间领域的应用//中国宇航学会空间能源专业委员会第十届学术年会论文集，2007：217 - 224.

[46] Parkinson R C. Evolutionary scenarios for the human exploration of Mars. IAC – 04 – IAA. 3. 6. 1. 07.

[47] Aevedo S E. Identification, characterization, and exploration of environments for life on Mars. N20020060745.

[48] Sulzman F. Life science and Mars exploration. AIAA 90 – 3793.

[49] Cataldo. Power system considerations for Human exploration of Mars. IAF. E – 52672.

[50] Clark B C. Human exploration of Mars. AIAA 88 – 0064.

[51] Cassenti B N. The human exploration of Mars. AIAA 2007 – 5608.

[52] 卡拉杰耶夫 A C. 载人火星探测. 赵春潮, 等, 译. 中国宇航出版社, 2010.

[53] 马丁 J L. 远征火星. 陈昌亚, 方宝东, 俞洁, 译. 中国宇航出版社, 2011.

[54] Shayler B J. Mars Walk One: First Steps on a New Planet. Praxis Publishing Ltd. , 2005.

[55] Chesta E, et al. A full solar electric propulsion concept for Mars exobiology. A02 – 35701.

[56] Dailey C L, et al. Nuclear propulsion for Mars exploration – electric versus thermal. AIAA 1992 – 3871.

[57] Fiehler D, et al. A comparison of electric propulsion systems for Mars exploration. A03 – 37810.

[58] Finogenov S L. Advanced solar thermal propulsion for Mars exploration mission. IAC – 04 – S. 6. 09.

[59] Palaszewski B. Electric propulsion for manned Mars exploration. N90 – 18480.

[60] Buden D. Nuclear technologies for Moon and Mars exploration. DE91018832.

[61] NASA. Human exploration of Mars – Design Reference Architecture 5. 0, July 2009, NASA SP – 2009 – 566.

[62] Rapp D. Human Mission to Mars: Enabling Technologies for Exploring the Red Planet. Praxis Publishing Ltd. , 2008.

第4章　早期的火星探测（1960—1990 年）

　　早期的火星探测始于 20 世纪 60 年代，截止于 80 年代后期。这一时期，人类共向太空发射了 26 颗火星探测器。其中，苏联发射了 18 颗，仅有 5 颗部分成功；美国发射了 8 颗，6 颗成功。

　　这一阶段基本上以早期的飞越火星和环绕探测为主，也发射了一些着陆器。这些早期的火星探测成功率较低，但也有部分计划十分成功，并且为后续的探测和科学研究奠定了基础。1975 年美国发射的海盗-1、海盗-2 探测器成功实现软着陆，进行了一些采样和生命科学方面的实验，由于没有发现生命存在的迹象，大大降低了人们对火星探测的兴趣，加上昂贵的探测费用，使火星探测计划暂时被搁置起来。

4.1　苏联火星号系列和福布斯系列

　　苏联的火星探测活动始于 1960 年，在近 30 年中发射了 5 个系列，共 18 颗火星探测器（见表 4-1），包括火星-19××（Mars-19××）系列 6 颗（火星-19××均为苏联未公布的火星探测器，编者注）、火星号（Mars）系列 7 颗、探测器（Zond）系列 2 颗（虽然探测器-3 的科学目标是月球探测，但其在月球探测后继续飞行，远距离地飞越了火星）、宇宙-419（Cosmos）1 颗和福布斯（Phobos）系列 2 颗。

表 4 - 1　苏联早期发射的火星探测器概况一览表[1-5]

序号	日期	探测器	任务类型	任务结果	任务概述
1	1960 - 10 - 10	火星-1960A（Mars - 1960A）	飞越火星	失败	苏联第一代火星探测器，用于研究地球和火星之间的天体，拍摄火星图像、验证长期太空环境中星载仪器和远距离无线电通信能力。因第三级火箭故障，未能到达地球轨道
2	1960 - 10 - 14	火星-1960B（Mars - 1960B）	飞越火星	失败	任务同火星-1960A。在进入向火星轨道转移的轨道时，可能由于上面级工作期间发生了爆炸，或者是探测器解体而告失败
3	1962 - 10 - 24	火星-1962A（Mars - 1962A）	飞越火星	失败	结构和火星-1十分相似。发射后进入了 180 km×485 km 地球停泊轨道，倾角 64.9°。但在向火星轨道转移时，可能是探测器解体，也可能是上面级工作时爆炸而解体
4	1962 - 11 - 01	火星-1（Mars - 1）	飞越火星	失败	公认的首颗火星探测器，原计划飞越火星，拍摄火星表面图像，收集火星磁场和大气资料，在奔火轨道飞行近 5 个月后，因姿控系统发生故障，造成天线方向失灵，在 $1.06×10^8$ km 处同地球中断联系
5	1962 - 11 - 04	火星-1962B（Mars - 1962B）	轨道器	失败	试验型轨道器，发射后和上面级一同进入了 197 km×590 km 的地球轨道，倾角 64.7°。在上面级点火后向火星轨道转移过程中解体，1 个多月后坠入地球大气层

续表

序号	日期	探测器	任务类型	任务结果	任务概述
6	1964-11-30	探测器-2 (Zond-2)	飞越火星	失败	结构和火星-1十分相似，用于近距离拍摄火星图像。但发射3天后其中一个太阳能电池阵不能正常展开，输出功率只有期望值的一半，最后丢失在离火星1 500 km处
7	1965-07-18	探测器-3 (Zond-3)	飞越月球/火星	失败	用于验证长时间空间飞行的性能。首先飞越月球，继后打算飞越火星，但由于错过了正确的发射窗口，探测器无法接近火星，并与地球失去联系
8	1969-03-27	火星-1969A (Mars-1969A)	轨道器	失败	和火星-1969B为姊妹星，三轴稳定，高增益定向天线，携带三台相机、γ射线光谱仪等科考仪器。因第三级发动机转子轴承故障，发射后438.66 s坠毁
9	1969-04-02	火星-1969B (Mars-1969B)	轨道器	失败	起飞后仅0.02 s，6个第一级发动机中的一个发生爆炸，控制系统试图依靠余下的5个发动机进行补偿，但未成功，在起飞后41 s时坠毁在离发射台3 km处，发生爆炸
10	1971-05-10	宇宙-419 (Cosmos-419)	轨道器	失败	为了试图赶在美国水手-8/9号之前到达火星、成为世界第一颗火星轨道器而发射。发射后因第4级Block D点火计时器设置上的错误使整个任务失败，坠毁于大气层
11	1971-05-19	火星-2 (Mars-2)	轨道器/着陆器	部分成功	探测器进入火星轨道后，因程序设计故障使着陆器失败，撞毁于火星表面，轨道器保持在环绕火星轨道达8个月，测得一些火星大气和磁场数据，但信号弱，难以辨认

续表

序号	日期	探测器	任务类型	任务结果	任务概述
12	1971 - 05 - 28	火星 - 3（Mars - 3）	轨道器/着陆器	部分成功	着陆器通过空气动力制动。成功地在火星着陆，并开始传送图像，但 14 s 后沙尘暴造成的电晕使遥测信号中断，轨道器也未能按预定要求入轨，只进入 303 h 的大椭圆轨道
13	1973 - 07 - 21	火星 - 4（Mars - 4）	轨道器	失败	和火星 - 5 是孪生探测器，在到达火星时因其计算机芯片的缺陷使计算机无法启动制动发动机点火，轨道器未能被捕获进入火星轨道，在飞越时进行了首次火星电离层掩星测量
14	1973 - 07 - 25	火星 - 5（Mars - 5）	轨道器	部分成功	进入 1755 km×32 555 km 火星轨道后，探测了火星温度、臭氧层、太阳等离子体等数据。但在绕火飞行 9 天即 22 圈后，由于发射机故障，轨道器与地面失去了联系
15	1973 - 08 - 05	火星 - 6（Mars - 6）	着陆器	部分成功	与火星 - 7 是孪生探测器，其外形和火星－2/3 基本相同，但着陆器的质量大得多，而且母舱在与着陆器分离后就在 1 600 km 上空飞越火星而去。着陆舱降落过程中收集了 224 s 的火星大气数据，但在落地前几秒时来自着陆舱的所有信号中断。原因可能是制动火箭故障
16	1973 - 08 - 09	火星 - 7（Mars - 7）	着陆器	失败	因计算机芯片缺陷，使着陆舱在预期的交会时间前 4 h 就被释放出去，错过了火星，在距火星 1 300 km 高度跟随其母舱飞越而去。飞越过程中母舱传回火星掩星测量数据

续表

序号	日期	探测器	任务类型	任务结果	任务概述
17	1988-07-07	福布斯-1 (Phobos-1)	轨道器/火卫着陆器	失败	和福布斯-2是一对孪生探测器，主要任务是探测火卫一，携带γ射线爆发光谱仪等25种仪器。途中因地面人员上传软件差错，致使姿控发动机关机，太阳能电池和天线也无法工作，探测器失去控制
18	1988-07-12	福布斯-2 (Phobos-2)	轨道器/火卫着陆器	部分成功	发射阶段和巡航阶段比较正常，但在接近火星轨道前因计算机出现了一系列故障或通信通道问题，在探测器开始最后一次机动，使它进入离火卫一表面50 m范围前和地球的联系中断，但进入过程中仍进行了一系列地形地貌、矿物和大气的红外探测

4.1.1　火星-1960A/1960B[1-3,6,7]

火星-19××系列共包括6个火星探测器。这6次发射活动因为都失败了，苏联均没有官方报道，但西方国家已探测到它们的发射。苏联解体后，从事这些火星探测器研制或发射的科学家证实了这些火星探测活动，并披露了一些相关材料，只是个别细节尚不十分统一。虽然火星-19××系列探测器均因种种原因失败，但苏联早期的发射活动揭开了人类火星探测的序幕。

火星-1960A又称为Marsnik 1或Korabl 4，火星-1960B又称为Marsnik 2或Korabl 5，属于苏联第一代火星探测Marsnik计划，发射任务是研究地球和火星之间的天体；通过飞越研究火星并拍摄表面图像；同时研究长时期太空飞行对星载仪器的影响和长距离无线电通信能力。这2个探测器结构相同，具有一个2 m高的圆柱壳体，2个太阳能电池翼总面积2 m²，采用银锌电池蓄电，有一个高

增益网状天线和长的天线臂。探测器质量 650 kg，通过太阳和星敏
感元件进行姿态控制，用二甲基肼/硝酸双组元推进剂发动机执行姿
态修正。采用分米波发射机通过高增益天线进行无线电通信，用
8 cm 波长发射机传输图像。探测器携带了 35 种仪器，包括磁强计、
宇宙射线计、等离子-离子收集器、辐射计、用来探测生命体的光谱
反射仪等，另有一台光学摄像仪放置在密闭舱内。所用运载火箭为
闪电号加 1 个上面级，代号 SL‐6/A‐2‐e。

　　图 4‐1 为火星‐1960A 和火星‐1960B 探测器照片。两个探测器
分别在 1960 年 10 月 10 日和 10 月 14 日发射，但分别因为第三级火
箭的泵未能提供足以开始点火所需的压力而失败。火星‐1960A 在火
箭仅达到 120 km 高度就坠毁，未能到达地球轨道；火星‐1960B 则
在进入地-火转移轨道时解体。

图 4‐1　火星‐1960A 和火星‐1960B 探测器[6,7]

4.1.2　火星—1962A/1962B[1-3,6-9]

　　火星‐1962A（图 4‐2）又称为 Sputnik 22 或 Korabl 11，其结
构和 8 天后发射的火星‐1 探测器十分相似，探测器质量 893.5 kg，
和运载火箭上面级连接后的总质量为 6500 kg，用于飞越火星探测。
探测器发射后和上面级发动机一同进入了 180 km×485 km 的地球停
泊轨道，倾角 64.9°。但在进入地-火转移轨道时，可能由于上面级

工作期间发生了爆炸，或者是探测器解体而告失败。实际情况是在轨道上很明显留下了许多碎片，美国弹道导弹预警雷达探测到了这些碎片。

　　火星-1962B 又称为 Sputnik 24 或 Korabl 13，是苏联的试验型火星轨道器，但也有说法认为是飞越探测器。探测器质量约 893.5 kg，和上面级连接后总质量为 6 500 kg。探测器发射后，和上面级发动机一同进入了 197 km×590 km 的地球轨道，倾角 64.7°。在上面级点火后向地-火轨道转移过程中解体。美国弹道导弹预警雷达探测到了 5 块大的碎片，1 个多月后，于 1963 年 1 月 19 日坠入地球大气层。

图 4-2　火星-1962A/1962B 探测器[9]

4.1.3　火星-1969A/1969B[1-3,10,11]

　　火星-1969A 和火星-1969B 是一对完全相同的火星探测轨道器（见图 4-3），采用 M-69 级有效载荷，发射质量 4 850 kg，两侧装有 2 个太阳能电池板（总面积 7 m²），以 12 A 电流的太阳能直接供电，110 Ah 容量的镉镍电池充电。探测器顶部是 2.8 m 的抛物面天线；主发动机设置在底部，用涡轮泵输送偏二甲肼和 N_2O_4 推进剂，用 8 个推力器控制探测器的俯仰、偏航和滚动姿态，三轴稳定。通信系统采用 2 个厘米波（6 GHz，25 kW，6 000 bit/s）发射机、3 个分米波段（790～940 MHz，100 W，128 bit/s）接收机和一个 500 通道遥测系统，以及高增益定向天线。

图 4-3　火星 - 1969A 和火星 - 1969B 探测器[1,10,11]

探测仪器主要包括 3 个 1 024×1 024 像素电视摄像机，最大分辨率 200～500 m，以及辐射探测器、水蒸气探测仪、紫外和红外光谱仪、γ射线光谱仪、氢氦质谱仪、太阳等离子光谱仪、低能离子光谱仪等。

两个探测器均用质子号三级火箭（带助推器）和 Block D 上面级发射，其程序是先发射到停泊轨道，然后由上面级进行 2 次点火启动逃逸程序。在为期 6 个月的巡航期间要进行 2 次轨道修正，最后由探测器的主发动机送入 1 700 km×34 000 km 的火星捕获轨道（倾角 40°，周期 24 h），开始在轨摄像和其他实验。3 个月后近火点将降至 500～700 km。

然而这两个探测器发射均告失败。火星 - 1969A 在发射后第一、二级均成功，但第三级工作时，转子轴承出现故障，引起涡轮泵着火，在发射后 438.66 s 时发动机关机，并导致爆炸，探测器坠毁于阿尔泰山地区。

火星 - 1969B 在火箭起飞后 0.02 s，6 个第一级发动机中的一个发生爆炸，探测系统试图依靠余下的 5 个发动机的工作来进行补偿。但这个努力未获成功，在起飞后 25 s 大约在 1 km 高度开始倾倒成水平状态，5 个发动机全部关机，41 s 时火箭坠毁在离发射台 3 km 处，发生爆炸。

4.1.4　火星—1[1-3,12,13]

火星号系列探测器的主要任务是探测火星及其空间环境。这一时期，从 1962 年 11 月 1 日开始至 1973 年 8 月 9 日共发射了 7 个火星号探测器，其中火星-2、火星-3、火星-5 和火星-6 取得了部分成功。

由于一个火星年约为 687 天，这意味着向火星发射探测器的机会较少，约为每 26 个月一次。火星-1 继火星-1962A 后，于 1962 年 11 月 1 日采用闪电号火箭发射，这是人类普遍认可的首个火星探测器。

火星-1（Mars-1，见图 4-4）质量 893.5 kg，长 3.3 m，轨道舱宽 1.1 m，2 个太阳电池阵总面积 2.6 m²，携带 42 Ah 的镉镍蓄电池。抛物面天线直径 2 m，用于靠近火星时的通信，因为此时信号极弱，需要高性能定向天线。轨道舱和仪器舱压力保持在 850 mmHg，温度 20℃～30℃。温控系统依赖于太阳电池阵末端的半球状热辐射计，热流由轨道舱流向辐射计舱，使舱内温度保持不变。

图 4-4　火星-1 探测器[1,12]

探测器携带了很多科学仪器。磁强计用以探测火星和行星际磁场，掩星及气体放电计数器用于探测火星辐射带和宇宙射线谱，光谱仪用于检测星际大气中是否存在臭氧吸收带，分光反射计用于发现火星表面可能的有机成分，充电粒子管用于分析宇宙射线，工作波长 150 m 和 1 500 m 的无线电望远镜可记录宇宙辐射情况，照像电视系统用于传输火星表面的首张特写照片。该系统可拍摄照片，并进行星上处理，然后由 TV 摄像机扫描再传回地球。其对微流星体的总敏感度大于 10^{-7}。地球和火星间的通信通过 3 台传输-接收机进行，工作波长 5 cm、8 cm、32 cm 和 1.6 m。

火星-1 在进入火-地转移轨道后，原计划在 11 000 km 的距离从火星旁飞越，进行火星表面拍摄，收集宇宙辐射、火星磁场、大气结构、辐射环境等资料。但在发射约 5 个月后的 1963 年 3 月 21 日，火星-1 在离地球 1.06×10^8 km 处失去了联系，从此下落不明，信号的中断可能缘于星上定向系统故障。估计它于 1963 年 6 月 19 日飞越火星，离火星的最近距离为 1.93×10^5 km。

虽然火星-1 获得了一些关于太阳风、行星际磁场、流星的探测资料，还保持了 1.06 km $\times 10^8$ km 距离内的深空通信，并被普遍认为是火星之旅的开端，但它的主要探测任务并未完成。

4.1.5　火星－2/3（Mars－2/3）[1-3,14-16]

火星-2 和火星-3 是一对相同的轨道探测器，并且都携带了一个着陆器。任务是拍摄火星表面图像，研究其地形地貌、组成和物理性质，确定火星大气组成和温度，观测火星磁场和太阳风。它们都配备了 2 台 360°电视摄像仪和用来测量大气成分的质谱仪。1971 年 5 月 19 日，火星－2 由质子 K/Block D 火箭发射升空，进入 173 km×137 km 地球停泊轨道，倾角 51.8°；同年 11 月 27 日进入火星轨道。

火星-2/3 代表了一种新的深空探测器设计，它们均由母舱/轨道器模块、下降舱/着陆器模块两部分组成。整个探测器质量

4 650 kg,其中母舱/轨道器质量 3 440 kg,下降系统质量 1 210 kg(包括着陆器质量 350 kg)。探测器总高 4.1 m,基部直径 2 m,太阳帆板展开后长 5.9 m。直径 2.5 m 的抛物天线用于高增益通信。着陆舱呈球形,直径 1.2 m,用一个直径 2.9 m 的锥形气动外形减速和防热,然后由降落伞系统和制动火箭进一步减速。着陆器携带了一个 4.5 kg 的小型行走机器人,名为 PROP - M,用 15 m 长的电缆和着陆器相连,以保持直接通信。火星-2/3 的主要任务是测量太阳风粒子的能量和流量,测定火星磁场,用红外辐射计测量火星表面温度。

火星-2/3 的有效载荷基本相同(见图 4 - 5),主要有测量太阳风粒子通量和能量的组件,测定火星磁场的磁强计,测量 8～4 μm 辐射红外辐射计,记录原子氢、氧和氩气总量的紫外光计,研究大气中是否存在水的 1.38 μm 波长光谱仪,拍摄火星表面云层情况的广角长焦照相机。

火星-2 轨道器在接近火星时释放着陆器,但着陆器在与轨道器分离后在火星表面撞毁。其飞行过程如下:探测器首先进入 1 380 km×25 000 km 的火星轨道,周期 18 h。到达火星前 4.5 h,着陆器与轨道器分离;在进入火星大气层后,着陆器因程序设计错误,进入的轨道太低,以过于陡峭的角度进入大气层,结果使得着陆器在火星表面 45°S,302°W 附近撞毁,着陆时极其强烈的沙尘暴也很有可能是导致火星-2 着陆器失败的主要原因。

着陆器失败后,轨道器仍保持在 1 380 km×25 000 km 火星轨道运行,轨道倾角 48°54′。轨道器测量了火星表面温度和热惯性,表明火星表面被干燥的沙尘所覆盖,温度 -110～+13℃。对北极冰盖的观测表明其主要成分应当是 CO_2,温度接近其冰点。火星大气层中水蒸气含量极低,大气上层存在原子氧和氢。沙尘云主要分布在 10 km 高度以下。火星磁场很弱,只有地球的 1/4 000。由于遥测信号非常弱,大部分信息难以使用,拍摄的照片也因全球性沙尘暴而无法辨认。轨道器在火星轨道运行了 8 个月,但探测结果不大令人满意,再加上着陆器的撞毁,整个任务只是部分成功。

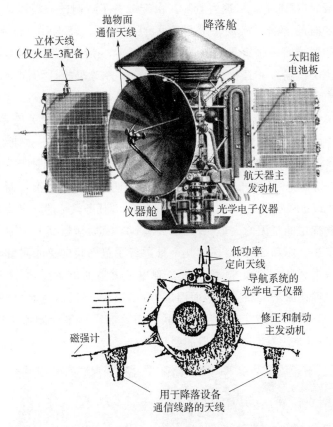

图 4 - 5　火星-2/3 探测器有效载荷配置图[1,14]

　　1971 年 5 月 28 日，质量同样为 4 650 kg 的火星-3 发射，同年 12 月 2 日到达火星。但因为燃料泄漏，减速发动机工作时提供的能量不足，致使火星-3 进入火星轨道时未能有效地减速，未按预定要求进入周期为 25 h 的轨道，只是进入了周期为 303 h 的大椭圆轨道。其降落舱以 6 km/s 的速度进入火星大气层，进入角度小于 10°以增大阻力。当飞行器在大气层中超声速飞行时，过载敏感器指令制动降落伞打开，但这时主降落伞出现故障，直到下降速度降为声速时才完全打开。在离火星表面 20～30 m 时，制动火箭启动，主伞分离抛出，最后以 20.7 m/s 速度着陆。由于配备了特制的减震器，可以减轻着陆时的冲击，实现了火星表面的软着陆。着陆后一分半钟，通过轨道器传回一张火星地表的图像，但 14 s 后，2 个数据通道均突然停止了传输，并且再也没有恢复通信。故障分析认为问题出在向火星表面降落时遭遇了前所未有的沙尘暴，沙尘暴造成的电晕击穿破坏了无线电传输，也可能是某种放电破坏了星上的关键系统，使通信中断。从传回的图像光照极差的事实可以旁证这一判断。但苏联两名资深科学家则认为，火星-3 着陆舱的着陆很可能是十分成功的，但轨道器中继传输出现问题，因而无法证实其着陆状况，而且轨道器的轨道也很不理想。因此总体而言火星-3 任务只是部分成功。

需要肯定的是无论火星-2 还是火星-3，其轨道器都分别围绕火星飞行了 362 圈和 20 圈，连续几个月进行了范围较广泛的测量，向地球发送了大量数据和 60 幅图像，测出了火星的山脉高达 22 km，大气上层存在原子氧和氢，地面温度 -110℃～+13℃，沙尘暴的尘埃高达 7 km 等。1972 年 8 月，苏联宣布这 2 个火星探测器工作结束。图 4-6 是火星 2/3 着陆器的照片。

图 4-6　火星-2/3 着陆器[14]

4.1.6　火星—4/5 （Mars—4/5）[1-3,17,18]

火星-4/5 是一对孪生的火星探测轨道器，其基本结构和火星-2/3 十分相似（见图 4-7），几乎就是火星-2/3 轨道器的复制品，只是它们只有轨道器，质量 2 270 kg，注满推进剂后的质量为

3 440 kg，没有降落舱。

图 4-7 火星-4/5 探测器外形图[1]

1973 年 7 月 21 日火星-4 发射，1974 年 2 月 10 日到达火星附近，但这时由于计算机芯片的缺陷在飞行过程中不断扩大，最后使计算机出现故障，制动发动机无法点火，因而轨道器无法减速进入火星轨道，结果它只能继续沿日心轨道在 2 200 km 高度飞离火星，只是在飞越火星时拍摄了一些照片，并传输回地球。其无线电掩星测量首次探测了火星夜间的电离层状况。

1973 年 7 月 26 日火星-5 发射，1974 年 2 月 12 日到达火星后，制动发动机正常点火，进入火星轨道，近火点 1 755 km，远火点 32 555 km，倾角 35.3°。探测中发现火星大气层中水蒸气含量比沙尘暴期间的测量值要高。其红外辐射计记录了距离火星 272 km 的最高温度，紫外滤光片光度计测到 90 km 高度赤道区域有臭氧，其浓度要比地球大气臭氧层的浓度小 3 个数量级；太阳等离子体探测器在接近火星时发现了 3 个不同的等离子堆集区：

1）没有受到扰动的太阳风；

2）在弓激波后面的热等离子体区；

3）在磁层尾有非常小的质子流，火星的磁矩为 2.5×10^{22} Gs·cm^3，相当于地球的万分之三；

4）火星夜间电离层在 110 km 有一峰值，其电子浓度为 4.6×10^3 cm^{-3}。

火星-5虽然进入了火星轨道，但只是正常运行了9天，绕火飞行22圈，期间收到其传输的信号和60幅高质量图像，以后就因为发射机故障，失去了联系，因此它也只是部分成功。

4.1.7　火星-6/7（Mars-6/7）[1-3,19,20]

火星-6/7（见图 4-8）也是一对孪生的火星探测器，其外形和火星-2/3基本相同，总质量 3 260 kg，其中着陆器 635 kg，比火星2/3的增加了一倍。另一个不同点是火星-6/7的母舱在与着陆器分离后即飞越火星而去，着陆器和地球的通信要由火星-4/5轨道器中继，而火星-2/3的着陆舱都是用该探测任务本身的轨道器进行通信中继。

　　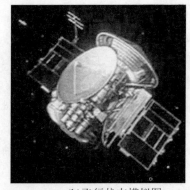

(a)外形图　　　　　　　　　(b)飞行状态模拟图

图 4-8　火星-6/7[19]

1973 年 8 月 5 日，火星-6 发射升空，1974 年 3 月 12 日到达火星。着陆舱分离后进入火星大气层，速度为 5.6 km/s，其减速着陆程序和火星-3 基本相同，降落伞打开时下降速度已减到 600 m/s，在降落过程中曾发回采集的 224 s 的大气数据。但在主伞打开后 148 s，即落地前几秒时来自着陆舱的所有信号中断，失去联系。其原因很可能是制动火箭点火出现问题，导致着陆舱坠毁于火星表面，其撞击火星表面的速度估计为 61 m/s。此外，由于计算机芯片缺陷在飞行过程中不断扩大，着陆过程中传回的许多数据也难以判读，但用这些数据仍可以绘制火星对流层大气剖面，在 25 km 高度的温度为 150 K，火星表面为 230 K；并获得了 82～12 km 高度的大气密度剖面。这次发射被列入部分成功。

火星-6 探测器的母舱在与着陆器分离后，就在 1 600 km 高度飞越火星而过，在飞越过程中曾进行了掩星探测，结合火星-5 和火星-4 的掩星测量结果，计算得出火星掩星电离层 110 km 高度的最大电子密度为 4 600 cm^{-3}。

1973 年 8 月 9 日，火星-7 发射升空，它比火星-6 早 3 天就到达了火星，但由于姿控发动机或制动装置发生故障，在预期进入火星轨道前 4 小时就将着陆舱从母舱中释放出去了，使得着陆器无法着陆火星，而是跟随其母舱在 1 300 km 高度飞越火星，它们携带的仪器在飞越火星时进行了一些探测工作。造成提前 4 小时分离的原因也是计算机芯片缺陷在飞行途中的进一步扩大。

4.1.8　探测器-2（Zond-2）[1-3,21]

1964 年和 1965 年，苏联发射了另一系列深空探测器——探测器（Zond）系列，其中探测器-1（Zond-1）是金星探测器；探测器-2（Zond-2)的探测目标是飞越火星探测；而探测器-3（Zond-3）本是一个长时间太空飞行试验器，在飞越月球并成功拍摄后，试图进行继续飞越火星的试验。

1964 年 11 月 30 日探测器-2 升空。人们猜测这次发射目的是想赶在美国水手-4 之前飞越火星，进行近距离火星拍摄。可惜的是在 12 月 2 日苏联就宣布，由于一个太阳电池阵不能正常展开，探测器-2 输出的功率只有期望值的一半。即使是在这种情况下，它与地面通信仍然持续到了 1965 年的 5 月 5 日。1965 年 8 月 6 日，探测器丢失在距离火星 1 500 km 处，探测任务失败。

探测器-2 的结构与火星-1 十分相似，质量 950 kg。该探测器的一个主要特点是首次采用了等离子发动机进行空间姿控。探测器上装备了 6 台这样的发动机（除常规姿态系统外）进行定向控制，以测定等离子喷射在较长时间飞行的可行性。等离子电磁发动机的原理是使工作流首先转换为等离子体，然后经过电磁场加速，最高达到每秒上百 km 的高速。

有关探测器-2 上的科学仪器公开报道很少。由于功率下降，为了保存电力，大部分的实验都未开展。

4.1.9　探测器—3（Zond—3）[1-3,22]

探测器-2 于 1964 年 11 月 30 日发射后，下一个火星发射窗口最早也得到 1967 年 1 月。探测邻近星球——金星也得等到 1965 年 11 月。因此，苏联决定在 1965 年 7 月 18 日发射探测器-3（Zond-3，见图 4-9），目的是进行"长时间空间飞行和星际科学研究的系统性能试验"。

(a)正视图　　　　　　　　　　　　(b)后视图

图 4-9　探测器-3[1,21]

发射 33 小时后，探测器 - 3 飞过月球背面，到达了距离月球
9 220 km 处，拍下了月球背面的图像，然后进行了飞越太阳和地球
的飞行，并接近火星轨道。但是由于它错过了正确的发射窗口，其
飞行轨道并不能临近火星。1966 年 3 月，当探测器距离地球 1.5 亿
km 时，与地面失去了联系。

探测器 - 3 与火星 - 1、探测器 - 1/2 结构是相同的，仪器设备部
署方式也相同，并采用了与探测器 - 2 同样的等离子体发动机。

4.1.10　宇宙－419（Cosmos - 419）[1-3,23]

根据苏联的秘密文件，宇宙 - 419 又称为火星 - 1971C，是为了超
越美国的水手 - 8/9 探测器、试图创造发射世界第一颗火星轨道器的
业绩而发射的，它是苏联 1971 年的 3 个火星任务之一（另两个为火
星 - 2/3，仅比宇宙 - 419 早几天发射），但宇宙 419 是单纯的轨道器，
而其余两个探测器均兼备了轨道器和着陆器的功能。

宇宙 - 419 探测器发射后成功地进入了 174 km×159 km 的地球
停泊轨道，轨道倾角 51.4°。但是由于第 4 级 Block D 的点火计时器
设置上的错误使整个发射任务失败了。该点火器本应设置在送入停
泊轨道后 1.5 h 启动点火，但实际操作中误设置为 1.5 年，因此造成
轨道渐降。探测器很快就在 2 天后，即 1971 年 5 月 12 日重返大气
层坠毁。

4.1.11　福布斯－1/2（Phobos - 1/2）[1-3,24-26]

福布斯 - 1/2 探测器也是一对相同的火星轨道器，是苏联的国际
合作项目，参加国家包括美国、西德、英国、澳大利亚、法国、芬
兰和瑞典。其科学任务如下：研究火星的表面和大气层；研究火卫
一表面的化学构成，并进行行星际环境、火星附近等离子环境研究，
考察γ射线爆发原因。2 个探测器携带的仪器基本相同，主要有γ射线
辐射光谱仪、低能γ射线爆发探测仪、高能γ射线爆发探测仪和 X 射
线光谱仪。目标是进入与火卫一相同的环火星飞行轨道，进行在轨

探测。

　　福布斯-1原定要释放2个小型着陆器进入火卫一表面,任务是研究其元素构成。福布斯-2原定也要释放1个称为"跳虫"的小着陆器,在火卫一表面不同位置跳来跳去,探测不同地点的元素组成。

　　福布斯-1/2(见图4-10、图4-11)轨道器质量均为2 600 kg,加注推进剂后的质量为6 200 kg,采用24台50 N推力和4台10 N推力的推进系统,以三轴控制系统和相对太阳与星敏感器的定向导航,由太阳能电池供电。它们是第一个不是完全由苏联军方设计与控制的探测器系列。2个福布斯探测器均用质子号火箭发射,发射时间分别为1988年7月7日和7月12日。

图4-10　福布斯-1号探测器构型[26]

图4-11　福布斯-2号探测器构型[26]

　　福布斯-1的通信于1988年9月2日就已经中断,因此并未到达火星轨道。后来诊断其原因是 8 月 29 日/30 日上传软件存在错误，在上传的 20～30 页指令程序中遗漏了最后一位数字。另一种说法是发送的一连串数字中的"＋"和"－"发生混淆，导致姿控发动机关机，探测器的太阳能电池阵无法定位指向太阳，电池无法进行充电，天线无法与地球定向，使探测器失去控制。

福布斯-2 火星探测器在其巡航阶段尚比较正常，并于 1989 年 1 月 29 日进入火星椭圆轨道，近火点为 865 km。进入火星轨道过程中，福布斯-2 就开始进行火星和火星等离子体观测，收集了太阳、行星间、火星、火卫一的信息。但实际上它在接近火星前已发生了一系列故障，在途中 3 台计算机中已有一台停止工作，在飞近火星时，第 2 台计算机也发生颤抖，到达火星后也停机了，最后留下的一台很难完成探测器全面控制任务；同时，它的 3 个 TV 通道已有 2 个失去作用，只能使用备份发射机工作；此外，探测器的许多仪器已经发热，包括由美国和匈牙利设计开发的测量行星周围电子与离子密度的等离子实验设备（用来确定太阳风对火星的影响以及确定火星是否存在磁场）。在探测器抵达火卫一时，有些仪器实际上已经停止工作。探测器在最后一次向距离火卫一 50 m 轨道机动，以便释放 2 个着陆器的过程中与地球中断联系。最后于 1989 年 3 月 27 日终止了这项任务。

然而即便如此，福布斯-2 仍然在进入火星轨道过程中进行了一系列科学实验，对火星表面进行了首次热红外波段的成像探测，用近红外成像谱仪为确定火星地形地貌以及矿物分布提供了新的信息；用热红外辐射计（KRFM）通过云和大气临边的亮度探测了气溶胶的形成，揭示了火星大气的一些特性；通过掩星探测谱仪（AUGUSTE）得到了火星大气层中臭氧和水蒸气的日变化信息；拍摄了 38 张火星和火卫一的精细照片，分辨率 40 m。还首次精确地推断出火卫一的质量和密度、表面物质组成和温度变化，表明它不是像原来预测的那样主要是由碳组成的球粒陨石。这次任务一般认为属于部分成功。

4.2　美国水手号系列和海盗号系列[3-5,27]

美国的火星探测活动比苏联晚 4 年，始于 1964 年发射的水手－3
（Mariner－3）。到 1975 年，美国又相继发射了水手－4/6/7/8/9 和海
盗－1/2，因此共计发射了 8 颗火星探测器。其中水手（Mariner）系
列 6 颗、海盗（Viking）系列 2 颗。尽管数量大大低于苏联，但其
成功率要高得多。表 4－2 列出了美国早期的火星探测概况。其中水
手号系列中 6 个探测器有 4 个获得了成功，两个海盗号探测器成果
尤为显著，在火星表面长期工作，取得了大量火星表面状况的宝贵
资料。

表 4－2　美国早期的火星探测概况

序号	日期	探测器	任务类型	任务结果	任务概述
1	1964－11－05	水手－3 （Mariner－3）	飞越探测	失败	美国第一颗火星探测器，因有效载荷整流罩无法分离，火箭未获得必要的速度，无法到达火星轨道
2	1964－11－28	水手－4 （Mariner－4）	飞越探测	成功	人类第一个成功飞越火星的探测器，1965 年 7 月 15 日飞越火星，最近距离 9 280 km，拍摄了 21 幅图像，探测区域占火星表面积的 1%。继后又在太阳轨道运行 3 年研究太阳风
3	1969－02－25	水手－6 （Mariner－6）	飞越探测	成功	水手－7 的姊妹星。1969 年 7 月 31 日在 3 410 km 高度飞越火星，拍摄了 50 幅远距离图片和 25 幅近距离图片，测量了火星表面温度和气压等参数

续表

序号	日期	探测器	任务类型	任务结果	任务概述
4	1969 - 03 - 27	水手 - 7（Mariner - 7）	飞越探测	成功	1969 年 8 月 5 日以最近距离 3 200 km 飞越火星,拍摄了 93 幅远距离图像和 33 幅近距离图像,进行了大气测量,火星表面温度 -16～ -88℃。确认了火星冰盖主要成分
5	1971 - 05 - 08	水手 - 8（Mariner - 8）	轨道器	失败	水手 - 9 的姊妹星,原打算成为第一个火星轨道器,用于飞越和环绕任务之间的过渡,但由于第四级发动机故障,任务失败
6	1971 - 05 - 30	水手 - 9（Mariner - 9）	轨道器	成功	第一个成功环绕火星飞行的人造卫星。同年 11 月 14 日进入火星轨道,在轨运行 349 个火星日,拍摄图像覆盖了 80% 火星表面,将重力场精度提高一个数量级,并测量了大量大气数据
7	1975 - 08 - 20	海盗 - 1（Viking - 1）	轨道器/着陆器	成功	两个姊妹探测器之一,轨道器进行科学探测并提供通信中继服务,在轨运行 4 年,绕火飞行 1 489 圈,远远超过了 90 个火星日的设计寿命。美国着陆器首次在火星表面成功着陆,并进行采样分析,获得了大量火星资料
8	1975 - 09 - 09	海盗 - 2（Viking - 2）	轨道器/着陆器	成功	着陆器工作近 4 年,协同海盗 - 1 的表面实地勘测,获得了一系列重大科学发现,轨道器在火星上空运行了 706 圈。共传输回 16 000 幅照片和大量大气数据及土壤数据

4.2.1　水手－3（Mariner－3）[3,27,28]

1964年11月5日，美国发射了一颗名为水手-3的火星探测器（见图4-12），质量为200 kg，发射后不久一切正常，但在通过大气层主要部分后，水手-3的整流罩却牢固地附在原处，无法抛离，从而导致飞行速度不足，探测器完全不可能到达火星。此外，还由于太阳帆板未能展开，在运行中电能耗尽，后来水手-3默默地进入了环绕太阳的轨道，一直在围绕太阳飞行。

图4-12　水手-3探测器[28]

4.2.2　水手－4（Mariner－4）[3,29-31]

1964年11月28日发射的水手-4与水手-3外形完全相同，是人类第一个获得成功的火星飞越探测器，质量260 kg。经过228天的飞行，历程达5.232×10^8 km，在1965年7月14日开始接近火星，7月15日，首次成功飞越火星进入太阳轨道，和火星的最近距离为9 280 km。

水手-4一共发回了21幅火星表面的图像，一个小型磁带记录机通过很长时间才将图像发回地球，照片分辨率较低，但仍显示了一些细节，像火星上与月亮一样的大小不等的撞击坑清晰可见，探测到的区域占火星表面的1%。图4-13为水手-4探测器距离火星13 000 km时拍摄的第11张照片的原始图样，图中的陨石坑直径为120 km。

水手-4还获得了其他一些重要的观测结果，如火星上的大气非常稀薄，火星地面的大气压力不超过 4～7 mmHg，大约是地球海平面处大气压力的 1%，火星大气主要成分是质量较大的 CO_2 气体，火星有电离层，只有少量内禀磁场、无辐射带等。飞越火星后，水手-4 又在太阳轨道运行了 3 年，进行太阳风环境观测，并且和后来发射的水手-5 探测器进行了协同测量。

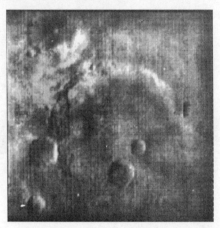

图 4-13　火星 Atlantis 区域的一个陨石坑[31]

4.2.3　水手—6/7（Mariner—6/7）[3,32-35]

水手-6/7 是一对姊妹星，两者的外形和内部结构基本一致（见图 4-14），质量 412 kg。水手-6 于 1969 年 2 月 24 日发射，同年 7 月 31 日飞越火星，距离火星最近 3 410 km，测量了火星大气参数，一共拍摄了 50 幅远距离图片和 25 幅近距离图片。水手-6 从火星赤道附近的上空飞过，发现子午湾区域的气压是 6.5 mmHg。

水手-7 1969 年 3 月 27 日发射，8 月 5 日飞越火星，与火星最近距离 3 200 km。其观测中心相当靠近火星南极，拍摄了 93 幅远距离和 33 幅近距离的图片。由于水手-7 是以更近的距离掠过火星的，除对火星作整体拍摄外，还分别对赤道附近和南极附近作了局部拍摄。

从水手-7 发回的数据经过分析，人们发现火星表面的温度比预想的更低，赤道地区中午温度也只有－16℃，夜晚则降至－38℃，南极极冠区域的温度最低可达－88℃，非常接近于 CO_2 的冰点。火星大气中 CO_2 含量高达 95％，水蒸气几乎难以寻觅。在达达尼尔凹地（Hellespontica Despressio）测得的火星大气压为 3.5 mmHg。尽管水手-4、6、7 的三次成功飞越探测得到了关于火星的大量信息，但它们所覆盖的区域仍然十分有限。

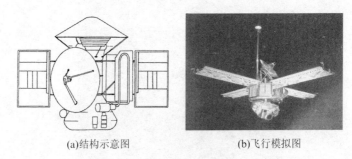

(a)结构示意图　　　　　　　　　　(b)飞行模拟图

图 4 - 14　水手-6/7[33,35]

4.2.4　水手－8/9（Mariner－8/9）[3,36-38]

水手-8/9（见图 4 - 15）是美国第 3 对，也是最后一对水手号姊妹星，发射目的是作为第一个火星轨道器，用于飞越火星与环绕火星轨道探测之间的过渡。

水手-8/9 探测器均采用八角形镁构架，总高 2.28 m，发射质量 998 kg，其中轨道器 559 kg，推进剂 439 kg。推进系统采用 1 340 N 推力的常平架接头发动机，可以实现 5 次启动，所用推进剂为一甲基肼和四氧化二氮。电源采用了四块各为 215 cm×90 cm 的太阳帆板，内含 14 742 块太阳能电池，总面积 7.7 m²，在轨功率 500 W，用镍镉电池蓄电，容量 20 A·h，姿态控制采用太阳敏感器、星敏感器、陀螺仪、惯性基准单元和加速度计。热控采用百叶窗和防热毡两种方式。

水手-8 于 1971 年 5 月 8 日发射，携带的科学仪器总质量 63 kg，包括红外辐射计、紫外光谱仪、红外干涉光谱仪、广角和窄角电视摄像仪、S 波段掩星计。探测器设计寿命 9 个月，设计的绕火轨道为 1390 km×17 140 km，周期 12 h。在发射后 265 s 时运载火箭与半人马座上面级分离，上面级发动机点火。但由于级间飞行控制系统发生故障，上面级在俯仰方向颤振，并发生翻滚，失去控制。在发射后 282 s，上面级发动机在 148 km 高空时关机并与探测器分离，坠落在离发射场 1 500 km、位于波多黎各西北方向 560 km 的大西洋中。

图 4 - 15　水手 - 9[38]

1971 年 5 月 30 日，水手 - 9 火星探测器由宇宙神/半人马座火箭发射升空，并于同年 11 月 14 日抵达火星，成为火星的第一颗人造卫星——但到达时间仅仅小幅度领先于苏联的火星 - 2 及火星 - 3。水手 - 9 探测器在离火星上空 1 300 km 的轨道上飞行，以便为 1975 年海盗号探测器计划寻找着陆场地，并绘制 70% 火星表面地图，研究火星大气及地表的变化。它携带了 6 种有效载荷：S 波段掩星计、红外辐射计、紫外光谱计（UVS）、红外干涉仪光谱仪（IRIS）、天体力学和电视摄像仪。

水手 - 9 抵达火星时，正好遇到了暗无天日的沙尘暴，探测器根据地面指令静静地等候了一个月后才开始工作，终于拍摄到了非常清晰的火星表面景象。水手 - 9 在轨工作 349 天，传回了 7 329 张照片，共有 $54×10^9$ 比特的数据，涵盖了不同季节的火星表面，覆盖了超过 80% 的火星地表。1971 年 11 月，探测器传回了显示有巨大火山、峡谷和干枯河床的图片，揭示了火星上河床、陨石坑、巨大的死火山（如太阳系中最大的已知火山奥林帕斯山）、峡谷（如水手谷，长度超过 4 000 km）、风与水的侵蚀作用及沉淀、锋面以及其他。水手-9 发回的图片显示出火星的南半球有许多环形山，外貌很像月球，北半球则比较平坦。水手-9 还拍摄到了火星的两个小卫星福布斯及戴莫斯。

　　水手-9 最重要的发现是观测到火星表面存在着被流动的液体（很可能是水）冲刷而形成的渠道。尽管以往的探测已证明目前火星表面不可能存在液态水，但这些渠道的存在表明在历史上火星具有存在液态水的可能性。这样就再次提出了火星上是否存在生命的课题，成为后来探测计划的重要目标。

　　通过水手-9 轨道观测资料的分析，将火星重力场的精度提高了一个数量级，通过地球上雷达观测的修正使火星地形资料的精度达 100 m。此外，还获得了关于火星、火星卫星的大小与形状更详细的信息。

　　S 波段掩星计探测到火星尘暴时低层大气温度梯度减小，并探测到火星两极冬天温度非常低，接近 CO_2 冰点，而北极的春天比较温暖。测到高度 134～140 km 之间的电离层峰值电子浓度为（1.5～1.7）$\times 10^5 cm^{-3}$。红外辐射计测得了火星表面的热惯性，火星表面没有大的热点，表明火星表面没有活火山。红外光谱仪获得了 2 000 张光谱，测得了从火星表面直到压强为 0.1 mPa 高度的大气温度剖面，发现至少到 30 km 高度火星大气温度有明显的周期性变化。火星尘暴 60% 为 SiO_2 组分，与火星表面细小颗粒有相同的成分。紫外光谱仪探测到臭氧的分布情况，在低纬度没有发现臭氧，在高纬度发现臭氧有季节性变化的特点。在高层大气中探测到了原子氢，它的密度和太阳活动有关。

　　1972 年 10 月 27 日，水手-9 和地球进行了最后一次数据传输，随后结束了探测使命。水手-9 目前仍在火星轨道上，至少到 2022年都能保持稳定轨道，之后将坠入火星大气层。

4.2.5　海盗-1/2（Viking-1/2）[3,39-42]

　　海盗号系列探测器包括海盗-1 和海盗-2，均由轨道器和着陆器两部分组成。它们是第一种对行星表面进行长期科学研究的航天器，主要目标是获得火星表面的高分辨率图像，了解大气层及表面的结构和化学组成，以及研究着陆器周围的生命迹象。海盗系列探测器共发回了 5 万多张图片，提示了火星是一个巨大并且复杂的世界，有着四十亿年的富有生命力的历史。

海盗号探测器质量 3 530 kg（含推进剂和姿控气体 1 445 kg），其中轨道器质量 900 kg，着陆器质量 600 kg。轨道器的主要任务是在勘测并验证安全着陆点的可行性后，将着陆器送上火星表面，继后还将作为与着陆器的通信中继，同时也进行大量科学研究。着陆器则完成着陆点附近的采样和科学实验，并将分析结果传送回地球。图 4 - 16 是海盗号轨道器和着陆器，图 4 - 17 是海盗号有效载荷配置图。

海盗号轨道器是一个 8 角形环状结构，具有 4 个太阳能电池翼，总面积 15 m^2。每个翼包括 2 个 1.57 m×1.23 m 的太阳能电池板，共计 34 800 个电池片，总功率 628 W，用 2 个镍镉电池蓄电，容量 30 A·h。

着陆器外壳由钛铝合金制成，用玻璃纤维与涤纶布绝热，以防止热量散发。整个着陆器用 3 个 1.3 m 长的支杆支承，离地面 22 cm。着陆器下降时，用直径 16 m 的轻质涤纶降落伞减速，然后用 3 个可节流液体发动机减速，推力 2.6 kN，采用肼单元推进剂，用 4 个反作用发动机进行姿态控制。着陆后的长期科学研究采用 2 个[238]钚同位素温差电池供电，每个质量 13.6 kg，各可连续提供 4.4 V、30 W 电流。同时配备了 4 个 8 A·h/28 V 可充电镍镉电池，用于峰值供电。

(a)轨道器

(b)着陆器

图 4 - 16　海盗号[39]

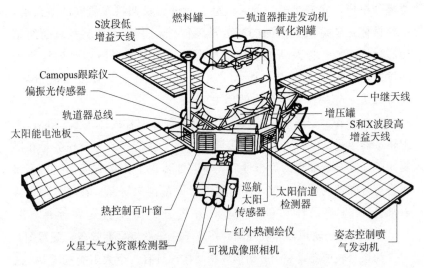

图 4 - 17　海盗号轨道器有效载荷配置图[3]

　　海盗-1 于 1975 年 8 月 20 日发射，次年 6 月 19 日进入环绕火星轨道，在火星上空用 1 个月时间作轨道拍摄，并寻找安全着陆区域，然后释放着陆器在火星表面的黄金（Chryse）平原成功软着陆。着陆点位于几条冲积形成的大渠道之间。登陆火星第 8 天时，进行了火星表面采样。分析发回的数据可知，火星土壤微红，与地球上的铁锈相似，确认最重要的化学成分是硅、铁和镁。图 4 - 18 是海盗号拍摄的第 1 张照片。图片中心距离海盗-1 着陆器照相机约 1.4 m。海盗-1 轨道器在轨道上运行了 4 年，共计 1 489 圈，在 1980 年 8 月 17 日由于姿控系统气体用尽而失效，着陆器则一直工作到 1982 年 11 月 13 日，远远超过了 90 天的设计寿命，是一次非常成功的火星探测。

　　海盗-2 于 1975 年 9 月 9 日发射，1976 年 8 月 7 日进入火星轨道。和海盗-1 一样，其轨道器也用了近一个月时间寻找着陆点，使着陆器于 9 月 3 日在乌托邦（Utopia）平原成功软着陆。海盗-2 着陆器发现，火星北部冬季结束时表面的冰霜在 1 个火星年后再现。图 4 - 19 是海盗号着陆点的照片，可见岩石和土壤上有一层薄薄

（不到 1/100 mm 厚）的水冰层。这是由于内含固态水和 CO_2 的大气尘埃很重，沉到地面，形成了可见的有水冰的覆盖层。图 4 - 20 是拍摄的火星日出景象。海盗-2 轨道器运行 706 圈之后，由于太阳电池定向用的姿控系统气体用尽，于 1978 年 7 月 25 日失效，而着陆器一直工作到 1980 年 4 月 11 日。

图 4 - 18　海盗-1 登陆火星数分钟后拍摄的首张火星表面图[3]

图 4 - 19　海盗-2 着陆点附近的乌托邦平原[31]

　　海盗号探测器进行了一系列重要的科学探测活动。两个轨道器在大约 2 个火星年的探测中获得了大量火星表面和大气的详细资料，包括首次近距离长期观测火星的季节变化，揭示了重要的大气和两极之间的季节性水循环规律，记录了全球温度、反照率及热惯性数据，为区域变化研究提供了重要的定量条件。两个着陆器在降落过

图4-20　海盗-2着陆器拍摄的火星日出[31]

程中测量了不同高度的大气温度、密度和组成。着陆后采样进行了3项生物实验,测量了土壤中元素的组成,以及其物理性质和磁性质。轨道器拍摄了5万多张照片,覆盖了火星97%的表面,着陆器也拍摄了4 500张照片。

海盗号系列火星探测的重大科学发现如下:

·火星表面是典型的富铁黏土,含大量湿润时可释放出氧的物质;

·火星表面未探测到有机分子(10亿分之一水平);

·首次探测到氮是火星大气的重要元素;

·火星表面的变化进展很慢,整个寿命期间变化不是很大;

·火星的2颗卫星密度都很小,是火星通过引力而捕获到的小行星;

·在火星处于太阳另一侧时的通信表明,信号受太阳重力场影响而产生延迟,以0.1%的误差准确地证实了爱因斯坦的预测;

·由于极区CO_2的凝固和升华,火星大气成分年变化率达30%;

·红外热图和大气成分数据表明,火星北极在夏季时的永久性冰盖是水冰,而南极冰盖即使在夏季也只有CO_2干冰;

·火星上每年仲夏时的气候重复性较好,但其他季节的气候变化较大。位置较南的海盗-1着陆区(22.27°N)夏季温度为−14～−77℃,平均压强6.8 mbar,其余季节为9.0 mbar;而位置较北的海盗-2 着陆区（47.67°N），冬季最低温度达－120℃，气压为 7.3～ 10.8 mbar；

· 火星大气中仅北部地区夏季水蒸气含量较高，但火星地表浅层含有大量水；

· 沙尘暴起源于火星南部夏季，因此南北半球气候差异很大。

参 考 文 献

[1] Harvey B. Russian Planetary Exploration History, Development, Legacy Respects. Praxis Publishing Ltd. , 2007.

[2] Johnson N L. Handbook of Soviet Lunar and Planetary Exploration. Univelt, Inc. , 1979.

[3] Ulivi P. Robotic Exploration of the Solar System, Praxis Publishing Ltd, 2007.

[4] Siddiqi A A. Deep space chronicle: A chronology of deep space and planetary probes 1958 - 2000. NASA, 2002.

[5] Lunius R D. Chronology of Mars exploration. N20010071698.

[6] NASA Space Science Data Center——Mars 1960A（Masnik 1）. http：// nssdc. gsfc. nasa/nmc/spacecraftDisplay. do? id＝MARSNK 1.

[7] NASA Space Science Data Center——Mars 1960B（Masnik 2）. http：// nssdc. gsfc. nasa/nmc/spacecraftDisplay. do? id＝MARSNK 2.

[8] NASA Space Science Data Center——Mars 1962A. http：//nssdc. gsfc. nasa/nmc/spacecraftDisplay. do? id＝1962 - 057A.

[9] http：//missioesamarte . no. sapo. pt/principal/navespac/koral11 - 13Martel.

[10] NASA Space Science Data Center——Mars 1969A. http：//nssdc. gsfc. nasa/nmc/spacecraftDisplay. do? id＝MARS69A.

[11] NASA Space Science Data Center——Mars 1969B. http：//nssdc. gsfc. nasa/nmc/spacecraftDisplay. do? id＝MARS69B.

[12] NASA Space Science Data Center——Mars 1. http：//nssdc. gsfc. nasa/nmc/spacecraftDisplay. do? id＝1962 - 061A.

[13] Wikipedia Mars 1. http：//fr. wikipedia. org/wiki/Mars - 1.

[14] Wikipedia Mars 2. http：//en. wikipedia. org/wiki/Mars - 2.

[15] NASA Space Science Data Center——Mars 2. http：//nssdc. gsfc. nasa/nmc/spacecraftDisplay. do? id＝1971 - 045A.

[16] NASA Space Science Data Center——Mars 3. http: //nssdc. gsfc. nasa/ nmc/spacecraftDisplay. do? id＝1971－049A.

[17] NASA Space Science Data Center——Mars 4. http: //nssdc. gsfc. nasa/ nmc/spacecraftDisplay. do? id＝1973－047A.

[18] NASA Space Science Data Center——Mars 5. http: //nssdc. gsfc. nasa/ nmc/spacecraftDisplay. do? id＝1973－049A.

[19] NASA Space Science Data Center——Mars 6. http: //nssdc. gsfc. nasa/ nmc/spacecraftDisplay. do? id＝1973－052A.

[20] NASA Space Science Data Center——Mars 7. http: //nssdc. gsfc. nasa/ nmc/spacecraftDisplay. do? id＝1973－053A.

[21] NASA Space Science Data Center——Zond 2. http: //nssdc. gsfc. nasa/ nmc/spacecraftDisplay. do? id＝1964－078C.

[22] NASA Space Science Data Center——Zond 3. http: //nssdc. gsfc. nasa/ nmc/spacecraftDisplay. do? id＝1965－056A.

[23] NASA Space Science Data Center——Cosmos 419. http: //nssdc. gsfc. nasa/nmc/spacecraftDisplay. do? id＝1971－042A.

[24] NASA Space Science Data Center——Phobos 1. http: //nssdc. gsfc. nasa/nmc/spacecraftDisplay. do? id＝1988－058A.

[25] NASA Space Science Data Center——Phobos 2. http: //nssdc. gsfc. nasa/nmc/spacecraftDisplay. do? id＝1988－059A.

[26] Krebs G D. Phobos 1，2 . http: //space. skyrocket. de/doc － sdat/fobos － 1. htm.

[27] Wikipedia. Marine Program. http: //en. wikipedia. org/wiki/marine － program.

[28] Wikipedia. Marine 3. http: //en. wikipedia. org/wiki/mariner － 3.

[29] NASA Space Science Data Center——Mariner 4. http: //nssdc. gsfc. nasa/nmc/spacecraftDisplay. do? id＝1964－077A.

[30] Wikipedia. Marine 4. http: //en. wikipedia. org/wiki/mariner － 4.

[31] Nolan K. Mars——A Cosmic Stepping Stone. Praxis Publishing Ltd. , 2008.

[32] NASA Space Science Data Center——Mariner 6. http: //nssdc. gsfc. nasa/nmc/spacecraftDisplay. do? id＝1969－014A.

[33]　Wikipedia. Marine 6. http: //en. wikipedia. org/wiki/mariner - 6.

[34]　NASA Space Science Data Center——Mariner 7. http: //nssdc.
　　　gsfc. nasa/nmc/spacecraftDisplay. do? id=1969 - 030A.

[35]　Wikipedia. Marine 7. http: //en. wikipedia. org/wiki/mariner - 7.

[36]　Wikipedia. Marine 8. http: //en. wikipedia. org/wiki/mariner - 8.

[37]　NASA Space Science Data Center——Mariner 9. http: //nssdc.
　　　gsfc. nasa/nmc/spacecraftDisplay. do? id=1971 - 051A.

[38]　Wikipedia. Marine 9. http: //en. wikipedia. org/wiki/mariner - 9.

[39]　Wikipedia. Viking 1. http: //en. wikipedia. org/wiki/Viking - 1.

[40]　Holmberg N A, et al. Viking' 75 spacecraft design and test summary,
　　　NASA RP - 1027, 198.

[41]　Morrisey D. Historical perspective - Viking Mars lander propulsion, AIAA
　　　98 - 2391.

[42]　NASA Viking mission to Mars, NASA Facts.

第 5 章　火星探测高潮迭起 (1990 年代至今)

　　20 世纪 90 年代后，人类的火星探测活动掀起新的高潮，开始进行以火星全球勘测者和火星探路者为代表的火星着陆探测和表面巡视探测。美国依靠在深空探测领域的领先水平，并根据特定需要将不同领域的高新技术进行组合、集成和再创新，火星探测取得了巨大的成就，先后发射了一系列火星探测器。2003 年 NASA 先后发射火星探测漫游者-A（勇气号）和 B（机遇号）两个火星巡视探测器。2005 年后，美国又相继发射了更加先进的火星探测器，包括火星勘测轨道器、凤凰号极地着陆器和火星科学实验室。

　　欧空局的火星探测工程也取得了重大成就，于 2003 年发射了火星快车探测器，并成功进入绕火星轨道，出色地完成了大量探测任务。在这段时间内俄罗斯也先后于 1996 年和 2011 年发射了火星-8 和福布斯-土壤两个火星探测器，就探测器技术而言已经相当先进，可惜的是均在发射阶段就因动力系统故障而未能离开地球轨道。此外，日本和中国也在努力开发深空探测技术。日本于 1998 年发射了希望号火星探测器，但未获成功。2011 年中国在俄罗斯探测器中搭载发射了萤火一号探测器，但与福布斯-土壤探测器一起未能进入深空轨道。表 5-1 示出 20 世纪 90 年代以来各国发射的新型火星探测器。

表 5 - 1　20 世纪 90 年代以来各国发射的新型火星探测器概况[1-6]

序号	日期	探测器	任务类型	任务结果	任务概述
1	1992 - 09 - 25	火星观测者（Mars Observer）（美）	轨道器	失败	继海盗号探测器后 17 年来美国发射的第一个火星探测器。但探测器发射后 11 个月，因增压管线破裂导致探测器失去控制，发射任务失败
2	1996 - 11 - 08	火星全球勘测者（Mars Global Surveyor）（美）	轨道器	成功	发射后成功地进入火星轨道，用来测绘火星地貌、监测火星气候，并建立对火星磁场本质的认识；探测工作卓有成效，拍摄了大量火星地貌照片；连续跟踪了火星历年的气候变化。工作时间长达 9 年零 52 天
3	1996 - 11 - 16	火星-8（又称火星-96）（俄）	轨道器/着陆器	失败	探测器包括 1 个长期观测用的轨道器，2 个着陆器和 2 个穿透器，是当年质量最大、任务最多的行星探测器。发射后因上面级二次点火 4 s 后燃烧就终止，坠毁于太平洋
4	1996 - 12 - 04	火星探路者 Mars Pathfinder（美）	着陆器/火星车	成功	在火星上成功着陆后开出索杰纳火星车，共传回 26 亿比特数据，进行了 16 项化学分析，提示火星表面曾拥有液态水和浓密的大气层。着陆器设计寿命 7 个火星日，实际寿命达 80 个火星日
5	1998 - 07 - 03	希望号（Nozomi）（日）	轨道器	失败	日本第一个火星探测器，两次飞越月球和一次地球借力飞行，由于阀门故障导致推进剂损失，未能达到所需的逃逸速度。在绕地球借力飞行时太阳耀斑使星上通信和电子系统损坏，探测任务失败

续表

序号	日期	探测器	任务类型	任务结果	任务概述
6	1998 - 12 - 11	火星气候轨道器（MCO）（美）	轨道器	失败	第一个火星气象卫星，在进入火星大气层后由于轨道计算中人为的计量单位错误，误入仅 57 km 高度的过低绕火星轨道，发现时已经无法更正，最后在大气阻力下坠毁
7	1999 - 01 - 03	火星极地着陆器（MPL）（美）	着陆器	失败	用于研究火星过去和现在的气候并寻找各种形态水的证据，一同发射的还有 2 个穿透探测器。同年 12 月 3 日到达火星。但在着陆过程中，由于软件设计问题，制动发动机过早关机，着陆器撞毁于火星表面，2 个穿透器也未成功着陆
8	2001 - 04 - 07	奥德赛（Odyssey）（美）	轨道器	成功	成功地拍摄了整个火星的地质图和 20 多种元素的全球分布图、火星全球浅表水分布图。测得北极浅表土壤中存在大量水冰，发现了 34 亿年前湖泊遗迹，截至目前仍在健康服役，承担地火中继通信的任务
9	2003 - 06 - 02	火星快车/猎兔犬 - 2（Mars Express/Beable - 2）（欧）	轨道器/着陆器	部分成功	欧空局第一个火星探测器，轨道器进行了卓有成效的探测工作，迄今工作时间已超过设计寿命的 4 倍，仍然在轨有效运转，提供与地球联系的中继通信。但猎兔犬 - 2 着陆器在着陆过程中，由于大气密度比预期低，牵引阻力比预期小 15% 左右，对大气减速造成致命影响，降落伞也未及时打开，最终以过大的速度撞击火星表面而失败

续表

序号	日期	探测器	任务类型	任务结果	任务概述
10	2003 - 06 - 10	火星探测漫游者（MER - A）/勇气号（Spirit）（美）	火星车	成功	和机遇号是孪生探测器。采用气囊缓冲方式实现软着陆，超量完成了着陆点采样和分析，找到了火星表面曾经存在大量液态水的确凿证据，拍摄了火星的全景照片，累计在火星表面工作 2 269 个火星日，总行程 7 730 m
11	2003 - 07 - 08	火星探测漫游者（MER - B）/机遇号（Opportunity）（美）	火星车	成功	着陆后和勇气号协同工作，成功地进行了大量科学探测。到 2012 年 2 月 1 日已在火星表面工作 2 872 个火星日，总行程 34 361 m（设计值 90 个火星日，600 m）。至今仍在火星表面工作
12	2005 - 08 - 12	火星勘测轨道器（MRO）（美）	轨道器	成功	是迄今最先进的火星轨道器，主要任务是在轨探测火星上的水，为寻找可能存在的生命提供依据；并提供与地球联系的通信中继；同时还为今后的火星着陆器选择最佳着陆区
13	2007 - 08 - 04	凤凰号（Phoenix）（美）	着陆器	成功	首个成功着陆火星北极的着陆器，寻找水的工作已取得突破性进展。首次检测到火星北极土壤中含盐，具有支持原始生命的条件；在挖掘采样中找到火星北极确实有水冰的有力证据

续表

序号	日期	探测器	任务类型	任务结果	任务概述
14	2011-11-9	福布斯-土壤（Phobos-Grunt）（俄）/萤火一号（中）	火卫一采样返回/轨道器	失败	俄罗斯进入 21 世纪以来唯一的探测任务，用于在火卫一表面着陆，采集 100 g 太阳系最原始的残留物土壤样品，返回地球分析。搭载中国第一个火星探测器萤火一号，到达后自主开展探测。整个探测器由于计算机系统的故障导致上面级推进系统未工作，没有进入火星轨道
15	2011-11-26	火星科学实验室（MSL）（美）	火星车	成功	真正意义上的火星生物实验探测项目，设计寿命 1 个火星年，将在较以往更广的范围进行数十次采样分析，研究过去和现在可能支持微生物存在的有机化合物和环境条件。2012 年 8 月 6 日采用"空中吊车"技术在火星软着陆，并发回照片

5.1　美国的新型火星探测器

5.1.1　火星观测者（Mars Observer）[3,4,7,8]

火星观测者轨道器（Mars Observer，见图 5-1）是 1975 年美国继海盗号探测器后 17 年来发射的第一个火星探测器，用于精确探测火星全球的矿物特性、地形、重力场、磁场性质、大气结构和环流。1992 年 9 月 25 日火星观测者由航天飞机和 TOS 上面级发射升空，轨道器总质量 2 487 kg，其中探测器 1 018 kg，推进剂 1 346 kg，配备了 6 块太阳电池板，在轨功率 1 147 W，采用 2 个

42 A·h 镍镉电池充电。

探测器发射后，经过近 11 个月的飞行，在 1993 年 8 月 21 日和地球的联系中断。虽然地面发送一系列指令抢救，仍然毫无结果。1994 年 1 月，美国海军研究所（NRL）宣布通信中断最有可能的原因是在飞往火星的 11 个月过程中，推进系统燃料（四氧化二氮和一甲基肼）从单向阀中渗漏出来，渗漏的推进剂在未进入发动机前，就在增压管线内发生反应，导致增压管线破裂，结果是使增压用氦气不可控制地大量排出，引起航天器高速自旋，进入一个意外模式，使指令序列中断，探测器失去姿控能力和通信能力，不能启动发动机。该发动机原来是用于发射地球卫星的，并不适用于发射 11 个月后才工作的深空探测任务。该任务总费用 9.8 亿美元（研制生产、发射、地面支持），但所研制的科学仪表仍成功地用于后来发射的 3 个火星轨道器。

图 5-1　火星观测者[8]

5.1.2　火星全球勘测者（Mars Global Surveyor，MGS）[3,4,9-16]

5.1.2.1　系统组成

1996 年 11 月 8 日美国使用 7925A 型德尔它-2 火箭发射了新一代火星轨道器——火星全球勘测者（见图 5-2），探测器由洛克希德·马丁公司制造，总质量 2 180 kg（其中推进剂质量 1 149 kg），长 1.8 m，高 1.4 m，宽 2.12 m，外形如同一个箱子。采用 980 W 太阳电池阵和 2 个镍镉电池供电。火星全球勘测者探测器工作十分成功，原计划在火星轨道工作 2 个火星年，后经三次延长寿命，使它的在轨工作时间达到 9 年零 52 天，超过当时的任何火星探测器，最后由于电池耗尽于 2006 年 11 月 2 日向地面报警后失去联系。

图 5 - 2　火星全球勘测者[13]

　　探测器舱体采用石墨环氧复合材料蜂窝结构制成，共携带了 6 台仪器设备：包括用于研究磁场和太阳风与火星相互作用的磁强计与电子辐射计；用于对火星表面和大气成像的照相机；用于火星表面地形测量和重力场研究的激光测高计；为今后美国和国际性火星探测提供支持的中继通信站；用于矿物学、冷凝物、尘埃、大气热力学特性和大气测量的热辐射光谱计。

　　火星全球勘测者 1997 年 9 月 11 日成功进入火星轨道。刚到火星时，它飞过火星的北极并进入一条周期为 48 h，远火点 56 662 km、近火点 110 km 的椭圆轨道，再经过约 130 天的变轨机动，最后于 1998

年 3 月进入一条 450 km 的圆轨道开始工作。

5.1.2.2　科学任务

火星全球勘测者的任务是测量火星表面化学和矿物质的组成，寻找火星表面可能隐藏的水资源；评估人类登上火星可能面临的危险。探测工作包括以高分辨率设备测绘火星表面地貌，并建立起对火星磁场本质的认识，监测火星气候和大气的热力学构造并为今后的着陆选定着陆场地，这些对今后寻找火星生命的探测工作都有很大帮助。同时探测器的照相机拍摄了大量火星地貌照片，其中有大面积的沙尘暴照片，以及火星表面被水冲刷形成的地貌照片；此外还发现了火星上存在强磁物体，有海洋遗迹，有平整的表面，以及高原和大峡谷等。

5.1.2.3　主要成果

1) 在火星河道中发现的明亮的新沉积，表明这是近年来液态水冲击的新沉积层，是火星表面至今仍有偶然性水流的强有力证据；

2) 红外光谱发现火星表面有一种通常在潮湿条件下生成的细粒赤铁矿，根据这一发现，后来的机遇号火星车选择在富含赤铁矿的地区着陆；

3) 拍摄了前所未有的广泛的全球地形图，以及极区冰盖范围的峡谷；

4) 磁强计发现了火星的局部残余磁场，表明火星曾经拥有过与地球相同的全球性磁场；

5) 发现了一系列新的撞击坑，根据坑密度可以改进标定行星表面年代的估算方法；

6) 发现火星表面的交叉扇形区，推论是古代河流水系形成的三角洲；

7) 轨道器历时 9 年的在轨探测，使它有效地跟踪历年来同时期的气候变化，表明火星气候变化仍在发展中；

8) 取得了南半球大部分地区海拔高度比北半球地区高的地形图

证据，由此推断火星水流的下游段和沉积层大部分都位于北部地区。

图 5 - 3　火星全球勘测者拍摄的火星表面水沉积岩图像[14]

5.1.3　火星探路者（Mars Pathfinder）[3,4,17-24]

5.1.3.1　系统组成

火星探路者是美国第一种快速研制的低成本行星科学探测器，由着陆器和索杰纳火星车组成，着陆器质量 264 kg，火星车质量 10.5 kg。整个探测器研制仅用时 3 年，耗资 2.65 亿美元。火星探路者的使用寿命远远超出预期设计寿命（着陆器寿命设计值为 30 个星日，火星车为 7 个星日），实际寿命都达到了 80 个火星日。

索杰纳（Sojourner）火星车（见图 5 - 4）以美国内战时期著名的非洲裔民权运动领袖索杰纳·杜勒斯命名，主要科学任务是对火星进行移动观测，研究火星大气、地表气象、地质结构和火星岩石、土壤的元素成分。火星车体积为 66 cm×48 cm×30 cm，6 轮摇臂-转向架式悬挂（Rocker - Bogie Suspension）结构。轮子直径 13 cm，宽 6 cm，最大设计速度 1 cm/s。前后 4 个轮子可独立转动，转动直径达 74 cm，在 3 个月时间内行驶了约 100 m 距离。索杰纳火星车携带了 3 台照相机和一台 α 粒子 X 射线光谱仪，车顶上有太阳能电池板，采用 3 台 ^{238} 钚放射性同位素加热装置（功率 13 W）为电子设备保温。

5.1.3.2　气囊式着陆

火星探路者（见图 5 - 5）于 1996 年 12 月 4 日发射，1997 年 7 月 4 日到达火星时借助气动外形、降落伞和制动火箭减速后，采用

图 5-4　火星探路者着陆器和索杰纳火星车[23]

气囊式着陆缓冲方式在火星表面垂直软着陆，这也是美国历史上第 3 次探测器在火星表面软着陆。简要着陆过程如下：高度为 8 500 km、速度为 6.1 km/s 时，探测器防护壳体与巡航器分离；然后以 13.6°的角度、在 125 km 高度进入火星大气层边缘；在进入火星大气层后 2～3 min，由于气动外形的减速作用探测器速度已降至 370 m/s，此时打开直径为 7.3 m 的降落伞，在 20 s 内继续将着陆器速度降低到 68 m/s，抛掉防热罩；在距火星表面 355 m 时使用固体火箭气体发生器在 1 s 内完成包裹在着陆器周围 99 kg 的防撞气囊的充气，使防撞气囊迅速膨胀起来，将着陆器团团裹住。随后在 98 m 高度，3 台固体制动发动机点火，在 2.3 s 内使着陆器速度降到零；最后在离火星表面 21.5 m 时，降落伞及大底与着陆器之间的绳索切断，降落伞及大底飞走，着陆器连同气囊以 14 m/s 的速度撞击火星表面，落地后经过 16 次反弹，最终完全着陆，气囊散开，露出着陆器。

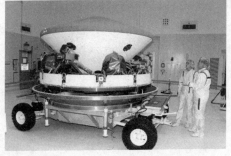

图 5-5　运输车上的火星探路者着陆器[24]

5.1.3.3　主要成果

　　火星探路者在整个任务期间工作非常优异，传输回 23 亿比特的信息，包括 17 000 多幅图像、15 项岩石和土壤的化学分析，以及大量关于风与其他气体方面的数据，取得了火星岩石、土壤、大气层和气候等 12 项重要科学成果。着陆器和火星车载仪器的研究提示火星表面曾经拥有液态水和浓密的大气层。在工程领域，火星探路者不仅出色地演示了向火星投放携带科学仪器的火星车任务，而且显著地延长了原定的设计寿命，其气囊式着陆方式也为后续火星着陆任务奠定了工程基础。1997 年 9 月 27 日着陆器因电池耗尽而使工作温度不断上升，并且与地球的通信中断，索杰纳火星车也因此而终结了使命。

5.1.4　火星气候轨道器（Mars Climate Orbiter，MCO）[3,4,25-28]

　　火星气候轨道器由洛克希德·马丁公司研制，总质量 629 kg，本体结构高 2.3 m，宽 1.65 m，太阳能帆板长 5.5 m（见图 5-6），总功率 500 W。探测器由波音公司的德尔它-2-7925 型运载火箭发射，连同运载火箭在内共耗资 3.28 亿美元。原计划探测器首先进入 160 km×39 000 km、周期为 29 h 的火星捕获轨道，随后将利用 44 天左右的时间借助火星上层大气阻力的作用把轨道高度降低到 90 km×405 km，最后再利用星上推力器进入 405 km 近圆形的最终测绘轨道，预期在轨工作时间为 2 年以上。

　　该探测器上主要携带有两台仪器，一台照相机装置和一台辐射计，用来研究火星的气候和天气类型。成像装置又叫作火星彩色成像仪，可用其广角相机拍摄火星大气及表面每天的全球图像，其中的中角度相机分辨率为 40 m，可分辨火星表面上覆盖的尘埃变化。46 kg 的压力调制红外辐射计可测定大气温度、压力、尘埃和水蒸气的全球分布及其随时间的变化。此外，探测器还有一项重要使命，即作为火星极地着陆器的通信中继装置。

　　火星气候轨道器在 1999 年 9 月 23 日进入火星大气层时失败，

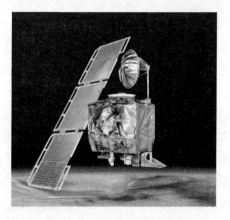

图 5 - 6　火星气候轨道器（MCO）[25]

原因是主合同商洛马公司在一份原本要求使用公制单位的数据文件中错误地使用了英制单位，单位之间的换算错误导致入轨时距离火星表面太近，错误地进入了仅为 57 km 高度的轨道，使轨道器坠毁。

5.1.5　火星极地着陆器（Mars Polar Lander, MPL）[3,4,28-32]

5.1.5.1　系统组成

　　火星极地着陆器（见图 5 - 7）质量为 576 kg，其中着陆器质量290 kg，高 1.06 m，有 3 条着陆腿，太阳能电池阵总功率 200 W。该探测器也是由洛克希德·马丁公司研制，耗资 1.65 亿美元，用德尔它-2 运载火箭发射。与该着陆器一起发射的还有两个深空-2 探测器。

(a)示意图　　　　　　　　　　　(b)实物图
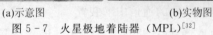
图 5 - 7　火星极地着陆器（MPL）[32]

着陆器由铝蜂窝夹层材料和石墨环氧面板制成，它采用火星探路者曾经成功使用过的气动外形和降落伞设计，直接进入火星大气，但考虑到质量问题，着陆时不用气囊，而是改用推进手段减速。着陆器降落伞在火星上空约 8 km 的高度上展开，此时的速度约为 500 m/s。到 1.5 km 的高度时，两台下降发动机点火工作，着陆装置从降落伞和后防热罩上分离出来。5 分钟后，着陆装置利用主动制导及推进控制手段降落到火星表面上。

与火星极地着陆器一同发射的两个深空-2 穿透探测器属于 NASA 的新盛世计划，该计划专为未来的空间探测任务验证相关的先进技术。深空-2 耗资 2 900 万美元，每个质量 3.6 kg，装在篮球大小的防护罩内，用于着陆时以 200 m/s 的速度撞击进入火星南极冰冠的富含水冰的表面，距着陆器的着陆点约 200 km。

穿透器由彼此独立的前、后两段组成，段间用柔性电缆连接。前段直径 35 mm，长 106 mm，内装温度传感器、水冰探测器、三轴撞击加速度计，可以贯穿进入地下 0.6～2.0 m。后段直径 136 mm，高 105 mm，内装电池、压力传感器、通信设备和一根长 127 mm 的天线，着陆后留在地面用来传送探测信息，再通过火星全球勘测者轨道器中继把数据传回地球。

穿透器主要任务是确定火星表面下是否存在水冰，同时测量土壤温度等参数。它所穿透的层化土壤的数据记录着火星的气候变迁史，可以完成如下任务：

1）采集土壤样本，分析其中有没有水存在；

2）测量探测器本体温度下降的速度，以确定土壤的物理特性；

3）测量探测器在大气和火星表面下的减速情况，以确定大气压力和温度以及土壤的硬度和分层现象。

5.1.5.2 科学仪器

火星极地着陆器上的主要有效载荷统称为"火星挥发物与气候勘测仪"（MVACS），用于研究火星过去和现在的气候并寻找存在各种形态水的证据。MVACS 共有 4 台仪器，第一台仪器是立体表面成像仪，安装在一根 1.5 m 长的支杆上，可用一对镜头拍摄立体图像，波长覆盖范围很广的一套滤光镜，使科学家能够研究着陆点处岩石和土壤的组成。第二台是一条 2 m 长的机械臂，臂端装有一把铲子、一台照相机和一个探头。铲子可挖掘着陆点周围的土壤，并把样品送入着陆器做进一步分析；照相机将拍摄土壤的特写镜头，细致地观察土壤分层现象和构造；探头用于测量土壤的温度和导热性。第三台仪器是热与释出气体分析仪（TEGA），它可接过机械臂送来的土壤样本，加热使 CO_2 和水蒸气等逸出，由激光器测量气体逸出速度。分析仪上有 8 个样品盒，每个使用一次。第四台仪器是一套气象组件，可测量向上伸长 1.2 m 支杆的顶部位置和向下伸长 0.9 m 支杆的底部位置处（距火星表面只有约 10 cm）的温度和风速。上伸支杆上还装有测定火星大气水汽含量的传感器及其他组件。

　　火星极地着陆器上还配备了火星下降成像仪（MARDI）和光探测与测距装置。MARDI 在着陆器防热罩分离后、距火星表面 8 km 时就开始对下方拍照，一直拍到着陆为止。由于表面越来越近，它拍摄的照片也越来越清晰。利用这组照片，科学家们可以更好地认识由轨道探测器分辨出的分层地质构造。光探测与测距装置由俄罗斯科学院空间研究所提供，是一种上视激光雷达，可用激光束照射火星大气，测量由大气中的云霾遮盖时天空的亮度，测量范围为 2～3 km。该装置上还装有由加州大学伯克利分校制造的一个质量 51 g 的微型麦克风，可记录下火星表面的声音，包括风声和着陆器的工作噪声。这也是人类首次尝试把其他行星上的声音传回地球。

5.1.5.3　任务失败

　　1999 年 1 月 3 日，火星极地着陆器携带了两个深空-2 穿透探测器发射升空，在 11 个月的巡航途中进行了 5 次轨道修正，最后于 12 月 3 日到达火星。在巡航级进入大气层前的几分钟释放了主着陆器，几秒钟后又释放了它携带的 2 个深空-2 穿透探测器。但在着陆过程中，由于设计问题，火星极地着陆器和 2 个深空-2 微型穿透探测器均与地面失去联系。

事故分析认为很可能是设计缺陷导致了制动发动机过早关机，从而造成了探测器坠毁。探测器的三根着陆支腿伸展时，可能产生了一个支腿已经触地的虚假信号，导致探测器在距离火星表面尚有 40 m 时制动发动机就关机了。正常的计算机软件本应能排除这种虚假信号，但由于程序中的设计缺陷，使控制系统认同了这种假象，导致整个探测任务失败。

对于深空-2 的失败，事后也进行了详细分析，可能的原因包括由于火星表面原因使撞击时发生部件损坏；巡航级释放探测器时火工品释放系统发生故障；探测器天线未曾进行过火星稀薄大气环境模拟试验，因此在进入火星大气层后被击穿或受电晕放电攻击；在发射场搬运中伪分离脉冲无意中接通了探测器，使探测器电池泄漏殆尽。

由于着陆器和深空-2 探测器均未装备发送遥测信号的仪器，来记录它们在进入、下降和着陆过程中的状态，因此确切的故障原因判别十分困难。

5.1.6 奥德赛（Odyssey）[3,4,33-37]

5.1.6.1 系统组成

奥德赛轨道器是在 1999 年 NASA 两次火星探测（火星气候轨道器和火星极地着陆器）均告失败之后首次发射进入火星轨道的探测器，计划围绕火星飞行 2 年半，整个计划耗资 3 亿美元。2001 年 4 月 7 日，奥德赛由德尔它-2-7925 运载火箭发射升空，标志着美国火星探索计划新的开始。图 5-8 是奥德赛探测器的示意图。

奥德赛升空后状态正常，稳步飞向火星轨道。在 200 天的飞行过程中，进行了 5 次轨道机动修正（TCM），于 2001 年 10 月 24 日以 21 000 km/h 的速度进入火星轨道。主发动机点火使其减速，这是奥德赛在经过 4.56 亿千米的长途跋涉之后主发动机第一次点火。从 2001 年 10 月 26 日起的 3 个多月时间里，奥德赛探测器经过大气制动调整轨道，进入火星大气层，最终在离火星表面 400km 高的圆

图 5 - 8　奥德赛探测器[37]

轨道上运行，轨道周期 2 小时。

　　奥德赛轨道器发射质量 729.7 kg，其中推进剂 353.4 kg，探测器干质量 331.8 kg，有效载荷质量 44.5 kg。太阳电池阵最大可提供 1500W 电源，火星轨道工作期间可提供 750W 电源。奥德赛的结构采用的是铝和钛轻质材料。

　　奥德赛轨道器结构系统质量 81.7 kg，由推进舱和仪器舱组成。热控系统质量 20.3 kg，综合采用了加热器、辐射仪、百叶窗和热涂层等热控措施。推进系统质量 47.9 kg，包括一个主发动机和若干组助推器。主发动机采用的是四氧化二氮/肼推进剂，可产生 695 N 推力。此外，还有 4 个 0.9 N 的助推器和 4 个 22 N 的助推器。电源系统用于探测器电源供给、存储和分配，质量 86 kg。电源系统包括了 7 m² 的砷化镓太阳电池阵，以及 16 A·h 镍氢储能电池。制导导航与控制系统包括一台星敏感器、一台太阳敏感器、反作用飞轮、陀螺装置，质量 23.4 kg。通信系统质量 23.9 kg，采用的是 X 波段和 UHF 波段两种通信方式。X 波段用于对地通信，UHF 系统则用于与未来的火星着陆器通信。奥德赛配备了 3 台天线，一台 1.3 m 高增益天线，7.1 cm 中增益天线和 4.4 cm 低增益天线。

5.1.6.2　科学任务

奥德赛探测器共携带了 3 台高度精密的科学仪器：1 个热辐射成像系统（Thermal Emission Imaging System，THEMIS）、1 个 γ 射线光谱仪（Gamma Ray Spectrometer，GRS）和 1 个火星辐射环境试验器（Mars Radiation Environment Experiment，MARIE），主要目的是获取火星上水的现状、火星表面地质构造和所受辐射特征等方面的信息。其中，热辐射成像系统绘制的高分辨率火星地理图，可帮助科学家们更好地理解火星矿物学与火星地形之间的联系。γ射线光谱仪如同科学家勘探火星地表的铁铲，使科学家能有机会看清火星亚表层的情况，测定包括氢在内多种元素的含量。由于氢极有可能存在于冰冻状态的水里，因此光谱仪可以探测到火星表层冰冻水的痕迹。这是首次在火星探测器上配备探测亚表层水以及矿物成分的仪器，详细探测火星的浅表层，确定火星表面下 2 m 以内的含水区域，并绘制出这些区域的地图。火星辐射环境试验器包括 1 个中子光谱仪和 1 个高能中子探测仪，首次测量火星表面的放射性物质水平，为评估航天员登陆火星时可能面临的危害提供信息。

该探测器于 2002 年 1 月开始执行探测任务，取得的探测成果颇多。在完成勘测任务的同时，奥德赛在 2008 年 5 月 25 日美国凤凰号探测器登陆火星的过程中，还承担了将凤凰号下降过程中的信号中继传输的重要使命。奥德赛探测器已远远超过了它的预期寿命，至今仍在健康地绕火飞行，不断向地球传输探测信息。

5.1.6.3　主要成果

1）提供了在火星南北极附近约占火星 20％地区中存在大量冰冻水和表层土壤混合层的强有力证据。据保守估计，火星表面的水冰如果融化，其液态水总量相当于 2 个密歇根湖的水量；

2）提供了火星岩石和土壤中的矿物图谱；

3）帮助评估未来火星车潜在着陆点，并作为它们传输信息的中继站，后来着陆火星的勇气号和机遇号火星车90％的数据都是由奥德赛轨道器中继传输的。

5.1.7　勇气号/机遇号火星车（Spirit，Opportunity）[3,4,38-47]

勇气号和机遇号是美国火星探测漫游者（Mars Exploration Rover）计划中的一对孪生机器人火星车，在火星表面完成巡视探测任务。两台火星车尺寸、组成、结构、任务、装备、发射和着陆方式完全相同，均在2003年发射，设计工作寿命都是90个火星日，行程600 m，其差异仅仅是发射时间和着陆地点的不同，其中勇气号在火星南纬14.57°，东经175.47°的古谢夫（Gusev）撞击坑着陆，而机遇号则在北纬1.95°，东经354.47°的梅里迪亚尼（Meridiani）平原着陆。

勇气号于2003年6月10日发射升空，2004年1月3日登陆火星，成功地工作了6年多，是一次非常卓越的火星探测任务。图5-9是勇气号火星车在火星上的行进路线图，直到2009年才因陷于火星表面的沙砾中而无法前进，但它仍在原位继续工作了10个月，每天不间断地向地球发送探测数据，直到2010年3月22日失去联系。勇气号着陆火星后累计工作了2 269天，是预期寿命的38倍，总行程达7 730 m。

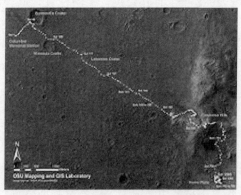

图5-9　勇气号火星表面巡视路线图[39]

机遇号（见图 5 - 10）于 2003 年 7 月 7 日发射升空，2004 年 1 月 25 日成功在梅里迪亚尼平原着陆，截至 2012 年 2 月 1 日在火星表面的总行程已达 34 361 m，图 5 - 11 是该火星车从登陆后直到第 2 055 火星日的行程路线图。机遇号设计寿命也是 3 个月，但它至今已工作了近 10 年，共计 3 000 多个火星日，仍然不遗余力地在火星表面巡视探测，太阳能电池翼的输出电源仍达 320～370 W·h（尘埃指数 0.47～0.54）。与勇气号一样，机遇号火星车同样是一次极其完美的火星探测任务。

图 5 - 10　机遇号火星车[39]

5.1.7.1　系统组成

尽管勇气号和机遇号火星车的总体设计思路继承了第一代火星车——索杰纳（Sojourner）的设计理念，但作为第二代火星车，勇气号和机遇号在总体性能指标方面有了大幅度提高。首先，在尺寸大小方面，索杰纳长约 65 cm，质量 10 kg，仅相当于一台激光打印机大小。而勇气号和机遇号尺寸为长 1.6 m，宽 2.3 m，高 1.5 m，质量 174 kg。

第二，在移动性能方面，由于勇气号和机遇号携带了高性能的导航相机和危险避让相机，在火星表面的移动性能也显著增强。索杰纳行驶的总距离约相当于一块足球场的长度，而勇气号和机遇号的行驶距离是索杰纳的 6～10 倍（见图 5－11）。此外，行驶速度也大大提高，勇气号和机遇号的最大行驶速度可达 5 cm/s，索杰纳仅为 1 cm/s。

图 5－11　机遇号从登陆后到第 2 055 火星日的行程路线图[40]

第三，在通信方式方面，索杰纳是与火星探路者着陆器配合操作的，通过着陆器作为中继通信，建立起与地球之间的通信链路。而勇气号和机遇号火星车则在着陆后，直接与地球通信，或者通过火星全球勘测者（MGS）和奥德赛号中的一个进行通信。

勇气号和机遇号火星车包括移动系统、导航系统、机械臂系统、电源和热控系统、计算机系统等。

（1）移动系统

勇气号和机遇号的移动系统采用的是六轮驱动、摇臂-转向架式悬挂系统，该系统并未使用任何弹簧，但它可以在接头处产生弯曲，这种做法使得火星车能够翻越比车轮直径（约 26 cm）更大的岩石。火星车均可承受最大 45°的倾斜。不过，根据机载计算机的程序要求，该火星车还是需要避免 30°以上的倾斜。火星车前轮和后轮的独立控制将允许火星车在适当的位置转弯，或者沿平缓的弧线行驶。

（2）导航系统

勇气号和机遇号各携带了 10 台相机。在着陆以后，相机立即开始火星地形图像采集工作，并在投入使用后的第一年发回了 70 000 多幅图像，为任务的成功做出了巨大贡献。

火星车上相机共分两类：工程相机和科学相机。工程相机包括下降相机、导航相机（Navcam）、危险避让相机（Hazcam）；科学相机包括全景相机（Pancam）以及显微成像相机（MI）。下降相机安装在着陆器上，它在任务的进入、下降和着陆（EDL）阶段采集着陆过程的图像，相机在到达火星表面后寿命结束。其他 9 个相机安装在火星车上，分别是安装在一个摇动/倾斜桅杆顶部的导航相机（Navcam）和全景相机（Pancam），安装在火星车车体上的危险避让相机（Hazcam），以及一个显微成像仪（MI）。

（3）机械臂系统

勇气号和机遇号上的机械臂系统，又称"仪器部署装置"（见图 5 - 12）。其主要作用是部署各种设备仪器，并且安放在火星表面。它有 5 个自由度，相当灵巧，仅为 4 kg，是有史以来飞往地外天体的最灵巧的机械操控设备。在火星车行驶过程中，机械臂可以收起来，以免影响在火星表面的移动性能。在火星车就位之后，该机械臂向前探出，以便对特定的某块岩石或者土壤进行勘查。它的工作过程为：先磨去岩石表面层，然后进行微距离成像，最后分析岩石和土壤的成分，并将测得的图像和光谱数据传回地球，评估火星远古时期液态水存在的可能性。

图 5-12　勇气号前端的机械臂[47]

（4）电源和热控系统

勇气号和机遇号的电源系统采用 6 块太阳能电池、2 个锂离子电池和 8 个同位素加热单元供电。太阳能电池功率为 140W，可供火星车白天工作 4h。晚间由 2 个锂离子蓄电池供电。火星车工作温度 $-40\sim+40℃$，采用 8 个同位素加热单元保持车体基本温度，必要时用电加热器辅助。表面采用金箔和氧化硅气溶胶隔热。

（5）计算机系统

勇气号和机遇号上的计算机使用的是一款 32 位的 RAD 6 000 中央处理器（CPU），它是某些型号的 Macintosh（苹果）计算机上所使用的 PowerPC 芯片的抗辐射强化版，其处理速度为每秒 2 000 万条指令。该计算机的内存包括 128 MB 的随机访问内存，还扩充了 256 MB 的闪存和更为少量的非易失性内存，系统可在没有电源供应的条件下保留数据。

（6）通信系统

勇气号和机遇号火星车的通信系统是由 7.1/8.4 GHz（X 波段）

的射频分系统（RFS）、401/437 MHz 的超高频（UHF）分系统、RFS
和 UHF 天线，以及 4.3 GHz（C 波段）的雷达高度计系统构成。

5.1.7.2　科学任务

根据美国的 MER 火星探索计划，勇气号和机遇号的任务是：分
别在精心选择的着陆区南半球直径 150 km 的洼地古谢夫坑和北半球
的梅里迪亚尼平原甄别火星环境史的地质线索，它们承担的科学观
测任务基本相同：

·寻找并表征各种包含有古代火星上水活动线索的岩石和土壤，
特别是寻找与水过程相关的（例如沉淀、蒸发、沉积、黏结或水热
活动）矿物沉积；

·确定着陆地点附近的矿物、岩石和土壤的组成和分布；

·确定形成局部地形和影响其化学结构的地质过程，包括水蚀、
风蚀、沉积、水热机理、火山、小行星撞击；

·通过实地观测，标定和验证火星轨道器观测的结果，以确定
各种仪器从空中勘测火星地质的实际精度和有效性；

·寻找含铁矿物，鉴定和量化其中含水矿物或在水中生成的特
定矿物（如含铁碳酸盐）的相关含量；

·表征不同种类的岩石和土壤的构成和结构，确定其生成的过程；

·寻找曾经存在液态水时环境条件的地质线索，并进一步评估
这些环境是否有益于产生生命。

5.1.7.3　科学仪器

勇气号和机遇号均携带了 7 种科学探测仪器及设备，包括两种
摄像机、3 种光谱仪、一套岩石研磨工具及 3 个磁铁阵列等。

（1）全景相机（Panoramic Camera，Pancam）

由两台高分辨率彩色立体 CCD 摄像机组成，安装在火星车的摄
像机梁上（详见图 5 - 12），可以做 360°的水平扫描，摄像机梁可以做
180°的上下扫描，用以确定矿物、组成和局部地形结构，也可以摄取
火星表面和天空的全景视图。摄像机也用于绘制着陆点附近的地形图、

搜索感兴趣的岩石和土壤，以寻找火星远古时期存在液态水的证据。全景摄像机质量 270 g，体积小到可握在手掌中，它有一个滤波轮，可以提供多光谱成像能力，蓝色和红外滤波器可以使相机拍摄太阳的图像。这是当时行星探测使用过的最好的相机。图 5-13 是机遇号拍摄的火星表面水源形成的岩层，图 5-14 是勇气号拍摄的全景照片，由 1 449 幅全景图像整合而成，原始数据容量近 500 MB。

图 5-13　火星表面水源形成的岩层[40]

图 5-14　勇气号拍摄的古谢夫陨石坑全景图[43]

（2）微型热辐射光谱仪（Miniature Thermal Emission Spectrometer，Mini-TES）

这是一种红外线光谱仪，质量 2.1 kg。由于不同物质的热散射特性不同，因此可以用这种仪器远距离测量岩石和土壤里矿物质的红外辐射模式，帮助科学家识别火星的矿物，特别是识别由水的运动形成的碳酸盐和黏土。该光谱仪也用来测量火星大气的温度，搜寻火星大气中水蒸气及灰尘的含量等。

（3）穆斯鲍尔光谱仪（Mossbauer Spectrometer，MB）

用于精确地测量土壤和岩石中的铁及铁类矿物的成分及含量，每次测量用时 12 h。该光谱仪体积很小，可以握在手掌中。

（4）α 粒子 X 射线光谱仪（Alpha Particle X-ray Spectrometer，APXS）

用于研究岩石和土壤放射出的 α 粒子和 X 射线，以确定岩石和土壤的化学元素的含量。测量要在晚间进行，每次用时 10 h。

（5）显微成像仪（Microscopic Imager，MI）

由显微镜和 CCD 相机组合而成，可提供火星岩石和土壤的微观情况，是对其他仪器的一种补充，用于分析水成岩中颗粒的尺寸和形状，这对确定火星过去是否存在水非常重要。

（6）岩石研磨工具（Rock Abrasion Tool，RAT）

具有强大的动力，可以在火星岩石上钻出直径为 45 mm、深为 5 mm 的孔，使岩石露出新鲜的表面，便于科学家进行研究。新鲜的岩石表面不同于裸露在外的岩石表面，它有助于揭示火星岩石的形成和构造；而裸露在外的岩石表面经过侵蚀、宇宙射线的照射和灰尘的覆盖，可能已经产生了化学变化。图 5-15 是 2004 年勇气号在火星岩石上钻出的一个直径 45.5 mm、深 2.65 mm 的圆孔。右边像花一样的图案，由钻孔产生的石屑铺成。

图 5-15　勇气号火星在火星表面岩石上钻出的圆孔[39]

（7）磁铁阵列

勇气号装有三个磁铁阵列用来收集火星气体、灰尘和岩石粉末中的磁性颗粒，供 α 粒子 X 射线光谱仪和穆斯鲍尔光谱仪进行分析研究，确定磁性粒子和非磁性粒子的比例，也可以用来分析经研磨工具粉碎的尘埃和磁性矿物的组成。其中两个阵列安装在车体上，另一个安装在岩石研磨工具上。

5.1.7.4　气囊方式着陆

勇气号和机遇号和以前的火星探路者火星车一样，也采用气囊方式软着陆。在着陆前 8 s，即在离火星 284 m 高度处气囊充气，在着陆前 6 s，反推火箭点火，和火星表面着陆接触时的速度为 14 m/s。但勇气号在着陆后遇到了气囊挡路的难题，在 2004 年 1 月 3 日登陆火星后，逗留了 12 天才从登陆舱平台驶上火星表面。虽然其间行驶的距离只有短短 3 m，却是整个探测使命中最危险的路段之一。原因是一个缓冲气囊挡住了它的原定出路，地面控制人员花了好几天时间才指挥火星车分三步完成了 115°大转身，最终从另外一个斜坡式的踏板驶离了登陆舱。图 5-16 是勇气号着陆过程示意图。

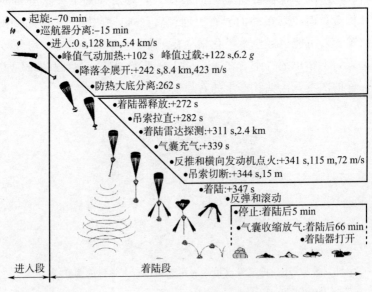

图 5-16　勇气号火星车着陆过程示意图

5.1.7.5　勇气号的主要成果

1）勇气号之所以选择古谢夫撞击坑作为着陆点，是因为根据其地形地貌特点分析，提示其底板有可能为古湖泊所覆盖。但火星车探测发现它的岩石和土壤并非沉积形成，而是富橄榄石玄武岩流的衍生物，这意味着它的源岩浆产生于火幔的很深处，未经历后续的分馏。

2）勇气号在火星哥伦比亚丘陵的抬升区发现，该区岩石具有不同程度的水成蚀变，有许多似乎为蚀变的撞击坑喷溅沉积，其最早历史以撞击事件和大量水为主线。山谷的洪水泛滥把沙子运往该地区，水最终蒸发，这些岩石被抬升起来。

3）勇气号的穆斯鲍尔光谱仪在哥伦比亚山的岩石中探测到铁的氢氧化物——针铁矿，以及铁的硫酸盐。针铁矿只能在有水的条件下才会生成，因此它的发现是该地区岩石中过去有水的的直接证据。另一方面，穆斯鲍尔光谱仪又发现该地区岩石和裸露岩层中橄榄石含量显著减少。橄榄石是缺水的标记物，在有水时它很容易分解。由于水的存在，提高了硫酸盐含量，并降低了橄榄石的含量。

4）穆斯鲍尔光谱仪还揭示该地区土壤中大量铁以三价氧化物的形式存在，这也是那里过去存在水的证据。从微型热辐射光谱仪测得的数据，科学家们发现该处存在大量富含碳酸盐的岩石，这同样也证实了该地区曾经存储过水。从上述矿物的活动，相信过去古谢夫撞击坑可能有一个湖泊。

5）勇气号巡视期间多次拍摄到火星表面的尘暴，大气尘埃由氧化铁组成，颗粒直径小于 40 μm，饱和磁化强度为 2～4 A·m^2/kg，大气的流动作用使尘埃碰撞而产生静电。火星车全景相机附近的捕捉磁铁（0.46 T）和过滤磁铁（0.2 T），以及太阳能板上的扫描磁铁（0.42 T）都收集到黏附的尘埃。岩石研磨机上的 3 块磁铁对土壤和岩石中的磁性粒子进行了分析，测得的磁场强度为 0.28 T、0.10 T 和 0.07 T，表明黏附物含有和土壤类似的磁性成分。

5.1.7.6　机遇号的主要成果

1）机遇号着陆点梅里迪亚尼平原，是当年火星全球勘测者轨道器发现存在大量赤铁矿的地区，因为赤铁矿通常（但不是必然）是在有水的环境中形成的，因此特别适合于早期火星表面液态水的观测。观测过程中机遇号很快就找到了这种岩床，在 20 m 直径撞击坑壁上存在指示沉积作用的交错层理和波纹式样，该区独特的组分标志是出现点缀于岩石表面的富赤铁矿球粒，由于它们嵌于沉积岩内酷似松饼中的蓝莓，故又称为"蓝莓"（见图 5 - 17）。这种赤铁矿结核是富铁流体与氧化性地下水混合的沉淀物。证据表明，火星历史上确实存在富水期，后来强烈的火山活动和表面水的作用生成了这些沉积。

2）梅里迪亚尼平原区域沉积层中矿物分析表明地层中有些物质是水沉积物。火星河网支流形成的冲积扇主要为沉积三角洲地形，常见于撞击坑中，指示过去火星上具有强的湖泊沉积和流体活动作用，水最有可能是形成侵蚀地形的流体。

3）机遇号还在该平原发现岩石上称为"晶洞"的中空凹坑，推断可能是岩晶在后期脱落或溶解留下的空洞。岩石中存在多种盐类和高含量的黄钾铁钒硫矿物，根据 α 粒子 X 射线光谱分析结果，该地区过去曾经是一个酸性盐水海的一部分，水环境中酸性硫酸盐的风化作用形成了上述矿物。

4）机遇号还发现其岩石组成和组织表明，这些岩石不仅曾经完全浸在水中，而且是在流动的水中沉积形成的。机遇号检查了较深层的岩石，它们曾经长期浸在水中，但也有干燥期，因此岩石组织呈现风吹沉积和水沉积层的交替，这些都是火星表面曾经存在水的证据。

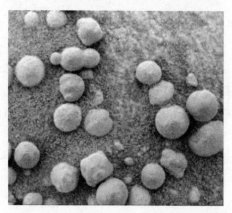

图 5 - 17　机遇号火星车在梅里迪亚尼平原岩层中发现的"蓝莓"[40]

5.1.8　火星勘测轨道器（Mars Reconnaissance Orbiter，MRO)[3,4,48-54]

　　火星勘测轨道器是一个环绕火星轨道执行高精度观测任务的新型探测器，由美国洛克希德·马丁公司研制生产。与以往的火星轨道飞行器相比，其智能化、可靠性和灵敏度更强，于 2005 年 8 月 12日（见图 5 - 18）发射升空。探测器基于气动减速原理而设计，在进入绕火星轨道后，利用火星大气的摩擦阻力作用进行了 5 个月的气动减速，于 2006 年 3 月 11 日进入 300 km 高度、倾角 93°的最终环火星轨道。计划总计耗资 7.2 亿美元，原定于 2010 年结束使命，但它所携带的燃料足够运行到 2014 年。

图 5 - 18　火星勘测轨道器[51]

5.1.8.1　系统组成

（1）结构

探测器高 6.5 m，宽 13.6 m，携带一对面积各为 5.35 m×2.53 m 的太阳能电池翼和直径 3 m 的碟形天线。它的平台、控制系统、探测仪器均是前所未有的顶级产品。探测器总质量 2 180 kg，其中干质量 1 031 kg，推进剂质量 1 149 kg。

探测器大部分结构采用质量轻、强度高的碳纤维复合材料和铝蜂窝夹层板。钛合金推进剂储箱占据了探测器大部分空间，并提供了结构完整性，足以承受火箭发射时 5g 的过载。探测器通过散热器、加热器、隔热毡和特殊涂料进行温控，并能防御微小流星的撞击。

该轨道器在设计中采用了"单故障容错"的理念，如果某一单独部件出现故障，飞船仍然能够完成探测任务。飞船上的所有系统几乎都有冗余备份。

（2）电源系统

探测器电源系统由 2 个太阳电池翼和 2 个镍氢电池组成。其太阳电池翼是空间探测任务所使用过最大的，由 7 488 块高效率三结砷化镓太阳电池片组成，转换率 26%，电池总面积 19 m²，总电压输出 32 V、在轨功率大于 1 kW（在地球轨道时为 3 kW），是所需电源的 2 倍，并能经受 200℃高温；2 个可以不断充电的镍氢电池可储存总量 100 A·h 的电能，用于背阳面轨道时的供电。设计师预期在探测器整个任务期间只需使用电池容量 40% 的电源。

（3）计算机

计算机采用主频 133 MHz 的 32 位 RAD750 处理器，是 Power PC750 或 G3 的防辐射加固型。该计算机初看起来功率不如现代 PC 机大，但非常可靠，具有快速恢复能力，可以在深空太阳耀斑爆发条件下工作。所用操作系统软件为 VxWorks，拥有范围广泛的故障防护协议和监测功能。数据存储采用 20 GB 内存模块，由 700 多个存储单元构成，每个容量 256 Mb。和所需的数据量相比这个存储能力并不是很大，例如一幅 HiRISE 图像就可以达到 28 Gb。

（4）制导、导航与控制系统

采用 16 个太阳敏感器放置在轨道器四周来标定轨道器机架相对于太阳的方向，以确定探测器轨道并便于机动。其中 8 个为主敏感器，另外 8 个为备份。同时还使用 2 个恒星敏感器和数字摄像机（用来拍摄恒星位置）来提供轨道器方位和姿态的三轴信息，用一个微型惯性测量单元（MIMU）和一个备份单元来测量其姿态变化以及线性速率的非导航诱发变化。每个 MIMU 均由 3 个加速度计和 3 个环激光陀螺构成，这些系统对探测器来说十分重要，以使其摄像机指向达到极高精度，拍摄到任务所需的高质量图像，此外还具有防震设计，使拍摄的图像不会失真。

（5）通信系统

火星勘测轨道器的远距离通信系统是迄今送往太空最好的通信系统，采用一个直径 3 m 的大型天线，以 8 GHz 的 X 波段向深空测控网传输数据，并使用更高数据速率的 32 GHz Ka 波段。从火星轨道发出的最高传输速率可达 6 Mb/s，比以前的火星轨道器高 10 倍。探测器携带了 2 个 100 W 的 X 波段放大器（其中之一为备份）、1 个 35 W 的 Ka 波段放大器和 2 个小型深空发射机（SDSTs）。

在紧急情况和特殊事件发生时（如发射阶段和进入火星轨道期间），使用 2 台较低速率的小型低增益天线。这些天线不配备聚焦碟，可以传输和接受来自各个方向的信号。作为重要的备份系统，即使主天线与地球背向时也可确保与探测器始终保持通信联系。

（6）推进和姿控系统

MRO 轨道器使用一个 1 175 L 燃料箱，内装 1 187 kg 肼单元推进剂，由外储箱中的高压氦气输送，70% 用于将轨道器送入火星轨道。整个探测器拥有 20 台火箭推力器，6 台为轨道进入用的大型推力器，各产生 170 N 推力，总计 1 020 N；另 6 台为中型推力器，各产生 22 N 推力，用于轨道修正机动和轨道进入时的姿控；最后 8 台为小型推力器，每台推力 0.9 N，用于正常作业时的姿控。

轨道器还配备了 4 个反作用飞轮，用于需要平台高度稳定的活动期间的精确姿态控制，如拍摄高分辨率图像时即使小的运动都可能导致图像模糊。3 个飞轮各用于一个运动轴，第 4 个为备份。每个飞轮质量 10 kg，以 100 Hz 或 6 000 r/min 的速率转动。

5.1.8.3　科学任务

1）MRO 探测器的主要任务是探测火星上的水，搜索和表征各种类型、具有过去火星上存在水活动线索的岩石和土壤，为寻找可能存在的生命提供数据；

2）搜索火星各个地区的地形地貌，为未来的火星着陆器选择最佳幸存着陆区；

3）为未来发射的火星探测器提供与地球联系的通信中继。

5.1.8.4　科学仪器

MRO 探测器携带了 7 台强大的遥感设备，可进行火星全球普查，也可拍摄重点区域的详细图片，分辨率比以往轨道器获得的最好图像高 6 倍。

（1）高分辨率图像科学实验相机（High Resolution Imaging Science Expriment　Camera，HiRISE）

该相机是一个 0.5 m 反射望远镜，是迄今深空任务携带的最大相机，300km 高度的分辨率达 0.3m，以 3 个彩色波段拍摄：400～600 nm，550～850 nm，800～1 000 nm。

（2）场景相机（Context Camera，CTX）

该相机可以拍摄格雷级图像（500～800 nm），像素分辨率最高达 6 m，用来提供 HiRISE 相机和 CRISM 光谱仪观测的场景图，还用于拼合火星大的地区照片，拍摄关键地区以及今后着陆场的 3 D 立体图。

（3）火星彩色摄像仪（Mars Color Imager，MARCI）

MARCI 是一台较低分辨率广角相机，以 5 个可见光波段和 2 个紫外波段拍摄火星表面，每天以 1～10 km 分辨率拍摄一张全球图，以提供火星每天的气象报告，帮助表征其季节和年度的变化，拍摄水蒸气和臭氧在火星大气中的存在。

（4）袖珍观测摄像光谱仪（Compact Reconnaissance Imaging Spectrometer for Mars，CRISM）

该仪器是一台可见光和近红外光谱仪，用来绘制火星表面矿物的细节图，以 370～3 920 nm 波段工作，测量 544 个通道中的光谱（每个 6.55 nm 宽），300 km 高度的分辨率为 18 m，用来甄别火表过去和现在存在水的矿物和化学象征，包括铁、氧化物、页硅酸盐和碳酸盐。

（5）火星气候探测仪（Mars Climate Sounder，MCS）

MCS 是一台具有 1 个可见光、近红外通道（$0.3～3.0 \mu m$）和 8 个远红外通道（$12～50 \mu m$）的光谱仪，用来测量温度、压强、水蒸气和粉尘含量。将这些测量数据绘制成火星每天的全球气象图，以显示温度、压强、湿度、粉尘密度的基本变化。

（6）浅表雷达（Shallow Subsurface Radar，SHARAD）

用来探测火星极区冰盖的内部结构，还用来获取全球冰层、岩石层以及有可能从火表获取的液态水的信息。该雷达使用 15～25 MHz 的高频无线电波，可以分辨 7 m～1 km 各浅表层的情况，水平分辨率为 0.3～3.0 km。

5.1.8.5　主要成果

2006 年 3 月 23 日 MRO 发回了首批黑白火星照片，此后已经陆续发回 2.6×10^{12} 比特的数据，显示了火星岩层、雪崩、沙丘等情景，表明火星上曾经出现过流体运动，有助于科学家解密火星上的水循环和气候条件的形成。

1）2009 年，测得火星北极冰盖中含有大量水冰，雷达测量确定冰盖中的水冰含量为 821 000 km^3，相当于格陵兰冰原总量的 30%。

2）2009 年 9 月，美国《科学》杂志发表的论文根据 MRO 的勘测数据，确定火星表面新撞击坑中存在冰。该撞击坑于 2008 年 1 月至 9 月间形成，探测器上的 CTX 仪首先发现了坑内有 5 个地方存在冰，继后 CRISM 仪测得的光谱数据确认它们是相对较纯的水冰，这些水冰暴露在大气中后由于升华作用色彩逐渐变淡。

3）探测器的 SHARAD 雷达测量结果表明，在 Cebbrenia 方格区的碎片带含有大量水冰，其地形提示像岩石冰川一样的表面；另一个地区也观测到覆盖有薄碎片层的冰川，底部和表面之间的强反射提示大量纯水。

4）MRO 探测器和以前的探测器都探测到火星上有分布极广的氯化物沉积。证据提示这些沉积是富含水的物质蒸发后形成的。通常情况下，氯化物是在碳酸盐、硫酸盐、硅酸盐沉积完成后最后才沉积的，因此拥有氯化物沉积的地区可能曾经存在过某种生命形式，并保留下古老生命的痕迹。

5）2011 年 8 月，NASA 宣布 MRO 探测器发现在火星表面或表层下存在着可能表明是盐水流动的迹象。

5.1.9　凤凰号极地着陆器（Phoenix）[3,4,55-61]

凤凰号极地着陆器是第一个火星生物实验室级的探测器，由 NASA 喷气推进实验室、洛马公司和亚利桑那大学联合研制，2007年 8 月 4 日发射升空，2008 年 5 月 25 日在火星 68.22°N 极区成功着陆（相当于地球上格陵兰岛），5 月 27 日传回第一份火星气候报告。凤凰号是首个成功着陆于火星北极的着陆器。

凤凰号探测器设计寿命为 3 个月，实际在火星极地工作 5 个多月，整个任务期间，共计向地球传输 2.5×10^{10} 比特的数据。2008 年 10 月 28 日，由于火星北极冬季的来临，太阳光能输入严重不足，探测器运行功率显著下降，工作人员决定关闭 4 个温控加热器使探测器返回安全模式，使用这些加热器的机械臂、热与释出气体分析仪（TEGA）、着陆器火工品装置也相应关闭。同年 11 月 2 日仍能收到它发出的信号，11 月 8 日地面与探测器失去联系。2011 年初，人们曾试图重新激活凤凰号，但几个月的努力均未成功。MRO 探测器在飞越北极上空时拍摄的图像表明，凤凰号着陆器的太阳能电池翼已在冬季冻坏，无法恢复使用。

5.1.9.1　系统组成

凤凰号的主要技术参数见表 5-2，图 5-19 为其分解图。

表 5-2　凤凰号着陆器的相关参数[59]

	直径 2.64 m
	总高 2.2 m（包括桅杆）
着陆器尺寸	太阳翼展开后跨距 5.52 m
	太阳阵跨距 3.6 m
	舱体直径 1.5 m
	机械臂长度 2.35 m
	巡航级 82 kg
发射质量 664 kg	后盖 110 kg
	防热罩 62 kg
	着陆器 410 kg（包括 59 kg 有效载荷，67 kg 推进剂）
能源	太阳能电池与锂离子电池

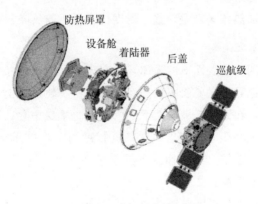

图 5-19　凤凰号分解图[59]

（1）推进系统

包括 20 个单组元推进剂肼推力器，其中 12 台推力均为 302 N，用于着陆火星；另外 8 台推力各为 4.4 N 和 22 N，用于巡航阶段。

（2）电源系统

探测器在地-火转移轨道采用 2 块砷化镓太阳电池翼供电，总面积 3.1 m²，着陆后采用两块安置在着陆器两侧的砷化镓太阳电池翼，每块由 10 个三角形组成，近似圆形，总面积 2.9 m²，采用容量 16 A·h 的一对锂离子电池充电。

（3）指令与数据管理系统

数据管理系统的核心是 VxWorks 的 RAD6000 CPU 基计算机。

（4）通信系统

与运载火箭分离后的初始通信和整个巡航飞行阶段使用 X 波段；在火星进入、减速、着陆和火星表面工作阶段均采用 UHF 波段，包括一个螺旋 UHF 天线与一个单极 UHF 天线。由通过火星上空的各个轨道器（奥德赛、火星勘测轨道器、火星快车）中继与地球的通信。

（5）制导、导航与控制系统

奔火过程用一个星跟踪仪与一对太阳敏感器导航。

（6）热控系统

包括电加热器、调温装置、温度传感器、隔热屏、热控涂层。

5.1.9.2　科学任务

（1）探测火星表面下的水冰，研究火星水的历史

这是凤凰号的主要研究任务。根据奥德赛轨道器上 γ 射线光谱仪的测量数据，在火星北极表面下 50 cm 的土壤层中存在大量的水冰。凤凰号在火星北纬 65°～72°处对其进行勘测，寻找证据证明火星上存在水，通过挖掘火星表面以下的土壤和水冰，利用机械臂分析土壤和水的化学性能。

（2）确定火星极区土壤是否支持生命

研究火星北极的富水土壤中是否有生命存在。因为生命有可能在极其严峻的条件生存，某些细菌孢子可在非常寒冷、干燥甚至是无空气的条件下生存数百年之久，一旦条件允许，它们就被激活。这种微生物群可能存在于火星的极区，每 10 万年中只有很短暂一段

时间内的土壤环境才适合生命。凤凰号深入土壤深处，寻找生命的迹象，探测火星环境的可居住性，利用复杂的化学实验来评估适合生命的土壤成分，如碳元素、氮元素和氢元素。

（3）研究火星极区的气候

人们确信，火星北极表面和表面下的固态水冰与大气中的水蒸气是火星恶劣天气影响的结果。凤凰号的任务之一就是收集火星北极的气象数据，了解火星大气与地面的相互作用，分析 70°N 附近低空大气成分，重点探测水、冰、尘粒、稀有气体和 CO_2，并在大气层下降过程中测量火星大气特性，以便科学家对火星过去的气候精确建模，并预测未来的气候。

（4）为未来载人探火作准备

水是未来载人探火的重要资源，凤凰号可提供如何在火星上获取水的信息。此外，了解土壤的化学性能也可帮助人类在探索火星北部平原时判断是否存在其他资源。

5.1.9.3　科学仪器

凤凰号携带了 59 kg 质量的 7 种有效载荷，其中有些沿用火星极地着陆器的仪器。其着陆器的配置如图 5 - 20 所示。

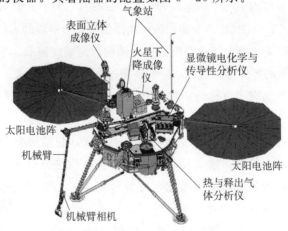

图 5 - 20　凤凰号有效载荷配置图[59]

（1）机械臂和机械臂照相机（RAC）

RAC 是凤凰号完成任务的关键仪器，用以挖取火星表面及表面下的土壤样品，再将样品送至显微镜电化学与传导性分析仪以及热与释出气体分析仪。该机械臂最长可伸展 2.35 m，有 4 个自由度，末端装有锯齿型刀片和波纹状尖锥，用于挖掘火星极区坚硬的冻土表层，最深可挖掘至 1 m，机械臂还可为装在臂上的相机调整指向，并可引导测量热与电传导性的探测器插入土壤中。

所用相机是以前发射的火星极地着陆器的备份产品，安装在机械臂腕关节处，用于拍摄机械臂采集土壤样品的高分辨率图像，可提供近景、全色高清晰图像，包括拍摄火星地表、土壤和水冰样品、放在机械臂凹槽中的土壤样品。相机焦距可在 10 cm 到无穷大之间调节，分辨率为 2 mrad/像元，可用红、绿、蓝 3 种光照射样品。

（2）表面立体成像仪（Surface Stereo Imager，SSI）

SSI 被誉为凤凰号的"眼睛"，在充分继承火星极地着陆器技术的基础上，借鉴了勇气号和机遇号火星车上先进的 CCD 技术。它能拍摄火星极区更高分辨率的立体全景图像。SSI 着陆前用来勘测着陆点处的地质情况，为机械臂挖掘提供作业区地图；着陆后测量着陆点上 2 m 高度内大气中的尘粒和云层，并在蓝、红、近红外等波段拍摄立体图像；并拍摄 12 个谱段的地质图像和 8 个谱段的大气图像；还用来拍摄用于研究大气透明度的太阳图像，测量气溶胶、尘粒和云层特性的天空图像，评估大气中尘粒沉积速率的着陆器图像。

（3）热与释出气体分析仪（Thermal and Evolved Gas Analyzer，TEGA）

TEGA 仪和火星极地着陆器配备的相同，包括微分扫描热量计和质谱仪两个仪器。前者用于对土壤样品进行热分析，后者用于分析土壤加热后释放出的挥发物，可为研究火星土壤和冰的特性提供非常重要的信息。

（4）显微镜电化学与传导性分析仪（Microscopy，Electrochemistry and Conductivity Analyzer，MECA）

MECA 包括 4 台重要的仪器：用以检测土壤元素成分的湿化学实验室、光学显微镜、原子力显微镜、热与电传导性探测器。MECA 可用来确定土壤样品重要的化学特性，如酸性、盐分以及成分，帮助确认其起源和矿物特性。光学显微镜和原子力显微镜均用来给土壤样品拍摄成像。光学显微镜为固定焦距，使用 256 × 512 CCD 阵，分辨率为 4 μm/像元，可用红、绿、蓝和紫外 4 种光照射试样。原子力显微镜用于拍摄 40 μm × 40 μm 的极微小面积，分辨率达亚微米级。热与电传导性探测器用于测量土壤样品的导热性与导电性。

（5）火星下降成像仪（Mars Descent Imager，MARDI）

MARDI 也和火星极地着陆器上的相同，在凤凰号极区下降过程中发挥了十分重要的作用，负责拍摄下降时的火星表面，勘察着陆附近的地质情况，在距离火星表面 8 km 高度即着陆前最后 3 min 时开始工作。相机视场 65.9°，使用柯达 KAI - 1001（1 024 × 1 024）探测组件，像元分辨率 9 μm。

（6）导热和导电探测器（Thermal and Electrical Conductivity Probe，TECP）

用于测量火星土壤温度、相对湿度、导热率、电导率、介电常数，风速，大气温度。

（7）气象站（Meteorological Station）

在凤凰号火星表面工作过程中，每天记录火星北极地区的气候状况。气象站由激光雷达和温度压力测量装置两部分组成。激光雷达固定指向上方，首次用于测量行星边界层，提供边界层中的云、雾和尘粒羽流的深度、位置、结构和光学特性。通过对行星边界层的测量可了解火星表面与大气之间的相互作用，特别是挥发物的交换过程。温度压力测量装置是 MRO 轨道器任务中的类似设备。它有一根长 1 m 的可伸展的杆，顶端装有 3 个 E 型热电偶，测量靠近地表的大气温度；压力传感器装在恒温器内，以保证压力测量精度。

5.1.9.4 支架方式着陆

凤凰号采用典型的支架方式着陆。着陆器有一个由三条腿支持的平台，中心是一个多面体仪器舱，两侧各展开一面正八边形太阳电池阵。舱顶是一个承载仪器的平台，装有各种科学仪器、通信天线和对探测至关重要的机械臂。凤凰号着陆器继承了火星极地着陆器的技术状态，在吸取前者经验和教训的基础上，做了适应性改进。

探测器在到达火星轨道后以受控方式进入火星大气层，通过重心偏置产生一定的升阻比，使用改进的"阿波罗"导引程序来大幅度减少着陆误差，保证着陆点在预定位置 15 km 范围内。在进入火星大气、下降、着陆过程中，着陆前的 7 min 是最令人担忧的，因为在这 7 min 内，需将探测器的速度从 19 000 km/h 下降至 8.8 km/h。凤凰号着陆的过程见图 5 - 21。

图 5 - 21　凤凰号下降及着陆过程[59]

1）着陆前 14 min，凤凰号接近火星大气层，并将装有防热罩的一侧朝向火星，凤凰号与地球的无线电通信将因此陷入 3 min 中断。

2）着陆前 7 min，凤凰号以 19 000 km/h 的速度进入火星大气层。与火星大气的剧烈摩擦使凤凰号逐渐减速，同时使防热罩升温至 1 400 ℃。

3）距离火星地表约 13 km 时，凤凰号速度已经减至 1 600 km/h。紧接着的 3 min 内凤凰号打开降落伞，同时抛弃防热罩，伸展着陆脚，并开始用雷达收集自身速度、离火星表面距离等数据。

4）距离火星表面约 965 m 时，凤凰号速度已减至 200 km/h，开始分离降落伞，12 个反推火箭同时工作。为防止降落伞紧随着陆器降落而将着陆器覆盖，凤凰号采用雷达来感知风向，然后使用推进器将着陆器朝相反的方向推进。

5）此后 40 s 内借助制动火箭的反推力，凤凰号速度减至 8.8 km/h，在火星表面着陆。

6）着陆后 15 min 内，凤凰号将静待周围尘埃落定，然后打开太阳能电池板、升起桅杆，向地球发回拍摄的图像。

在 2008 年 5 月 25 日凤凰号下降的过程中，3 个之前发射、但仍在轨的火星探测器功不可没，即欧空局的火星快车、美国火星勘测轨道器和奥德赛探测器（见图 5 - 22）。火星快车把凤凰号提供的连续实时画面传回位于美国加州的深空网（DSN）地面终端，此外，还在凤凰号进入火星大气层之前用其光谱仪测量火星大气的密度，以便凤凰号可以根据其密度情况调整轨道路线；奥德赛承担了与凤凰号的通信任务，接受凤凰号在下降过程中的超高频传输信号，再用 X 波段传至地面深空网；火星勘测轨道器于 2008 年 2 月 6 日为凤凰号准确着陆火星而调整其运行轨道，于 4 月再次进行了轨道调整，并在凤凰号着陆时，协助记录凤凰号的通信情况，5 月 25 日，火星勘测轨道器传回了凤凰号着陆时的照片，5 月 27 日地面指挥部通过火星勘测轨道器发送 X 波段的指令，要求凤凰号的机械臂做首个动作。

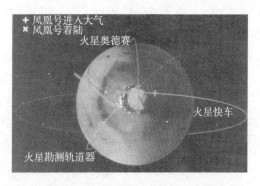

图 5-22　配合凤凰号着陆的探测器

5.1.9.5　主要成果

1) 2008 年 6 月 19 日 NASA 宣布：第 20 个火星日凤凰号用机械臂在火星表面开挖的沟渠中拍摄到了若干骰子大小的光亮材料，但在第 24 个火星日时，这些光亮材料已经消失。这个现象提示光亮材料是由水冰组成的，由于数日暴露于大气中而升华消失。它们不可能是 CO_2 干冰，因为干冰升华速率要快得多。

2) 2008 年 6 月 24 日，凤凰号探测器开始对机械臂铲取的土壤样品进行湿化学试验，结果表明火星土壤中存在可以作为生命营养物的少量盐分，土壤呈弱碱性，pH 值 8～9，其中存在 Mg，Na，K，Ca 和氯化物离子，这是一种对微生物生存有利的环境。

3) 2008 年 7 月 31 日 NASA 宣布在火星表面挖掘的土壤样本分析过程中，在加热到 0℃ 时其 TEGA 质谱仪就可探测到样本释放出一定量的水分子和 CO_2。因为在这样低的压强下火星表面是不可能存在液态水的，因此可以肯定火星上存在水冰，确认了 2002 年奥德赛轨道器预示的结论。

4) 探测器还在火星土壤中发现高氯酸盐，这种物质在某些条件下会抑制生命，但却可以帮助某些微生物，通过厌氧菌还原从中获取能量。此外，高氯酸盐还可以作为载人登火用氧和火箭推进剂氧化剂的来源之一。

5）探测器还发现从火星的卷云中降雪的现象。这可以看作火星气象研究的一个里程碑。这种卷云在 −65℃ 的大气层中形成，可以肯定这种降雪是由水冰构成的，因为在火星极低的压强下，CO_2 干冰形成的温度要低得多，必须低于 −120℃。

5.1.10　火星科学实验室（Mars Science Laboratory, MSL）[3,4,62-66]

火星科学实验室是 NASA 最先进的机器人火星车，用于在火星表面采集岩石、土壤和空气样品进行各种类型的科学实验，是迄今第一个真正意义的、功能最齐备的火星科学实验室。MSL 火星车起名为好奇号（Curiosity），是通过全美学生普选最后由华裔六年级女学生马天琪命名的。MSL 探测器于 2011 年 11 月 26 日在美国卡纳维拉尔角空军基地用宇宙神 V541 型火箭发射升空，在太空中飞行 8.5 个月后，于 2012 年 8 月 6 日登陆火星赤道附近的盖尔撞击坑（Gale Crater）。计划在火星表面工作 1 个火星年（约 2 个地球年），任务是按照 NASA "跟着水走"的战略，寻找过去和现有的生命迹象，研究火星气候和地质，并为未来的载人探火任务收集数据。整个工程由喷气推进实验室（JPL）管理，耗资 25 亿美元，是历史上最昂贵的火星探测任务。

MSL 探测器总质量 3 839 kg，其中火星车质量 899 kg，巡航级及其推进剂 539 kg，进入、下降和着陆系统 2 401 kg（包括着陆用推进剂 390 kg）。

5.1.10.1　科学任务

探测目标包括：

1）确定火星表面的矿物学组成和浅表地质；

2）试图探测生命的化学基础材料（生物特征）；

3）解释岩石和土壤形成及变化的过程；

4）评定漫长历史以来（如 40 亿年）火星大气的演变过程；

5）确定水和 CO_2 的现状、分布和循环；

6）表征表面广谱辐射，包括银河辐射、宇宙辐射、太阳质子事件和次级中子。

5.1.10.2　好奇号火星车

（1）结构系统

好奇号火星车长 3 m，总质量 899 kg，尺寸和一台宝马 Mini Cooper 汽车相仿，携带的科研仪器质量达 80 kg，其尺寸是勇气号、机遇号火星车（长 1.5 m）的 6 倍，质量是它们（174 kg）的 3 倍，携带仪器是其（6.8 kg）的 12 倍。该火星车可以翻越火星表面近 75 cm 高的障碍，自动导航下最大行驶速度是 90 m/h，平均行驶速度可达到 30 m/h，行驶速度取决于火星车功率水平、地形难度、滑动量和能见度。在 2 年时间内预期可以行驶 19 km。

（2）电源系统

好奇号采用多任务同位素温差电池（MMRTG）为电源，通过 ^{238} 钚自然衰变释放的能量来发电，无论是白天黑夜还是春夏秋冬，均可以为火星车及科研仪器提供稳定的电能。电源系统配备的 ^{238} 钚质量 14.8 kg，提供的初始功率 2 000 W，可转换的电量为 125 W，最低寿命 14 年，工作期间其输出功率逐渐降低到 100 W。由于火星表面温度极低，好奇号登陆区域的环境温度范围是 $-127 \sim +30℃$，所以可利用发电时产生大量的余热，通过热管传到火星车加热系统，使车上对低温敏感的仪器保持在最佳的工作温度。

（3）计算机系统

火星车载有 2 台相同的计算机，其中一台为主机的备份。计算机 CPU 为 RAD750 型，存储系统进行了辐射加固，防止极端太空辐射环境的伤害。计算机不间断地进行自检测，以保持正常运转，根据导航惯性测量系统和 2 台摄像仪提供的三轴位置信息进行导航。

（4）移动系统

好奇号和勇气号/机遇号火星车一样，采用的是六轮摇臂转向架式悬挂结构，六轮驱动，四轮转向，所不同的是尺寸要大得多，而且其悬架系统还用于着陆时的减震。每个车轮上的花纹除用于提供行驶摩擦力外，还通过摄像机拍摄到的在火星表面留下的车轮轨迹作行驶距离的评判。

5.1.10.3　科学仪器

　　为了在火星表面完成大量的科学研究，好奇号火星车载有 10 台科研仪器，其数量和精度都是前所未有的。它们在下降过程中便展开，着陆后要在火星表面运行 1 个火星年，在比以往探测计划广阔得多的区域进行探测。好奇号要在岩石和土壤中钻取数十个样品，以研究有可能支持过去和现在使微生物存在的有机化合物和环境条件。图 5 - 23 是好奇号火星车主要结构及其车载科研仪器。

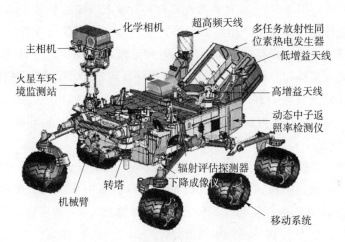

图 5 - 23　好奇号火星车及其车载科研仪器[64]

　　（1）主照相机（MastCam）

　　好奇号配备了 2 台主照相机，提供 1 600×1 200 像素、最快速度每秒 10 帧的硬件压缩的 720 p 高清晰度图像。其中一台为中角相机（MAC），34 mm 焦距，15°视野。另一台窄角相机（NAC），100 mm 焦距，5.1°视野。

　　（2）机械臂照相机（Mars Hand Lense Imager，MAHLI）

　　MAHLI 安装在火星车机械臂上，和凤凰号探测器一样，可以灵活运用，拍摄火星岩石和土壤采样的高分辨率全色图像，但功能更强，1 600×1 200 像素，每个像素分辨率 14.5 μm，焦距 18.3～

21.3 mm，视野 33.8°～38.5°。

（3）下降过程成像仪（MSL Mars Descent Imager，MARDI）

在探测器下降过程中，从距离火星表面 3.7 km 起，到 5 m 高度为止，MARDI 在 2 min 时间内以 5 帧/s 的速率拍摄火星表面图像（1 600×1 200 像素），曝光时间 1.3 ms，以拍摄周围的地形和着陆区。

（4）化学相机（ChemCam）

化学相机由 1 台激光诱发分解光谱仪（Laser-induced Breakdown Spectroscopy，LIBS）和 1 台遥感微型摄像仪组成。LIBS 在 7 m 距离外用 1 067 nm 红外激光器向岩石或土壤样品发射 5 ns 激光束，使样品少量蒸发产生等离子体，然后用微型摄像仪观察其发出的光谱，来确定样品的成分。激光射程足以帮助科学家们确定下一个近距离采样和分析目标。这套仪器价格高达 1 000 万美元，约占总探测计划经费的 1/200。

（5）α 粒子 X 射线光谱仪（Alpha-Particle X-ray Spectrometer，APXS）

该仪器曾用于勇气号和机遇号火星车，用 α 粒子诱发 X 射线进行探测，然后拍摄该光谱，以确定岩石和土壤中化学元素的丰度，能够在 10 min 内探测到岩石和土壤中含量低至 1.5% 的组分，3 h 内探测到含量为 1/10 000 量级的组分。

（6）化学矿物学 X 射线衍射和荧光仪（Chemistry and Mineralogy X-ray Diffraction and X-ray Fluorescene，ChemMin）

由火星车表面采样后送入转轮上的样品盒中进行 X 射线衍射分析，所有矿物都呈现出特征图谱，从而通过分析得出其矿物结构。

（7）火星样品分析装置（Sample Analysis at Mars，SAM）

该装置由 3 台仪器组成，灵敏度极高，可以检测到火星表面样品中含量低至十亿分之一的有机物质，而且识别范围很广。四极质谱仪（QMS），用以检测来自大气中气体样品或固体样品加热后释放出的气体；气相色谱仪（GC），用于将复杂的混合物分离成分子组分进行检测；可调激光光谱仪（TLC），用以精确地测定 CO_2 中氧和碳同位素的比例，以及火星大气中甲烷（CH_4）的含量，以便分辨其地质化学起源和生物起源。

（8）辐射评估探测器（Radiation Assessment Detector，RAD）

用于检测奔向火星途中以及在火星表面工作期间航天器舱内的广谱辐射环境，主要用于确定未来的载人探火任务中航天员生存能力和防护要求。

（9）动态中子返照率检测仪（Dynamic Albedo Neutrons，DAN）

通过检测目标发射出中子时与氢原子核相互作用发出的能量，来确定火星表面是否存在氢、冰或水。

（10）火星车环境检测站（Rover Environmental Monitoring Station，REMS）

用于检测火星表面的大气压强、湿度、气流和方向、空气和表面温度、紫外辐射。

5.1.10.4　着陆方式

好奇号火星车的着陆方式和以前的勇气号和机遇号采用的气囊缓冲方式不同，在着陆过程的最后阶段，它使用的是一种称为"空中吊车"的新型着陆方式，以提高探测器的着陆点精度，将着陆点控制在一个 20 km×7 km 椭圆范围内，显著优于当年的勇气号和机遇号的 150 km×20 km 椭圆范围。

好奇号的火星着陆过程分为 4 个阶段。

（1）制导进入段

在奔向火星途中，好奇号一直被折叠地包裹在一个外壳内以保护其不受损害，该外壳采用一个和凤凰号着陆器相同的碳/酚醛复合材料烧蚀防热罩，但尺寸要大得多，直径达 4.5 m，是迄今最大的太空用防热罩。在通过火星大气层时可以将探测器飞行速度减速 90%，即从进入开始时的 6.0 km/s 降到 0.6 km/s，该过程中使用与阿波罗登月飞船类似的制导软件来降低着陆误差。然后在 10 km 高度、下降速度约为 470 m/s 时抛去防热罩，打开降落伞。

（2）降落伞下降段

好奇号使用的降落伞直径达 19.7 m，悬挂束长 50 m，可以在 $Ma=2.2$ 速度下打开，最大可以产生 289 kN 的下降阻力。在 3.7 km 高度时，位于火星车底部的照相机在 2 min 内，以每秒 5 帧的速率拍摄 1 600×1 200 像素图像，以保证火星车成功着陆。

（3）动力下降段

好奇号经过降落伞减速后在 1.4 km 高度时的下降速度仍有 80 m/s，此时将包裹火星车和下降级的外壳分离，火星车从原先的收拢状态转变为下降着陆状态。下降级是一个位于火星车上方的平台，平台上伸出臂装有 8 个进一步减速用的单组元肼推进剂火箭推力器，称为火星着陆器发动机（Mars Lander Engine，MLE），每台推力 400～3 100 N。制动发动机启动后，将下降速度降到 0.75 m/s。

（4）空中吊车段

空中吊车（Skylift）是一项首次使用的新技术，火星车位于下降级下方 7.5 m 处，采用 3 股悬挂尼龙吊束和 1 条传输电信号的脐带电缆，其方式有点像用直升机吊装货物（图 5-24）。空中吊车在离火星表面 20 m 时释放出尼龙绳，吊着火星车下降，同时其中的 4 台发动机熄火，剩下 4 台发动机继续工作。在火星车接触火星表面后需等待 2 s，确认已到达固体地面后，启动火工品装置切割吊束和电缆，使之与火星车分离，下降级迅速飞走后坠落在火星表面，火星车即可开始自由地在火星上行驶。

图 5-24　空中吊车和火星车[66]

5.2　俄罗斯和中国的新型火星探测器

5.2.1　火星－8（Mars－8）[2,3,67-70]

火星-8 探测器，又称火星-96，由俄罗斯拉沃奇金科研生产联合体研制。除俄罗斯外，还有美、英、法、德等 20 个国家参加，是当时世界已发射的质量最大也是任务最多的行星探测器。

5.2.1.1　系统组成

火星-8 探测器（见图 5-25）包括一颗对火星进行长期考察的轨道器、两个火星着陆器、两个穿透探测器。探测器质量达 6.18 t，其中携带的 20 多件科学仪器质量 1 t 多，要围绕火星飞行至少 1 年；两个可穿透火星地表的穿透器各携带 10 台探测仪器，用来收集火星岩层化学成分及含水量等数据；两个着陆器各携带 7 台探测仪，降落火星表面后，研究火星气候、表面元素构成、磁场和地震情况。

(a)轨道器

(b)着陆器

图 5-25　火星-8[69]

探测器原计划沿霍曼Ⅱ型轨道在太阳系中飞行，同Ⅰ型轨道比要用较长的时间，但由于在火星登陆时只需要较小的制动速度，因而可携带较少的推进剂，使探测器可以配备更多的有效载荷。与此相反，在同一个窗口发射的美国火星探路者由于沿霍曼Ⅰ型轨道飞行，虽然比火星-8晚几个星期发射，但可以比火星-8探测器早两个半月到达火星。

火星-8在1996年11月16日发射升空并进入停泊轨道，非常可惜的是火箭第4级发动机二次点火仅仅4 s后燃烧就终止了，最后坠落在智利近海。由于故障发生时飞行器已不在俄罗斯地面站的监控范围内，而在南大西洋又没有他们的跟踪船只，未能直接监控到发动机最后的燃烧情况，缺乏这个关键时段的遥测数据，评审组无法得出火星-8坠毁的确切原因，但多数观点认为是第4级发动机二次点火故障造成的。

5.2.1.2 科学任务

火星-8是一项雄心勃勃的国际性火星考察计划，主要目的是探测火星表面的地形地貌、矿物和元素组成；研究火星的气候和表面温度、气压、气溶胶和大气成分随时间的变化；研究火星的内部结构和火星周围的等离子环境特性。

此外，在探测器飞向火星的10个月飞行期间，原定还要进行太阳和恒星天文学观测，研究星际介质中的许多粒子、波和场。两台光谱仪监测太阳耀斑和宇宙γ射线爆发产生的辐射，通过长基线三角测量可以将γ射线爆发方位准确定位在10弧秒之内。探测器上的EVRIS光度计每次将瞄准4级星达3～4周，以便监测周期为1～10 min的恒星亮度变动。这是火星-8原定计划中很重要的一项任务，由于飞往火星的旅程时间很长，EVRIS光度计有机会瞄准10～20个不同的天体。

在奔火航行中其他科学研究还包括用紫外光谱仪观测星际介质的中性成分，采用几种等离子体物理学仪器监测地球和火星之间的空间粒子和场。探测器携带了一套辐射和微陨星监测仪器，研究宇

宙射线和太阳 X 射线爆发等因素对于载人火星飞行产生的危害。美
国提供的等效组织正比计数器，用来精确测量地球与火星之间的宇
宙射线，以便搞清进行载人飞行时需要的防护。

　　着陆器在进入火星上层大气时，原定要用 1.2 m 直径的气动外
形来降低下降速度，然后用降落伞减速，在这期间，下降段仪器进
行加速度、压力、温度测定，照相机也将拍摄图像，图像分辨率随
着离火星表面的距离减小由 20 m 提高到 10 mm。着陆器将存储器中
的数据发送给火星-8 轨道器，每星期一次。

　　穿透器由彼此分离的前、后两段构成，段间用电缆连接。原定
用于测定与火星表面撞击时产生的地震波和温度，评估可能发生的火
星地震。着陆后，装有科学仪器的前段插入火星表面下约 5～6 m，而
后段仍留在表面上。

5.2.1.3　深刻的教训

　　火星-8 事故的教训非常深刻，其中之一是把大量观测任务集中
在一个探测器中，上面集中了美、欧等 8 个国家的大量先进探测仪
器，俄罗斯希冀通过它的发射来振奋对火星探测的信心，但结果却
产生了截然不同的效应。就象许多鸡蛋放在一个篮子里，一下子统
统砸碎了。另一个教训是重要的环节要有得当的保障措施，一些重
要的发射环节应当跟踪，在危险的环节必须预先准备应急计划，由
于没有这样的措施，一旦出现问题就不知所措了。

5.2.2　福布斯-土壤探测器（Phobos - Grunt）[2,6,67-70]

　　福布斯-土壤是近十多年来俄罗斯唯一的火星探测计划，根据
1999 年俄罗斯航天局提出的立项建议，主要使命是在火星的卫星
——火卫一上着陆采集土壤样品并返回地球进行分析。2007 年根据
中俄两国联合探测火星-火卫一合作的建议，决定由该探测器搭载中
国研制的萤火一号火星探测器一同发射飞往火星。此外该探测器还
搭载了美国一个尺寸极小的"微生物行星际飞行生存能力实验装
置"。

　　2011 年 11 月 9 日，搭载了中国萤火一号的福布斯-土壤由天顶-2SB 火箭发射升空，星箭分离后探测器进入停泊轨道，但在进行第一次变轨进入椭圆轨道的过程中，由于计算机系统出现故障，探测器未能建立惯性姿态作出变轨动作，导致上面级发动机未能点火，探测器变轨失败最后坠毁在太平洋，探测任务失败。

5.2.2.1　系统组成

　　搭载萤火一号的探测器是在原来福布斯-土壤基础上改建而成的，主要是在着陆系统和推进系统之间采用连接框架代替了原来的隔框，萤火一号就放置在该框架中；其二是在推进系统底部增添了可脱落环形贮箱，以增加推进剂储量。图 5-26 是含萤火一号的福布斯-土壤探测器的巡航段构型和组成。表 5-3 是其性能指标和质量分布。

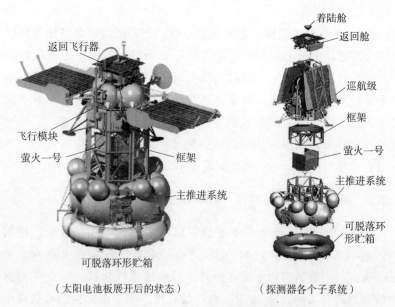

（太阳电池板展开后的状态）　　　　（探测器各个子系统）

图 5-26　福布斯-土壤探测器构型[69]

表 5 - 3　福布斯-土壤探测器性能指标和质量分布

技术参数	数值
探测器质量	13 500 kg
主推进器（含推进剂）	11 375 kg
飞行模块（含推进剂）	1 560 kg
返回飞行器（含推进剂）	285 kg
返回舱	11 kg
萤火一号	115 kg
通信链路频段范围	
飞行模块	X 波段
返回飞行器	X 波段
最远距离信号传输速率	
飞行模块	4 bit/s，16 kbit/s
返回飞行器	8 bit/s
太阳能电池阵面积	
飞行模块	10 m^2
返回飞行器	1.64 m^2

5.2.2.2　科学任务

1）福布斯-土壤的主要探测目标是飞临火星后在其卫星火卫一上着陆，采集 100 g 太阳系最原始残留物土壤样品后升空返回地球，进行深入的理化分析。根据分析结果，使科学家有可能解决如下问题：

· 火卫一绝对年代测定、形成的时间间隔长度和随后的演化；

· 原始物质及其火星成分的精确识别和确定；

· 火卫一和火卫二的起源及它们与火星的相互关系；

· 有机物及生命特征搜寻。

50 多年来人类对火星的 40 多次探测已经极大地丰富了对火星的了解，但许多科学问题的研究需要通过火星上物质的精确测定和分析后才能实现，因此着陆采样和返回是火星探测必不可少的重要阶段。然而这项探测任务难度极大，而在火卫一上采样和返回则相对简单，比较容易实现，因此俄罗斯的计划仍然具有极大的创新意义和科学价值，得到了科学界的关注和期待。

2）现场观测、研究火卫一表面，提供一套真实的表面结构数据，主要包括化学元素和矿物学成分，易挥发物含量，表层土壤显微结构、物理和力学特性等。

3）在准同步轨道遥感探测火卫一，提供表面和内部结构数据，主要包括全局地质、尺寸、现状、质量、体积、颜色、反射率、散射，全局化学元素和矿物组分组成，以及着陆点等。

5.2.2.3　科学仪器

（1）导航与采样仪器

· 2 种电视摄像系统，视场（0.85×0.85）mm 和（23.2×23.2）mm，光谱范围 0.4～1.0 m；

· 采样机械臂系统，长 1.0 m，精度±5 mm，可挖掘 12.7 mm 直径的岩石、总量 85～100 g 的土壤。

（2）表层土壤成分和内部结构探测仪器

· 全景相机（PanCam）；

· 气相色谱仪；

· 穆斯鲍尔光谱仪（Mossbauer）；

· γ 射线光谱仪；

· 中子光谱仪；

· 激光飞行时间质谱仪（LASMA）和二次离子质谱仪（MANAGA-F）；

· 热红外多光谱测绘仪（TIMM）和傅里叶频谱仪（AOST）；

· 测温仪，长波行星雷达（DPD）；

· 地震仪。

（3）火星环境研究仪器

· 等离子体波系统（FPMS），包括行星际离子频谱仪、高能离子频谱仪，磁场传感器。用于研究太阳风和火卫一的等离子体相互作用；

　　·微流星体探测仪，用于研究微流星体质量和速度；

　　·尘埃离子探测仪，用于记录火星尘埃带的粒子。

　　（4）天体力学实验设备

　　·暗相机和星敏感器，用于研究火卫一的固有和受迫天平动；

　　·超稳定振荡器，研究火星与火卫一轨道参数、火卫一内部质量分布等。

5.2.2.4　飞行轨道

　　搭载萤火一号的福布斯-土壤探测器原定飞行轨道见图 5 - 27。

　　·运载火箭发射，进入绕地停泊轨道；

　　·主推进系统点火，从停泊轨道进入过渡轨道，可脱落环形贮箱分离；

　　·主推进系统二次点火，从过渡轨道进入地-火转移轨道（巡航段）；

　　·火星气象站在巡航段期间与探测器分离，飞向火星表面着陆；

　　·探测器在巡航段进行 3 次轨道修正；

　　·探测器减速，从地-火转移轨道进入周期为 3 天的椭圆中间轨道；

　　·萤火一号在中间轨道与主推进系统及福布斯-土壤探测器分离；

　　·萤火一号在该椭圆轨道运行，太阳电池翼展开，开始火星探测任务；

　　·福布斯-土壤的着陆系统启动，探测器减速，从中间轨道进入圆形观测轨道；

　　·福布斯-土壤探测器进入准同步轨道，然后在火卫一表面着陆，进行土壤采集；

　　·返回飞行器分离并从火卫一表面起飞，经 2 次轨道机动进入环绕火星的停泊轨道；

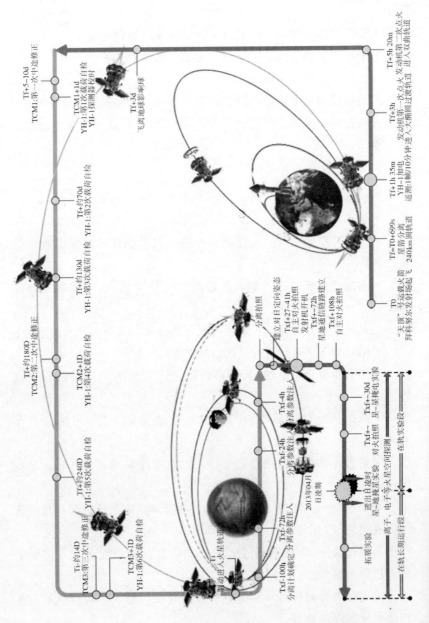

图 5-27 搭载萤火一号的福布斯-土壤探测器原定飞行轨道[70]

·返回飞行器加速，进入向地球飞行的火-地转移轨道，在该轨道进行多次轨道修正；

·到达地球轨道；着陆舱（回收容器）分离，进入地球大气层着陆。

5.2.3　萤火一号轨道探测器（YH-1）[71-75]

萤火一号是我国第一颗火星探测器，由上海航天技术研究院抓总研制生产。根据中俄双方签署的协议，萤火一号搭载俄方的福布斯-土壤探测器飞往火星，进入环绕火星的大椭圆轨道后与福布斯-土壤分离，萤火一号将在该轨道上自主地完成对火星高层大气和空间环境的探测，并与福布斯-土壤联合完成对火星环境的掩星探测，为全面了解火星空间环境和火星大气层逃逸机制作出贡献。尽管由于俄方计算机系统出现故障导致上面级发动机未能点火，而使整个探测器未能进入地-火转移轨道，但就萤火一号轨道器本身而言，研制工作是十分成功的，除未配备轨控系统外，萤火一号与其他作环绕火星探测的轨道器基本相同，因此该轨道器的成功研制在我国行星探测器技术领域取得了重大突破，实现了深空探测器的集成化、轻型化、小型化，为我国深空技术的自主开发奠定了良好的基础。

5.2.3.1　系统组成

萤火一号探测器在近火点 400～1 000 km、远火点 74 000～80 000 km 的火星大椭圆轨道运行，总质量小于 115 kg，工作寿命 1 年。探测器本体尺寸 750 mm×750 mm×620 mm，太阳电池阵展开后达 6.85 m，如图 5-28 所示。

探测器轨道确定通过 VLBI（甚长基线干涉测量网）测轨获取空间位置参数；数传采用直接对地球通信，高增益数传天线最大直径 950 mm。星体内部主要安装有效载荷、电源、姿控、测控数传、综合电子等分系统，星体外部安装有效载荷传感器、姿态敏感器、推力器、超短波天线、数传天线等部件。

探测器由星上计算机实现整个数据管理和运行。为了满足有效

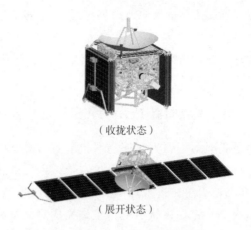

（收拢状态）

（展开状态）

图 5-28　萤火一号探测器构型[74]

载荷工作和深空通信对姿控的要求，探测器正常运行期间采用星敏感器加惯性基准进行姿态测量，由 4 个反作用飞轮组成零动量控制方式，实现对太阳、地球、火星，及福布斯-土壤探测器定向的三轴稳定姿态控制。

电源系统采用全调节母线控制，双翼三结砷化镓太阳能电池；热控系统采用被动式热控为主、主动式热控为辅的方式。

5.2.3.2　科学任务

1）探测火星空间磁场、电离层、粒子分布和变化规律，包括空间磁场分布、结构及随太阳风变化的特性，火星弓激波、磁鞘、磁场堆积区、电离层粒子分布及对太阳风扰动的相应过程；

2）探测火星大气层离子逃逸率，探索太阳风与火星大气相互作用对火星水体损失的影响；

3）探测火星地形和地貌，获取中国第一批火星形貌和火星沙尘暴的观测数据，研究火星不对称地貌形成和演化的驱动机制、火星沙尘暴的起因及对电离层和空间环境的影响等；

4）萤火一号从近火星赤道上空的轨道探测火星引力场，与国外不同轨道探测数据进行比较，提高重力场探测精度。

5）与福布斯-土壤协同，并利用自身的下行信道进行火星掩星探测，研究火星电离层特性、产生机制以及空间环境。

5.2.3.3　科学仪器

萤火一号探测器的科学仪器共四类 8 台，包括离子分析器 Ⅰ、离子分析器 Ⅱ、电子分析器、掩星接收机、磁强计 A/B 和光学成像仪 Ⅰ、Ⅱ。

（1）等离子探测包

由离子分析器 Ⅰ/Ⅱ、电子分析器、电子学箱共四部分组成。2 台离子分析器用来探测离子能量、角度和成分，放置在舱外；电子分析器探测电子能量和角度，安装在舱内。

（2）掩星接收机

由掩星接收天线和电子学箱组成。以俄罗斯福布斯-土壤探测器的甚高频信标信号作为掩星探测的无线电源，由萤火一号接收和记录下被火星电离层遮掩信号的幅度和载波相位。

（3）磁通门磁强计

由探头 A、探头 B 和电子学箱组成。

（4）光学成像仪

多种工作模式拍摄双星分离及火星表面的图像。

2 台光学成像仪有效像素均大于 400 万，系统信噪比大于 30 dB。距离火星 10 000 km 时火星基本充满整个视场，近火点时像元分辨率优于 0.5 km。

5.2.3.4　主要工程成果

（1）超远距离测控通信技术

火星与地球相距约 4 亿 km 时，信号衰减达 280 dB，因此萤火一号必须克服巨大的信号衰减、传输延迟和多普勒频移。地面站要以 X 波段工作，配备具有发射上行大功率信号和接受下行微弱信号能力的大口径天线；星上接收机要有极高灵敏度，优于设计要求。通过攻关，星上接收机实际灵敏度已达 −150 dBm；通过残留波解决了测轨问题，而不影响正常测控及数传。这项技术促进了我国深空站的建设。

（2）长火影期超低温适应与休眠唤醒技术

萤火一号运行时要经历长达 8.8 h 的火星阴影段，外部的太阳板和磁强计探头温度将降到 −180℃，内部的部分设备将降到 −60℃。进入长火影段时，其测控数据传输和载荷单机将关闭休眠，经历超低温后再通电加热将其唤醒。研制工作中已经初步解决了深空探测器深冷环境适应性技术，太阳角计、磁强计探头、天线、电缆、热控多层、结构蜂窝板等能够适应深低温储存环境。

（3）自主姿态确定和控制技术

由于轨道器接收地面站遥控指令的时间极长，其太阳板对日定向、天线对地定向、相机对火星定向，以及掩星探测时对福布斯-土壤定向的三轴稳定模式之间的切换，均采用自主姿态确定与控制技术。

萤火一号研制中，控制系统已实现了从星星分离至稳态飞轮粗对日的自主建立、单机自主故障诊断与切换；实现各个定向目标之间的姿态机动；验证了姿控在没有地面上行支持下，进入火影后可自主进行惯性保持，出火影后帆板仍然基本对日，验证了控制方案的正确性；实现了平台电源自主管理，火影自主预测和自主控制，整星安全控制和应急状态下整星自主管理。

（4）剩磁控制技术

探测器剩磁需小于 0.5 A·m²，磁探头应远离探测器舱体，以减弱剩磁对高灵敏度磁强计的干扰。

5.3　日本和欧空局的新型火星探测器

5.3.1　希望号（Nozomi）[3,4,76−77]

1998 年 7 月 3 日，日本发射了第一个火星探测器希望号

（Hope，日文名 Nozomi，见图 5 - 29），又名行星-B（Planet - B）。它的发射使日本成为继美、苏之后第 3 个能研制行星探测器的国家。该探测器的飞行方式是先飞经月球轨道，然后借助地球引力飞向火星。但计划在执行过程中困难重重，2003 年 12 月日本航天机构宣布这次火星探测失败。

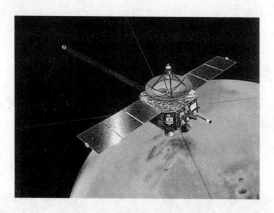

图 5 - 29　希望号火星探测器[77]

希望号的主要任务是研究火星上层大气和太阳风的相互作用，同时还计划观测火星磁场，遥感探测火星表面及其卫星，为今后的探测工作做准备。探测器质量 540 kg，包括 282 kg 推进剂，尺寸为 1.6 m×1.6 m×0.58 m，太阳能电池翼长 6.22 m，天线长 52 m，探测器携带了磁场测量仪等 14 种探测仪器。

希望号探测器于 1998 年 7 月 4 日在种子岛发射场用 M - 5 火箭发射升空，进入 340 km×400 000 km 椭圆停泊轨道，先后在 1998 年 9 月 24 日和 12 月 18 日两次飞越月球，试图借助月球引力提升其远地点高度；然后在 12 月 20 日通过地球借力飞行，使探测器进入到地-火转移轨道。但是由于绕地飞越时阀门出现故障，导致推进剂损失，最终未达到所需的加速度，未能进入既定轨道。12 月 21 日希望号进行了两次轨道修正，又用了不少推进剂，因此面临燃料短缺的问题。

为此日本宇航局采取了新的措施，打算用 4 年时间分别在 2002
年 12 月和 2003 年 6 月再次两度进行地球借力飞行，使希望号能以
较低速度进入火星轨道。不幸的是在绕地球借力飞行期间，强烈的
太阳耀斑使星上通信和电子系统损坏，用来控制姿控系统的电池发
生短路。2003 年 12 月 9 日飞行器定向努力失败，因此无法再点燃主
发动机。这个在太空飞行了 5 年的探测器在 2003 年 12 月 14 日飞越
火星，进入了一个大约 2 年周期的绕太阳轨道。

5.3.2　火星快车（Mars Express）[3,4,78-81]

火星快车（Mars Express）是 ESA 研制的第 1 颗火星探测器
（见图 5-30），2003 年 6 月 2 日用俄罗斯联盟-Fregat 运载火箭发射
升空，同年 12 月 25 日进入环火星轨道，并于次年 1 月 28 日成功到
达 258 km×11 560 km、倾角 86°、周期 7.5 h 的测绘轨道。

图 5-30　火星快车[80]

火星快车由 1 个方形轨道器和 1 个猎兔犬-2（Beagle-2）着陆
器组成。轨道器主体尺寸 1.5 m×1.8 m×1.4 m，设计寿命为 2 年，
两侧各伸出一个太阳电池翼，猎兔犬-2 寿命为 2 个月。火星快车总

质量 1 223 kg，其中平台 439 kg，着陆器 71 kg，科学仪器 116 kg，推进剂 427 kg。平台采用铝合金蒙皮和铝蜂窝夹层结构，太阳能电池翼翼展 12 m，有 2 个长度各为 20 m 的双标天线。

2003 年 12 月 19 日（到达火星前 6 天），猎兔犬-2 与火星快车分离，12 月 25 日轨道器成功入轨，进行了一系列卓有成效的火星观测，开展了多项试验，发回了大量有价值的数据，基本认定了火星南极极冠区有水冰存在。其中的个别仪器，如地表下探测雷达和高度计（MARSIS），是在 2004 年 4 月天线展开之后开始工作的。该轨道器至今仍在健康地运行。

但火星快车携带的着陆器的结果则令人失望，在与轨道器分离后原计划先通过大气层阻力减速，然后打开降落伞进一步减速，最后用气囊方式着陆。然而由于错误地预估了火星大气密度，对大气减速造成致命影响，降落伞未及时打开，使猎兔犬-2 着陆器以过大的速度撞击火星表面而告失败，失去了和探测器以及地球射电望远镜的联系。因此火星快车整个任务被认为只取得部分成功。

5.3.2.1　系统组成

（1）推进系统

火星快车探测器上推进系统的主要功能是在到达火星轨道时实施减速，使探测器进入环绕火星轨道，另一个功能是进行轨道修正。主推进系统采用一台 400 N 双组元推进剂发动机，2 个 267 L 推进剂贮箱，用来自 35 L 贮箱的高压氦气增压输送；轨道修正采用一组 8 台 10 N 推力器，分别安装在母舱的 8 个角上。

（2）电源系统

太阳能电池翼上装有 11.42 m^2 的硅片，在轨功率为 660 W，由于连接不当只达到 460 W，功率减少 30%，但还不至于严重影响与地球的联系。3 个锂离子电池总容量 64.8 A·h，电压 28 V，用于掩星时的探测任务。

（3）控制系统

三轴稳定姿控由 2 个三轴惯性测量单元、一组 2 个星敏感器、

2 个太阳敏感器、陀螺仪、加速度仪和 4 个反作用飞轮完成。3 个星载系统帮助探测器保持极高的指向精度，保证与最远距离 4 亿 km 外的地球站 35 m 和 70 m 碟形天线的通信。

（4）通信系统

通信系统采用 3 种天线：1 台 1.7 m 直径抛物面碟形高增益天线和 2 台单向天线。高增益天线用于绕火星常规科学探测期间 X 波段（7.1 GHz）和 S 波段（2.1 GHz）的指令上传和遥测信号下传；低增益信号用于发射期间、奔火轨道早期和在轨期间的意外事件。

（5）热控系统

热控由散热器、多层绝热层和主动控制的加热器来完成。由于星上的两台科学仪器（行星傅里叶光谱仪和红外矿物学探测光谱仪）的红外探测器必须保持在约 −180℃ 的低温，其高分辨率立体彩色成像仪也要保持在较低温度下，其他仪器最好也要在室温下工作。因此探测器表面覆盖有镀金铝-锡合金热毡，使内部温度保持在 10～20℃，需要在低温下工作的仪器还采用绝热层防热并用散热器向外排热。

（6）控制单元和数据存储

探测器采用 2 套 12 Gb 的控制和数据管理单元，星上计算机控制仪器的开启和关闭、探测器定向评估和修正。

5.3.2.2　科学任务

火星快车的科学任务主要包括：

- 火星全球 10 m 分辨率的成像地质学测绘；
- 所选择地区 2 m 分辨率的成像测绘；
- 火星全球表面 100 m 分辨率的矿物学测绘；
- 火星大气环流特性和大气成分测绘；
- 火星表面下数千米至永久冻土层的结构特性探测；
- 火星大气与表面及行星际介质间的相互作用研究；
- 通过无线电科学试验研究火星内部、大气和环境；
- 猎兔犬-2 着陆器的任务是火星表面地质和矿物化学研究，寻找生命迹象，进行火星气象和气候研究。

5.3.2.3　科学仪器

（1）高分辨率立体彩色成像仪（High Resolution Stereo Camera，HRSC）

HRSC 是 1 台 10 通道的推扫式线阵 CCD 相机，具有极高的指向精度，其中 1 个通道用于超高分辨率（2 m）成像，其他 9 个通道进行高分辨率（10～30 m）成像。HRSC 的视场角为 11.9°，在距火星表面 300 km 高度时，成像幅宽为 62 km。

（2）行星傅里叶光谱仪（Planetary Fourier Spectrometer，PFS）

PFS 用于探测火星大气的成分及其随时间和空间的变化、温度和压力廓线、全球环流图、大气中的尘埃含量和运动规律以及对火星天气的影响等。PFS 还能够记录到大气中尘埃的光谱，从而可以揭示尘埃的成分。在火星冬天的极地，由于温度极低，CO_2 会变成固态从大气中析出，使得在此低温下容易探测到不凝结的气体。

（3）红外矿物学探测光谱仪（Visible and Infrared Mineraogic Mapping Spectrometer，法语缩写 OMEGA）

OMEGA 主要通过测量和分析火星表面对太阳光的吸收和再辐射来获取火星表面的成分分布，还可以探测到某些大气成分，特别是尘埃和气溶胶的吸收波长，从而获取这些大气成分的信息。由于具有很高的空间分辨率，所以它不但能探测物质的成分，还能探测其存在的形式。

（4）紫外和红外大气光谱仪（Ultraviolet and Infrared Atmospheric Spectrometer，法语缩写 SPICAM）

SPICAM 由两个遥感器组成，一个在紫外谱段（118～320 nm）工作，另一个在红外谱段（1.0～1.7 μm）工作。在星下点指向模式下，紫外遥感器测量吸收波长为 250 nm 的臭氧，红外遥感器测量吸收波长为 1.38 μm 的水汽，2 种遥感器同时测量可给出火星大气 10 km^2 截面积柱体内的臭氧和水汽总量；在太阳掩星模式下，紫外遥感器用来获取臭氧和 CO_2 的垂直分布；在临边指向模式下，用来测量和获取火星电离层数据。

（5）高能中性原子分析仪（Analyzer of Space Plasma and Energetic Atoms，ASPERA）

ASPERA 用于研究太阳风是否是掠走火星大气的主要原因，由 4 台遥感器组成。它的中性粒子成像仪用于探测高层大气的高能中性原子及其运动；中性粒子探测仪用来提供单个原子的信息，探测具有 $0.1 \sim 10$ keV 的氢原子和氧原子；离子质量分析仪用于测量来自任何方向离子的通量和质量，从而确定不同离子的来源；电子光谱仪用来测量能量范围 $1 \sim 20\,000$ eV 的电子通量，可以提供电离情况的有关信息。

（6）浅表层探测雷达高度计（Sub - surface Souding Radar Altimeter，MARSIS）

MARSIS 是一部穿透火星地表雷达，由天线和数据处理单元组成，用于探测火星表面以下深至 5 km 范围内是否有水。MARSIS 发出的低频无线电波绝大部分穿透火星表面向下传播，在遇到不同物质层分界面时的反射形成第 2 个回波，由这两个回波信号间的时延即可得到不同物质层分界面的深度。通过对回波的分析得到关于物质成分（地下水）的信息，它还可揭示散布着冰的岩层、沙层等信息。

5.3.2.4 主要成果

1）2004 年 1 月，ESA 宣布 OMERA 测得数据表明火星南极冰盖中存在水冰；

2）2004 年 3 月，ESA 宣布检测到火星极区冰盖含有 85%CO_2 和 15%水冰；

3）2004 年 3 月，ESA 宣布在火星大气层中检测到甲烷，虽然其含量很低，只有亿分之一，仍然激励了科学家们关心该甲烷的来源。这是因为甲烷在火星空气中消失得非常快，只有现存的来源才能仍在释放出新鲜的甲烷。由于这种来源有可能是微生物，因此可以通过火星上不同地区甲烷浓度的差异，来发现甲烷释放的地点和来源；

4）2004 年 6 月，ESA 通过 PFS 测得的数据，宣布试探性地发现了火星大气中氨气的光谱特性。氨和前述的甲烷一样，在火星大气中分解得非常快，需要有持续的补充才会在大气中存在。其来源或者是火星上存在着的鲜活生命，或者是活火山及热液体等地质活动；

5）2005 年 OMEGA 探测数据表明火星上存在磷酸盐、硅酸盐和各种生成岩石矿物的水合物；

6）2007 年 6 月，火星快车的 HRSC 相机拍摄了激动人心的火星关键地壳特征的立体图片，为揭示火星表面形成的历史年代和地质演化提供了重要的信息；

7）此外，ASPERA 还探测到关于太阳风可以侵入高层火星大气，为过去数十亿年内将火星大气层的水蒸气被吹走的机理研究提供了依据。

参 考 文 献

［1］ NASA. http：//mars. jpl. nasa. gov/programmissions.

［2］ Harvey B. Russian Planetary Exploration History，Development，Legacy Respects. Praxis Publishing Ltd. ，2007.

［3］ Ulivi P. Robotic Exploration of the Solar System. Praxis Publishing Ltd. ，2007.

［4］ Nolan K. Mars－A Cosmic Stepping Stone. Praxis Publishing Ltd. ，2008.

［5］ Siddiqi A A. Deep space chronicle：A chronology of deep space and planetary probes 1958－2000. NASA，2002.

［6］ Lunius R D. Chronology of Mars exploration. N20010071698.

［7］ NASA. Space Science Data Center－Mars Observer. http：//nssdc. gsfc. nasa/nmc/spacecraftDisplay. do? id＝1992－063A.

［8］ Wikipedia. Mars Observer. http：//en. wikipedia. org/wiki/mars－observer.

［9］ Dominick. S. Design，development and flight performance of the Mars Global Surveyor propulsion system. AIAA 99－2176.

［10］ Cunningham G E，et al. Mars Global Surveyor－On the way to Mars，IAF－97－Q. 3. 02

［11］ Cunningham G. E. Et al，Mars Global Surveyor－The first year at Mar. IAF－98－Q. 3. 04.

［12］ Mars Global Surveyor. http：//www. nasa. gov/mission－pages/mgs.

［13］ Wikipedia. Mars Global Surveyor. http：//en. wikipedia. org/wiki/mars－global－surveyor.

［14］ NASA. Mars Global Surveyor. http：//mars. jpl. nasa. gov/mgs/.

［15］ NASA. Mars Global Surveyor arrival. Press kit，1997.

［16］ NASA. Mars Global Surveyor. NASA Facts.

［17］ Birur G C，et al. Mars Pathfinder active thermal control system. AIAA 1997－2469.

［18］ Cook R A，et al. Back to Mars－Mars Pathfinder. Jet Propulsion Laboratory，E－52738.

[19]　Spear A J. Mars pathfinder's lessons learned from the project manager's perspective and the future road. Acta Astronautica，v4，n4－9，1999，p235－247.

[20]　NASA. Mars Pathfinder. http：//www. nasa. gov/mission－pages/mars－pathfinder.

[21]　NASA. Mars Pathfinder landing. Press kit，NASA，1997.

[22]　NASA. Mars Pathfinder. NASA Facts.

[23]　Mars Pathfinder. http：//en. wikipedia. org/wiki/mars－pathfinder.

[24]　NASA. Mars Pathfinder. http：//mars. jpl. nasa. gov/mpf/.

[25]　Wikipedia. Mars Climate Orbiter. http：//en. wikipedia. org/wiki/mars－climate－orbiter.

[26]　NASA Space Science Data Center. Mars Climate Orbiter. http：//nssdc. gsfc. nasa/nmc/spacecraftDisplay. do? id＝1998－073A.

[27]　NASA. Mars Climate Orbiter. http：//mars. jpl. nasa. gov/msp98/orbiter.

[28]　NASA. 1998 Mars mision. Press kit，Dec. 1998.

[29]　NASA. Mars Polar Lander. http：//mars. jpl. nasa. gov/msp98/lander.

[30]　NASA Space Science Data Center. Mars Polar Lander. http：//nssdc. gsfc. nasa/nmc/spacecraftDisplay. do? id＝1999－001A.

[31]　NASA. Mars Polar Lander/Deep 2. Press kit，1999.

[32]　Mars Polar Lander. http：//en. wikipedia. org/wiki/mars－polar－lander.

[33]　Kloss C Jr. Mars Odyssey payload suite－The long arduous journey to launch. 2000 IEEE，p157－170.

[34]　Saunders R S，et al. 2001 Mars Odyssey mission summary. Space Science Review，v110，2004，p1－36.

[35]　Mars Odyssey. http：//www. nasa. gov/mission－pages/odyssey/.

[36]　NASA. Mars Odyssey. http：//mars. jpl. nasa. gov/odyssey.

[37]　Mars Odyssey. http：//en. wikipedia. org/wiki/2001－mars－odysey.

[38]　NASA. Mars Exploraiton Rover. http：//mars. jpl. nasa. gov/mer2004/.

[39]　Wikipedia. Spirit Rover. http：//en. wikipedia. org/wiki/Spirit－rover.

[40]　Opportumity Rover. http：//en. wikipedia. org/wiki/Opportunity－rover.

[41]　Wikipedia. Spirit Rover. http：//en. wikipedia. org/wiki/File：NASA－Mars－Rover. jpg.

［42］　Mars Exploraiton Rover. http：//www. nasa. gov/mission – pages/mer.

［43］　NASA. Mars Exploration Rover. NASA Facts.

［44］　NASA. Mars Exploration Rover Launch. Press kit.

［45］　朱仁璋，等．美国火星表面探测使命述评（上）．航天器工程，2010 (2)：17 – 34.

［46］　朱仁璋，等．美国火星表面探测使命述评（下）．航天器工程，2010 (3)：7 – 29.

［47］　Banmgastner E T，et al. The Mars exploration rover instrument positioning system. 2005 IEEE，p1 – 19.

［48］　Graf J，et al. An overview of the Mars reconnaissance orbiter mission. IEEE 2009，p171 – 180.

［49］　NASA. Mars Reconnaissance Orbiter. http：//mars. jpl. nasa. gov/mars – reconnaissance – orbiter/.

［50］　NASA. Mars Reconnaissance Orbiter. http：//www. nasa. gov/mission – pages/mro.

［51］　Wikipedia. Mars Reconnaissance Orbiter. http：//en. wikipedia. org/wi-ki/mars – reconnaissance – orbiter.

［52］　NASA. Mars Reconnaissance Orbiter arrival. NASA Press kit，March 2006.

［53］　NASA. Mars Reconnaissance Orbiter launch. NASA Press kit，August 2005.

［54］　NASA. Mars Reconnaissance Orbiter，NASA Facts.

［55］　Shotwell R. Phoenix – the first Mars scout mission. Acta Astronautica，v57，2005，p121 – 134.

［56］　Boynton W V，et al. Evidence for calcium carbonate at the Mars Phoenix landing site. Science，v325，n5936，2009，p61 – 64.

［57］　Hecht M H，et al. Detection of perchlorate and the soluble chemistry of Marian soil at the Phoenix lander site. Science，v325，2009，p64 – 47.

［58］　NASA. Phoenix. http：//www. nasa. gov/mission – pages/phoenix/.

［59］　NASA. Phoenix Landing – Mission to the Martian Polar North. Press kit，2008.

［60］　NASA. Mars Phoenix Lander. NASA Facts.

［61］　Wikipedia. Phoenix. http：//en. wikipedia. org/wiki/Phoenix – (spacecraft).

[62] NASA. Mars Science Laboratory. http：//mars. jpl. nasa. gov/msl/.

[63] NASA. Mars Science Laboratory Launch. Press kit.

[64] NASA. Mars Science Laboratory Landing. Press kit.

[65] NASA. Mars Science Laboratory. NASA Facts.

[66] Wiki. Mar Science Laboratory. http：//en. wikipedia. org/wiki/mars – science – laboratory.

[67] Dargent T. Mars 2001：A Mars 96 recovery mission. IAF – 97 – Q. 3. 04.

[68] NASA Space Science Data Center. Mars 96 Orbiter. http：//nssdc. gsfc. nasa/nmc/spacecraftDisplay. do? id＝1996 – 064A.

[69] 朱仁璋，等. 火星使命"福布斯-土壤"、"萤火一号"分析. 载人航天，2010 (2)：1 – 14.

[70] 朱仁璋，等. 火星使命"福布斯-土壤"、"萤火一号"分析（续）. 载人航天，2010 (3)：1 – 8.

[71] 陈昌亚，方宝东，等. YH – 1 火星探测器设计及研制进展. 上海航天，2009 (9)：21 – 35.

[72] 吴季. 中国的空间探测及其科学内涵. 中国工程科学，2008 (6)：23 – 27.

[73] 欧阳自远. 深空探测进展与开展我国深空探测的思考. 国际太空，2003 (2)：2 – 6.

[74] 陈昌亚，等. 萤火一号探测器的关键技术与设计特点. 空间科学学报，2009 (5)：456 – 461.

[75] 陈昌亚，等. 基于萤火一号技术的自主火星探测方案. 上海航天，2011 (2)：17 – 21.

[76] NASA Space Science Data Center. Nozomi. http：//nssdc. gsfc. nasa/nmc/spacecraftDisplay. do? id＝1998 – 041A.

[77] Nozomi (Planet – C). http：//zh. wikipedia. org/wiki/file：nozomi. gif.

[78] Kolbe D. Mars Express – Evolution towards an affordable European Mars mission. Acta Astronautica, v45, n4 – 9, 1999, p285 – 292.

[79] Hechler M, et al. Mars Express orbit design. Acta Astronautica, v53, 2003, p497 – 507.

[80] NASA. Mars Express. http：//mars. jpl. nasa. gov/express/.

[81] NASA Space Science Data Center. Mars Express. http：//nssdc. gsfc. nasa/nmc/spacecraftDisplay. do? id＝2003 – 022A.

第6章 火星探测硕果累累

火星探测是人类进入深空、探寻地外生命、为人类寻找第二家园的重大举措。几十年来历尽艰辛,通过不懈努力取得了重要进展,特别是进入 21 世纪以来,美国连续 6 次重大火星探测任务的成功和欧空局火星快车轨道器的成功,标志着火星探测技术上已日趋成熟。人类已初步掌握了火星的在轨探测和机器人表面定点探测与巡视探测,获得了丰硕的科学成果,解决了深空通信、空间姿控、轨道器气动减速、软着陆、机器人探测、遥感探测、现场采样分析等一系列火星探测特有的关键性工程技术问题。

实际上,每项飞行任务都代表着一项技术创新。在科学探测装备方面有奥德赛轨道器采用的γ射线光谱仪(GRS);勇气号和机遇号火星车采用的微型热辐射光谱仪(mini - TES);凤凰号采用的新型机械臂和铲土机械;火星勘测轨道器的先进制导、导航和低能耗通信技术;火星科学实验室的 ChemCam 化学相机。有望在近年内发射的欧空局地外生物探测器(ExoMars)也将有自己的创新型科学仪器。在工程技术领域的实例有火星全球勘测者和火星勘测轨道器采用的空气动力制动技术;火星探路者、勇气号、机遇号采用的气囊着陆减震技术;凤凰号采用的基于支架缓冲的着陆系统;好奇号火星车采用的空中吊车着陆技术等。每项创新不仅对本身任务的成功起到了至关重要的作用,也推动了深空探测技术的进步,为今后载人火星探测和其他星际探测任务奠定了坚实的基础。

6.1　火星探测的科学成果

6.1.1　火星大气和气候探测[1-14]

人类在飞越和环绕火星的多次探测中，对火星大气、气候有了逐渐清晰的认识，获得了火星整体和某些局部地区大气的构成、温度、气压、环流、信风、沙尘暴的情况；发现火星曾是一个湿润的星球，经历过诺亚纪、西方纪、亚马逊纪三个气象时期，但现在火星表面气温已经很低，很干燥；火星气候变化十分活跃，大气的主要成分是 CO_2，大气层不同高度和不同季节内各种组分都在发生变化，特别是臭氧、水蒸气、一氧化碳、甲烷、甲醛、尘埃的变化；并发现了外层大气离子、中子、高能中性原子的特性和太阳风对火星大气层环境的影响。

1) 1964 年 11 月 28 日发射的水手-4 发现火星大气非常稀薄，火星地面的大气压力为 $4\sim7$ mmHg，大约是地球海平面处的 1%；火星大气的主要成分是 CO_2，有电离层，无辐射带；还探测到火星有弱的磁场。

2) 1969 年 3 月 27 日发射的水手-7 测得火星大气中 CO_2 含量高达 95%，水蒸气几乎难以寻觅。测得在达达尼尔洼地（Hellespontica Despressio）火星气压为 3.5 mmHg；同时测得火星表面的温度比预想的更低，赤道地区中午温度可以升至-16℃，夜晚则降至-38℃，南极极冠区域的温度最低可达-88℃。

3) 1971 年 5 月 30 日发射的水手-9 测到火星大气电离层峰值电子浓度为 $(1.5\sim1.7)\times10^5$ cm^{-3}；火星尘暴中 60% 是二氧化硅，与火星表面细小颗粒成分相同；火星上有臭氧，但低纬度地区没有，高纬度地区的臭氧有季节性的变化；高层大气中有原子氢，密度和太阳活动有关。同时还测得火星尘暴时低层大气温度梯度减小；火星两极冬季气温接近 CO_2 冰点温度，而北极的春天比较温暖。探测结果还显示整个火星有历时 1 年的沙尘暴,表明火星气候变化十分活跃。沙尘暴止息后的照片表明,几十亿年前火星曾经十分活跃,具有稠密的大气层。

4) 1973 年 7 月 25 日发射的火星-5 探测到在火星上空 90 km 处存在臭氧层;火星附近有不受到扰动的太阳风,还有热等离子体,并且在磁层尾有非常小的质子流;火星的磁矩为 $2.5 \times 10^{22} \mathrm{Gs \cdot cm^3}$,相当于地球的万分之三;夜间电离层在 110 km 高度有一峰值,其电子浓度为 $4.6 \times 10^3 \mathrm{cm^{-3}}$。该探测器还首次记录了火星上空 272 km 的最高温度。

5) 1975 年 8 月 20 日和 9 月 9 日分别发射的海盗-1 和海盗-2 着陆器在降落过程中测量了不同高度的大气温度、密度和成分,着陆器建立的气象站第一次实现了行星气象报告。轨道器绘制了整个火星表面温度、反射率、分布图,探测到局部尘暴;测量了每天的大气压、温度、风向和风速;着陆器还先后测量了火星自旋方向、运动、转动速率、重力场、表面介电常数等参数。

6) 1996 年 12 月 4 日发射的火星探路者,以及随后发射的勇气号与机遇号火星车、凤凰号极地着陆器和火星科学实验室均在穿越火星大气层时全程测量了温度、压强和密度,并通过各个轨道器的长期观测,深入了解了大区域和长时段的火星大气结构。图 6-1 是根据海盗号和火星探路者测得数据绘制的火星大气层温度剖面,清晰地展示了不同高度(低层 0~40 km,中层 40~100 km,高层 120 km 以上)火星大气温度和压强的变化规律。

7) 1996 年 11 月发射的火星全球勘测者对火星气候进行了历时数年的每天连续监测,提示火星风的形式是由一种称为 Hadley 环流过程所主宰的,环流中的气流从寒冷的冬季半球吹向温暖的夏季半球。火星的旋转和地球相似,其信风也和地球相似,速度可达每小时数百千米,从冬季半球向西刮,从夏季半球向东刮。此外,分析工作还提供了大面积沙尘暴形成机制的线索,表明局部地区性沙尘暴主要产生于南半球夏季和火星最接近太阳的时候,南半球的局部沙尘暴和信风的集合效应可以引起环绕全球的沙尘暴，而太阳的加热作用可以使沙尘暴越来越大。

8）2003 年发射的勇气号和机遇号火星车在巡视期间多次拍摄到火星表面的尘暴，大气尘埃颗粒直径小于 40 μm，饱和磁化强度为 2～4 A·m^2/kg，大气的搬运作用使尘埃碰撞而带上静电。火星尘暴活动在晚春至早秋盛行于南半球，其尺度取决于大气条件，可以是局部的、区域的、全球的。全球性尘暴多发生在火星近日点时的南半球夏天。

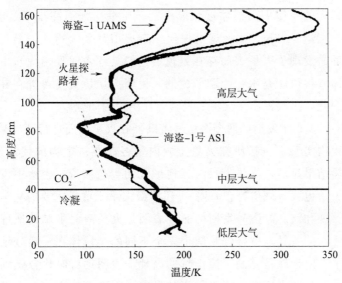

图 6-1　海盗号和火星探路者测得的火星大气层温度变化[14]

6.1.2　火星地形地貌和土壤岩石探测[13,15-21]

对火星表面地形地貌和土壤成分的认识随着轨道勘测和着陆探测的进行而逐渐深入。通过多个轨道器和着陆器的长时间工作，已经全面勘测了火星地形地貌，用高效率摄像机全面、大范围拍摄了火星表面的彩色立体图，以及一些关于火星地质、山谷、撞击坑、层状沉积的局部细节。探测了火星的地表岩石和土壤情况。探测结果表明，火星土壤成分与地球接近；火星南北半球形貌迥异，南部主要为高山和撞击坑，而北部则主要为低洼的平原。通过对岩石和土壤中主要成分的全面普查，建立了相关数据库，确定了火星各地区各种元素的丰度。

1) 1969 年 3 月 27 日发射的水手-7 飞越火星时进行了火星整体拍摄，还分别对赤道附近和南极附近作局部拍摄。

2) 1971 年 5 月 30 日发射的水手-9 是首个环绕火星轨道探测器，拍摄了火星全貌，发现火星上有巨大的火山、峡谷和干枯河床，其中最大的一座火山口靠近北极极冠，比平均地面高出 24 000 m，火山口宽达 64 km，比地球上任何一座火山都要大得多。最为激动人心的是发现了火星表面存在渠道，它们是远古时期由火星上流动的液体（很可能是水）冲刷形成的，说明火星历史上可能存在液体水。因此，再次提出了火星上是否存在生命的问题。

3) 1975 年发射的两个海盗号着陆器在火星表面进行了当时最先进的生物实验，包括研究火星土壤内是否存在微生物的代谢过程。但实验结果显示，火星上没有任何形式的生命痕迹，土壤中没有有机分子，也没有微生物。海盗-1 还测得火星土壤最重要的化学成分是硅、铁和镁。海盗号发回的照片表明，火星南北半球的地理特征存在巨大的差异，就好像是两个完全不同的半球体在赤道处结合在一起了。南半球是充满了撞击坑的高地，表明远古时代曾受到严重的撞击；而北半球则主要是平坦的形貌，很少有撞击坑。火星上还有大量极像已干涸的河道，有些长达数百 km，一些呈树枝状，一些河道甚至横穿过撞击坑。火星上最高的山高达 27 km，长达 600 km。

4) 1996 年 11 月发射的火星全球勘测者（MGS）到达火星轨道后拍摄了 24 万张照片，覆盖了火星全球表面，以表征其表面形态、地形和物质组成。从西部 Thasis 到远东 Elysium 地区，从南部古老高原到北部低地平原，发现了极其广阔、厚度达数十米至数百米的沉积层，这些沉积层形成于远古时期，主要由火山活动和地质构造活动形成，表明当时火星曾是一个十分活跃的星球。MGS 探测器在轨飞行时，采用激光测高仪进行了 6.7 亿次测量，用了 2 年多时间拍摄了火星表面的三维图。该图覆盖了火星的每一个地区，垂直分辨率达 1 m，水平分辨率 100 m。迄今第一次真实地提供火星的表面特征，增进了对火星地质过程的理解，确定了南北半球地质间的差异。MGS 探测器还用热辐射光谱仪（TES）全面观测了火星表面，拍摄了全球各种矿物的分布图。确定火星表面和地球一样，主要是由硅酸盐构成，南半球为玄武岩，北半球为安山石。

　　5）1996 年 12 月 4 日发射的火星探路者使人类对火星地表景观有了更直观的认识。从发回的几千张照片得知，火星阿瑞斯平原看起来就像地球上的荒漠；同地球一样，火星上也有山脉、丘陵、沟谷，还有陨石坑。同时，人类对火星岩石和土壤也有了初步的了解，对火星岩石和土壤进行的探测和分析表明火星岩石在化学成分上与地球上的岩石非常相似，从漫游车留下的车辙看，火星表面是一层虚土，下面则是坚硬的壳层。

　　6）2001 年 4 月发射的奥德赛探测器在定轨后以 18 m 的高分辨率轨道相机拍摄了火星地质图，建立了火星局部地质、地区地质和全球地质之间的连接，并且用 γ 射线光谱仪（GRS）拍摄了火星上 20 种元素（氢、硅、铁、钾、钍、氯等）的全球分布图，以及 1 m 以内深度的全球水分布图。图 6-2 是 GRS 拍摄的火星中纬度地区的

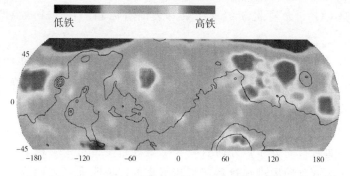

图 6-2　γ 射线光谱仪测得的火星中纬度地区铁元素的分布图

（红色部分为铁元素集中分布区，蓝色为最低含量区）[21]

铁元素分布图，从中可以了解地壳组分及其演变，以及远古时期初始挥发物含量和与生物有关材料的初始含量。奥德赛轨道器装备的热图照相机（THEMIS），其分辨率是 MGS 轨道器所用的 TES 相机的 1 800 倍，可以在 TES 相机拍摄的全球矿藏图的基础上，用来甄别各种矿物的化合物形式——碳酸盐、硫酸盐、磷酸盐、硅酸盐、氧化物、氢氧化物，均可接近微量水平。

6.1.3　火星上水的勘测

寻找水是这些年来火星探测的最主要目标，人类在半个世纪的探测中，送往火星的每一个探测器都进行了水的寻找。通过轨道器的空中照相、光谱分析、火星着陆器的现场挖掘和实验分析，向地球传送了大量珍贵的勘测图像和测量数据。不仅从火星地貌观测确定远古时代曾经存在大量液态水，而且从地表矿物的遥感勘测和现场采样分析，也找到了一系列远古时代存在液态水的确凿证据。特别是探测出火星两半球高纬度地区，尤其是极区至今仍存在大量水冰。特别值得一提的是，着陆器在现场挖掘采样分析中已找到目前火星极区存在着水冰的直接证据。

1）1975 年发射的海盗号轨道器拍摄的红外热图和大气成分数据表明，火星北极夏天有永久性冰盖；还探测到火星南极冰盖在夏季也都是 CO_2，火星北部冬季结束时表面有冰霜，在 1 个火星年后再现。

2）1996 年 11 月发射的火星全球勘测者拍摄到火星表面 Erythraeum 区域的 $26°S$, $34°W$ Holden 撞击坑中，具有面积达 4 000 km^2 的大片洪水沉积层的有力证据。

3）1996 年 12 月发射的火星探路者释放的索杰纳火星车探测了火星表面岩石的分布，并对岩石和土壤进行了分析，验证了它们多半是在远古时期大洪水过后所沉积下来的，说明火星表面曾经有过水。此外，还验证了过去探测中对岩石类型的判断。火星上的圆卵石和砾岩也强烈地提示在这一地区曾有一段时间存在过大量的水，但至今已完全干涸 20 亿年。在火星上发现磁化的磁铁粉尘同样表示过去曾存在着水。这些事实都证实了过去火星有大水泛滥现象的存在。

　　4）2001 年 4 月发射的奥德赛探测器在入轨后历时 10 天的γ射线光谱仪实验，测得火星北极表面下 50 cm 的土壤中存在大量水冰，消除了人们对火星南北极存在水冰的怀疑。而且发现两个半球 60°以上纬度地区的地壳最表层是由含水量最高达 50％以上水冰组成的，提示火星上大量水在几十亿年来一直作为永久冻土带被封存在地壳内。2002 年，奥德赛首次在火星北极发现了水冰存在的证据。2009 年 6 月 18 日，奥德赛又在火星上发现了 34 亿年前的远古湖泊遗迹，该干涸湖泊面积 207 km^2，深约 500 m。这是人类首次在火星上找到湖泊的明确证据。科学家相信，古老的火星表面形成于 37～41 亿年前，当时火星温暖、湿润，并常有大量流星陨落，洪水泛滥。该发现使人确信，火星温暖、湿润了 3 亿年。湖泊附近的冲积区也可揭示火星上过去生命的秘密，因为在地球上冲积区都是有机碳和其他生命迹象的自然沉积，若火星上曾经有过生命，冲积区就是解开火星生物的钥匙。图 6－3 是奥德赛测得的火星表层土壤含水量分布

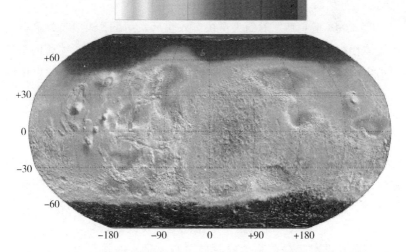

图 6－3　火星表层土壤含水量分布图，超过 60％含水量的区域为高纬度和极区[21]

图，图 6 - 4 是该探测器测得的 70°N 的火星表层水冰图，图中心为火星北极，紫色和蓝色表示高水区，而红色区域则为低水区。富水区正巧位于北极是因为北极有永久冰盖，而其他区域的冰则被数十cm 厚的干燥土壤覆盖了。

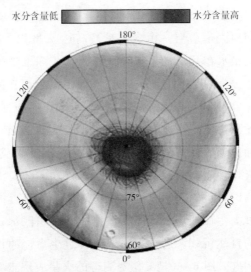

图 6 - 4　奥德赛用γ射线光谱仪绘制的火星北极地区水冰分布示意图[26]

5）2003 年 6 月发射的火星快车入轨后，用 HRSC（三维高分辨率立体相机）拍摄火星北极冰盖图（见图 6 - 5），显示了冰盖的水冰层和尘埃层。HRSC 相机拍摄的图片还提示了火星 Elysium 以南的Cerbeurs Fossae 地区存在着面积为 800 km×900 km，深度 45 m 的冻海，在奥林匹亚山 7 000 m 的山腰窝上存在着被沙尘掩盖的冰川迹象。

6）2003 年 6 月发射的勇气号火星车观测到火星南半球存在碳酸盐矿物的踪迹，其含量要比轨道器探测的平均值高，这种矿物被认为是在有水的环境中才能形成的，意味着火星表面存在过水。2004年 12 月 3 日，勇气号在火星哥伦比亚地区发现针铁矿，这是一种含水氢氧化铁结晶，是矿物生成时周围有大量水的强有力证据。这一

图 6 - 5　火星快车发现的火星北极冰盖的水冰层和尘埃层（悬崖高 2 km）[21]

系列发现都可以证明火星表面曾经存在过水。这个发现被美国《科学》杂志评为 2004 年度十项科学突破之一。2007 年 5 月 22 日，勇气号对火星土壤的化学分析发现，其中的硅含量高达 90%。因为硅石的沉积需要大量水才能实现，再一次证实了火星上曾经有大量水的论断。

　　7）2003 年发射的机遇号火星车，其着陆点就选在早年的火星全球勘测者曾发现存在有大量赤铁矿的梅里迪亚尼平原，因为赤铁矿通常（但不是必然）是在有水的环境中形成的，对寻找早年的水十分重要。观测过程中机遇号很快就找到了这种赤铁矿结核的岩床，是一种富铁流体与氧化性地下水混合的沉淀物。证据表明，火星历史上确实存在富水期，后来强烈的火山活动和表面水的作用生成了这些沉积。机遇号还在该平原发现岩石中存在称为"晶洞"的中空凹坑（见图 6 - 6），推断可能是岩晶在后期脱落或溶解留下的空洞。火星岩石中存在多种盐类和高含量的黄钾铁钒硫矿物，图 6 - 7 是机遇号的 α 粒子 X 射线光谱仪对在火星梅里迪尼亚的岩石的分析结果，结论是岩石中盐和硫含量高，其含量从表面到内部不断增大，提示该地区过去曾经被盐海所覆盖，水环境中酸性硫酸盐的风化作用形成了上述矿物。

图 6-6　机遇号火星车微观成像仪发现的岩石晶洞[27]

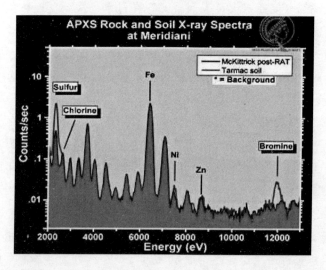

图 6-7　α粒子 X 射线光谱仪揭示撞击坑岩石盐和硫的含量高[21]

　　8) 2005 年发射的火星勘测轨道器（MRO）在历经 3 年的观测后发布最新探测数据，发现火星表面大片地区都分布着水合二氧化硅，这种含水二氧化硅又称为猫眼石，是证明火星上何时在何处存在水的绝对证据。数据分析表明，猫眼石是在 20 亿年前火星表面存在液态水时形成的。

9) 2007 年 8 月 4 日发射的凤凰号着陆器在历时 3 个月的探测中表现极为出色，取得了突破性进展：首次检测出火星北极土壤中含有盐，进一步说明火星北极平原具备支持原始生命的条件；2008 年 6 月 15 日，凤凰号机械臂在火星表面挖掘沟渠时发现有许多白色明亮的物质，这些新壕沟中刚挖掘的白色冰块由于在空气中升华，到 6 月 19 日已经消失，科学家断定这些白色物质就是水冰，它们不可能是 CO_2 或盐类，因为 CO_2 干冰在火星的低气压下必须在低得多的温度下才能存在，而盐类则不会蒸发消失。因此，NASA 首席科学家史密斯宣布："我们已经找到证据，在凤凰号探测器附近的火星表面下确实有水冰存在。" 7 月底，凤凰号探测器又在对机器人收集的土壤样品烘烤后直接测出其挥发物就是水蒸气，证实此类物质确实是冰，进一步证实了火星浅表下确有水的存在（见图 6-8）。

10) 2005 年 8 月发射的火星勘测轨道器发现在火星表面近年来新形成的撞击坑中存在水冰。2009 年美国《科学》杂志发表的论文根据该探测数据确定火星表面新撞击坑中存在冰。该撞击坑于 2008 年 1 月～9 月间形成，火星勘测轨道器上的场景相机（CTX）首先发现了坑内有 5 个地方存在冰（见图 6-9），继后探测器的袖珍观测摄像光谱仪（CRISM）测得的光谱数据确认它们是相对纯的水冰，这些水冰暴露在大气中后由于升华作用色彩正逐渐变淡。

图 6-8　凤凰号拍摄的火星地表有冰样白色物质[28]

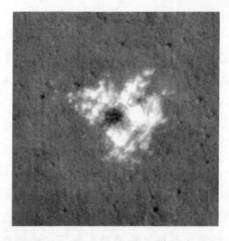

图 6 - 9　MRO 拍摄到火星表面近年来新形成的撞击坑中存在水冰[29]

6.2　火星探测的工程成果

6.2.1　深空通信技术[30-32]

　　火星和地球之间距离最近 $5.67 \times 10^7 \mathrm{km}$，最远约 $4 \times 10^8 \mathrm{km}$，当处于地-火之间最远距离时，无线电信号空间衰减将达到 200 dB 以上，信号时延将超过 20 min。这就意味着地面发出的控制指令将要经历很长时间才可以到达火星。在探测器绕火星飞行的时候，地面上的指挥控制中心接收到的来自探测器的各种信息质量都要远低于来自地球轨道卫星的信息，因此由地面指挥部来控制探测器的飞行将变得极为复杂，稍不注意就会出现错误情况，导致无法弥补的损失。所幸的是，自从 1962 年 11 月 1 日发射的火星-1 首次保持了 $1.06 \times 10^8 \mathrm{km}$ 距离内的深空通信后，后来发射成功的火星探测器中，大多攻克了深空通信的难关，人类已经初步解决了 4 亿 km 距离的深空通信问题。

　　2005 年发射的火星勘测轨道器，其通信分系统已经十分先进，由 1 副高增益天线、2 副低增益天线、3 台放大器（2 台 100 W 的 X 频段放大器和 1 台 35 W 的 Ka 频段放大器）和 2 台应答器等组成，其大部分数据通过直径 3 m 的高增益天线和 100 W 的行波管放大器、用 8 000 MHz 的 X 频段传回地球，紧急情况时的通信则采用波束较宽的低增益天线，即使主天线背向地球时也可确保与地球的通信联系。

6.2.2　空间姿控技术[29,33]

在火星探测中，空间姿态控制是一项关键技术，这涉及飞行器定向和能源保障。如何在长期的、不断变姿的飞行过程中，既保持太阳电池阵对日定向，又保持接收机对地定向是一个难题。苏联 1964 年 11 月 30 日发射的探测器-2 采用了电磁型等离子发动机技术，这是人类首次采用此类发动机进行空间姿控。该探测器装备了 6 台电磁型等离子发动机（除常规姿态系统外）进行定向控制，以测定等离子喷射在较长时间飞行的可行性。"等离子发动机"这一术语指的是该发动机若不是电磁发动机，就是静电离子发动机。探测器-2 采用了电磁型发动机。液体推进剂首先被转换为等离子体，然后经过电磁场加速，排气速度最高达到上百 km/s。

用于空间姿控的计算机软硬件技术也有飞速发展。2005 年 8 月 10 日发射升空的火星勘测轨道器上的平台和控制系统均是当时前所未有的顶级产品。它的"大脑"采用的是 133 MHz 的新一代 Power-PC 防辐射加固型处理器，性能非常可靠，具有快速恢复能力，可以在太阳耀斑爆发条件下工作；所用的操作系统软件为 VxWorks，拥有范围广泛的故障防护协议和监测功能；固态存储器的容量达 160 Gb；装有 16 个太阳敏感器和 2 个星敏感器；2 个惯性测量装置分别由 3 个组合加速度计和 3 个环状激光陀螺仪组成；由 4 个转速为 6 000 r/min 的反作用飞轮控制姿态，其中 1 个是备份。

6.2.3　轨道器气动减速技术[34-37]

火星探测器沿霍曼转移轨道到达火星引力范围后，其相对于火星的飞行速度约为 5.49 km/s，这个速度远超过环绕火星飞行所需要的速度。为了使火星引力能捕获探测器，需要启动探测器主发动机进行减速，将探测器相对火星的飞行速度降到环绕速度。进入绕火星椭圆轨道最少约需要减速 0.68 km/s，而进入 300 km 高度的绕火星圆轨道则需要减速 2.09 km/s。完成这一减速过程需要消耗大量推进剂，但也可以通过借助火星大气阻力的方法减少部分推进剂消耗，美国的火星全球勘测者首次成功地实现了这一创新。

1997 年 9 月 11 日，MGS 探测器到达火星。首先是调整探测器指向，转动太阳板，此时探测器位于火星北极上空 1 490 km 高度，通过指令启动推力为 667 N 的制动发动机进行首次减速，经过 22 min 飞行，消耗推进剂 283 kg，探测器速度降低 0.973 km/s，探测器进入近火点 273 km、远火点 56 000 km，周期 45 h 的初始轨道，这时将制动发动机关机；9 月 16 日，在探测器处于第 3 个远火点时开始实施空气动力减速，首先是主发动机点火 6.6 s，使探测器减速 4.4 m/s；次日，在探测器到达第 4 个近火点时其飞行高度已降到 150 km，进入了火星大气层边缘，但大气阻力还不是十分明显；9 月 18 日，制动发动机又点火工作，经过 5 个循环，于 9 月 28 日使探测器近火点降到 110 km 高度，此时起正式开始进入空气动力制动阶段；经过火星大气层长达 130 天的空气动力制动，整个过程结束。这时启动发动机加速，升高探测器近火点，于 1998 年 1 月进入高度为 450 km 的工作轨道。

继后，2005 年 8 月发射的火星勘测轨道器也采用了这种减速方式，基本步骤相似，但更简化也更有效。MRO 探测器在 2006 年 3 月 10 日从火星南半球上空 370～400 km 高度通过时，6 台主发动机同时工作 27 min，使探测器飞行速度从 2.9 km/s 降到 1.9 km/s，探测器进入近火点 426 km、远火点 47972 km、周期 35.5 h 的大椭圆轨道。从 3 月 30 日起，探测器采用 3 阶段空气动力减速程序，于 2006 年 9 月进入 250 km×316 km 近圆形轨道。

6.2.4　软着陆技术[38,39]

软着陆是着陆器探测过程中一项非常关键的技术。要在遥远的火星上安全着陆探测绝非易事，既要准确地在选定地点着陆（2008年美国凤凰号着陆器的着陆精度已达 15 km），同时又不能损坏探测器，其任务十分艰巨。除采用降落伞减速、制动发动机减速和着陆缓冲外，还必须配备精确而可靠的气动外形结构、防热结构、控制系统、支撑结构和展开机构。虽然可以继承地球上回收与着陆的许多技术，但由于火星环境与地球有很大不同，要实现火星探测器的软着陆仍具有非常大的挑战性。软着陆时需要具有自主定点着陆能力，同时还要避开障碍物。关键技术包括成像处理技术、特征匹配/跟踪技术及障碍物识别技术。着陆大体分为四个步骤，每个阶段运用的技术各有不同。图 6 - 10 是典型的自主降落程序。

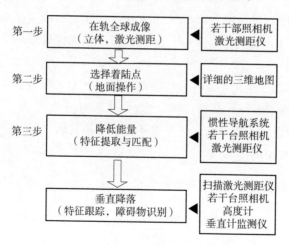

图 6 - 10　典型的自主降落程序

过去 50 多年来有一些探测器在火星着陆时失败了，如苏联的火星-2 着陆器、火星-6 和欧空局的猎兔犬-2 着陆器，美国的火星极地着陆器。但进入 21 世纪以来，美国发射的 4 个火星机器人着陆器全部成功地实现了火星表面软着陆。

在美、苏（俄）两国历年发射的在火星表面着陆的探测器中，共使用了 4 种软着陆方式，它们分别是弹性变形材料减震式、支架缓冲式、气囊缓冲式、空中吊车式。

1）采用弹性变形材料减震方式着陆的有苏联的火星-2、3、6、7，着陆器包覆在弹性变形材料中，可以多次承受来自不同方向的冲击。其中仅火星-3 成功地降落在火星表面，并向地球传送了 14.5 s 信号，而火星-2 和火星-6 均未成功，最后一个则根本未能进入火星轨道。

2）采用支架缓冲方式着陆的分别有于 1976 年 7 月 20 日在火星北半球"黄金平原"着陆的美国海盗-1 和在"乌托邦平原"着陆的海盗-2、2008 年 5 月 25 日在火星北极地区着陆的凤凰号。其中，凤凰号探测器是最有代表性的支架式缓冲着陆器。

3）采用气囊缓冲方式着陆的有 1997 年 7 月 4 日在火星北半球着陆的美国火星探路者、2004 年 1 月 3 日在火星南半球古谢夫撞击坑着陆的勇气号火星车和 1 月 25 日在北半球梅里迪尼亚平原着陆的机遇号火星车。

4）采用空中吊车方式着陆的是美国好奇号火星科学实验室，于 2011 年 11 月 26 日发射，2012 年 8 月 6 日在火星南半球的盖尔（Gale）撞击坑成功着陆，这种着陆方式更加精确，可以将着陆点控制在一个更小的区域内。

6.2.5　遥感探测技术[16,21,24-26,40-41]

各种先进的高精度遥感探测仪器是火星勘测的重要手段，遥感技术的迅猛发展，保证了火星探测任务的巨大成功，也为未来的采样返回地球任务和人类登火任务提供了有力的技术支持。到亿万千米远的的火星探测，对所用的探测仪器的精度、质量、可靠性有极其苛刻的要求，必须代表当前最先进的技术水平。迄今的火星探测仪器主要用于勘测火星大气，火星形貌、表面及浅层土壤和岩石中的矿物分布，最主要目标是寻找过去火星上存在水的证据以及探测当前存在液态水或水冰的地点。

　　遥感仪器包括各种光学相机和运用电磁波勘测的仪器。光学相机的任务主要是拍摄火星地形地貌，也用来拍摄气象情况，与 20 世纪 70 年代海盗号所用的相机相比，其拍摄精度已有显著提高。当年用来拍摄全球图片的分辨率仅为 150～300 m，而 21 世纪初欧空局火星快车的高分辨率立体彩色成像仪（HRSC）分辨率最高已达 2 m，并用 4 年时间完成了火星全球的 10～20 m/像数高分辨率立体彩色图数据库。美国火星勘测轨道器（MRO）所用的高分辨率图像科学实验摄像机（HiRISE）是一个 0.5 m 反射望远镜，是迄今深空任务携带的最大相机，300 km 高度的分辨率最高达 0.3 m，在拍摄的图片中可以清楚地分辨火星表面尺寸为 1 m 的物体。典型的相机还有美国火星全球勘测者上用的火星轨道照相机（MOC）。

　　火星探测器利用各类电磁波（红外线、紫外线、激光、雷达波、γ 射线等）进行勘测的遥感仪器，包括拍摄图谱和收集数据用的光谱仪、雷达等。任务是探测火星大气、火星辐射环境、火星表面和浅表层矿物（特别是由于水的作用形成的矿物）的丰度和现有的液态水和水冰。典型的遥感仪器有：

　　1）火星全球勘测轨道器用来探测火星表面矿藏和大气性能的热辐射光谱仪（TES），以及利用激光脉冲测量火星地形高度的激光高度计（MOLA）。

　　2）奥德赛轨道器采用高能粒子光谱的火星辐射环境试验装置（MARIE）和采用 γ 射线寻找土壤中 20 种化学元素（碳、硅、铁、镁）以及水、冰含量的 γ 射线光谱仪（GRS）。

　　3）火星快车轨道器用来探测大气组成及不同高度大气温度和压力剖面的行星傅里叶光谱仪（PFS）。

　　4）火星快车用来绘制火星表面矿物图的可见光和红外光矿物探测光谱仪（OMEGA）。

　　5）火星快车轨道器上用来探测大气层中臭氧与水蒸气含量随季节而改变的紫外和红外大气光谱仪（SPICAM）。

6）火星快车用来探测大气顶层离子、中子、高能中性原子和太阳风之间关系的高能中性原子分析仪（ASPERA）。

7）火星勘测轨道器上用来监测云、沙尘暴，并且绘制日-季-年气候变化图的火星彩色成像仪（MARCI）和火星气象探测器（MCS）。

8）火星勘测轨道器上采用 15～25 MHz 雷达波探测小于 1 m 浅表的液态水和水冰贮藏量的高分辨率地下浅表层雷达（SHARAD）（水平分辨率 0.3～3 km，地下垂直分辨率 10 m）。

9）火星勘测轨道器采用热图成像来甄别浅表层中矿物的袖珍勘测图像光谱仪（CRISM），用来绘制火星表面矿物的细节图，可以甄别火表过去和现在存在水的矿物和化学象征，以 370～3 920 nm 波段工作，测量 544 个通道中的光谱，300 km 高度的分辨率为 18 m。

6.2.6　机器人探测技术[18,25,42-45]

在火星探测中，遥感探测和机器人探测是相互补充的，二者缺一不可。在遥感大面积普查后，必须派遣机器人登陆火星，代替人类进行一系列近距离拍摄和采样分析，从另一个角度进行勘测，而且还可以验证遥感勘测的准确性和精度。

机器人技术指的是具有移动机械装置的敏感器、处理器和作动器技术。在成功发射的火星探测器中包括了两类机器人，即固定支架式机器人着陆器和机器人火星表面漫游车，在火星探测任务中发挥了重大作用。从 1975 年海盗号的成功探测以来，机器人探测器的功能、灵活性、可靠性均有了大幅度提高。

固定支架机器人的代表是海盗-1、海盗-2 和凤凰号。其中，2 台海盗号着陆器分别携带了 72 kg 和 91 kg 科学装备，各配备了包括 2 台电视摄像仪，3 台代谢、生长、光合作用分析仪，1 台色-质谱仪，1 台 X 射线荧光光谱仪，三轴地震仪，以及机械臂、采样器和各种传感器，用于生物研究、有机化学和无机化学分析、气象、地震学、地磁学、火星表面和大气物理分析。20 多年后发射的凤凰号极地着陆器和前者相比无疑又有了巨大进步,其光学显微镜分辨率达到 4 μm/像元,原子力显微镜可用于拍摄 40 μm×40 μm 的极微小面积,分辨率达亚微米级。

　　火星表面漫游车有索杰纳、勇气号、机遇号、好奇号。索杰纳是第一台成功运行的火星车,尺寸仅 66 cm×48 cm×30 cm,最高行驶速度仅 1 cm/s,质量 10.5 kg,83 天内在着陆器附近 12 m 范围内仅行驶约 100 m 距离;勇气号和机遇号火星车有了突飞猛进的发展,属于第二代火星车,尺寸和速度均已有了数十倍的增长,达到 1.6 m×2.3 m×1.5 m,质量 174 kg,携带 6.8 kg 科学装备,最高行驶速度 50 mm/s,分别在 2 269 个工作日和 3 000 多个工作日内行驶了 7 730m 和 34 361 m;最新发射的好奇号火星车更有巨大进步,已属于第三代火星车,长度达到 3 m,与小型宝马(Mini Cooper)汽车相近,质量 899 kg,功率 125 W,携带的科学装备达 176 kg。

6.2.7　采样和现场理化分析技术[7,10,39,45,46]

　　机器人在进入火星大气层过程中和到达火星表面后直接进行大气、岩石、土壤采样,然后通过先进的理化分析或生物分析可以给出火星各种物质的确切组成和精确含量,从而得出对火星现状和历史状况的正确判断。这一过程和地球上的理化实验室十分相似,因此又称为火星科学(生物)实验室,是火星探测逐渐向高层次推进过程中不可或缺的阶段。实际上,早期的海盗号着陆器已经开始运用机械臂采样,然后进行相应的理化分析,但当时的技术水平有限,甚至产生了从现在的观点来看是误导的结论。随着科学技术的不断进步,分析和判断水平已有了长足的进步。2011 年发射的火星科学实验室已标志着火星探测已开始进入"火星生物实验室阶段"。

　　机械臂是机器人采样的关键性工具。海盗号着陆器就使用了一个末端具有多用途铲的机械臂(见图 6-11)来采样,但它相当脆弱,容易受损或被卡住。后来的凤凰号极地着陆器的 4 自由度反铲挖土机就有重要改进,臂长 2.2 m,质量 5 kg,能对地面施加 80 N

的向下压力，以便在可能多冰的土壤中开槽挖沟，采样铲上配有粗

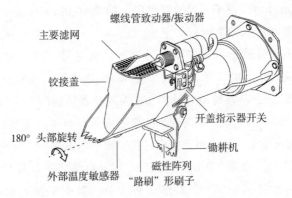

图 6-11　海盗号着陆器机械臂的多用途铲[45]

齿锯，可以切开非常坚硬的材料。勇气号和机遇号火星车的机械臂上还装备有岩石研磨工具，将磨削和取芯工具结合在一起，能在火星岩石上钻出直径 45 mm、深 5 mm 的空洞，将岩石内部的成分暴露出来。

　　高分辨率立体近景相机是机械臂工作中必不可少的工具，勇气号和机遇号的全景摄像仪（Pancam）可以作 360°水平扫描、180°上下扫描；凤凰号的表面立体成像仪（SSI）采用 2 个光学棱镜模拟人眼进行三维观察，可拍摄 12 个波长的多谱图像，有力地支持着机械臂开挖采样作业和地面科学家的分析判断。

　　机器人着陆器上配备的化学分析仪和光谱仪是对火星上采集的矿物进行现场分析非常有效的手段。勇气号和机遇号火星车上配备的三种光谱仪各自完成特定的分析任务：α 粒子 X 射线光谱仪（APXS）用来测定岩石和土壤中各种化学元素的丰度，α 粒子在放射性元素衰变过程中放射出来，用来测定矿物中的碳和氧，能够在 10 min 内检测到岩石中含量 1.5% 的成分，3 h 内检测到含量万分之一的成分；X 射线是一种电磁波，可探测镁、铝、硅、钾、钙、铁、钠、磷、硫、氯、铬、锰；穆斯鲍尔光谱仪（MB）用来测定矿物中铁元素成分的含量；微型热辐射光谱仪（Mini-TES）通过远距离

测定岩石和土壤中各种矿物质的红外辐射来识别不同矿物。此外，火星车上还装备了显微成像仪（MI），由显微镜和 CCD 相机组成，高分辨率地拍摄所采集岩石、土壤的微观形状。

凤凰号机器人着陆器上配备有两种现代分析仪器：显微镜电化学和传导分析仪（MECA）由测量土壤化学成分的湿化学实验室、光学显微镜、原子力显微镜和热与电传导测定装置组成。其中化学实验室用以表征土壤的 pH 值，并确定各种元素和基团的丰度（如 Mg、Na、Cl^-、Br^-、SO_4^{2-} 等）及电学与氧化还原势；光学显微镜分辨率 4 µm/像数，可探测 10 µm～2 mm 的粒子；原子力显微镜可提供最小为 10 nm 的试样图像，光学显微镜和原子力显微镜获得的图像均传输给地球供科学家分析研究，确定矿物组成和含量；热与释出气体分析仪（TEGA）采用微分扫描量热仪进行热分析，显示试样中不同组成的固态－液态－气态转化过程，释出的气体进入质谱仪，测定各种分子和原子的质量，探测灵敏度达亿分之一，可测定出水和土壤中含有的微量有机分子，确定出氢、氧、氮、碳的各种同位素的比例，提供关于挥发物来源的线索以及过去生物过程的线索。

好奇号火星车上配备的化学相机是一台非常先进的探测设备，可以在 7 m 距离外用 1 067 nm 红外激光器向岩石或土壤样品发射 5 ns 激光束，使样品少量蒸发，产生等离子体，然后用摄像仪观测其发出等离子体的光谱来确定样品的成分，根据其结果来确定下一个近距离采样分析目标。如果岩石上有风化外皮或尘土，还可以先用激光束打掉外皮后再检测其内层岩石组分。它的火星样品分析设备由 3 台高精度仪器构成，可以探测到含量低于十亿分之一的有机物质。

参 考 文 献

[1]   NASA Space Science Data Center. Mariner 4. http：//nssdc. gsfc. nasa/nmc/spacecraftDisplay. do? id＝1964－077A.

[2]   Wikipedia. Marine 4. http：//en. wikipedia. org/wiki/mariner－4.

[3]   NASA Space Science Data Center. Mariner 7. http：//nssdc. gsfc. nasa/nmc/spacecraftDisplay. do? id＝1969－030A.

[4]   Wikipedia. Marine 7. http：//en. wikipedia. org/wiki/mariner－7.

[5]   NASA Space Science Data Center. Mariner 9. http：//nssdc. gsfc. nasa/nmc/spacecraftDisplay. do? id＝1971－051A.

[6]   Wikipedia. Marine 9. http：//en. wikipedia. org/wiki/mariner－9.

[7]   NASA. Viking：The Exploration of Mars. N84－28714.

[8]   NASA. Viking mission to Mars. NASA Facts.

[9]   NASA Space Science Data Center. Mars 5. http：//nssdc. gsfc. nasa/nmc/spacecraftDisplay. do? id＝1973－049A.

[10]   NASA. Mars Exploraiton Rover. http：//mars. jpl. nasa. gov/mer2004/.

[11]   NASA. Mars Exploraiton Rover. http：//www. nasa. gov/mission－pages/mer.

[12]   Graf J，et al. An overview of the Mars reconnaissance orbiter mission. IEEE 2009，p171－180.

[13]   Barlow N G. 火星关于其内部、表面和大气的引论. 吴季，赵华，等，译. 科学出版社，2010.

[14]   吴季，中国的空间探测及其科学内涵. 中国工程科学，2008 (6)：23－27.

[15]   NASA. Mars Global Surveyor. http：//www. nasa. gov/mission－pages/mgs.

[16]   Wikipedia. Mars Global Surveyor. http：//en. wikipedia. org/wiki/mars－global－surveyor.

[17] NASA. Mars Pathfinder. http：//www. nasa. gov/mission - pages/mars - pathfinder.

[18] Wikipedia. Mars Pathfinder. http：//en. wikipedia. org/wiki/mars - pathfinder.

[19] Saunders R S, et al. 2001 Mars Odyssey mission summary. Space Science Review, v110, 2004, p1 - 36.

[20] NASA. Mars Odyssey. http：//www. nasa. gov/mission - pages/odyssey/.

[21] Nolan K. , Mars - A Cosmic Stepping Stone. Praxis Publishing Ltd. , 2008.

[22] NASA. Mars Express. http：//mars. jpl. nasa. gov/express/.

[23] NASA Space Science Data Center. Mars Express. http：//nssdc. gsfc. nasa/nmc/spacecraftDisplay. do? id＝2003 - 022A.

[24] Hecht M H, et al. Detection of perchlorate and the soluble chemistry of Marian soil at the Phoenix lander site. Science, v325, 2009, p64 - 47.

[25] NASA. Phoenix. http：//www. nasa. gov/mission - pages/phoenix/.

[26] NASA. Mars Odyssey. http：//mars. jpl. nasa. gov/odyssey.

[27] Wikipedia. Opportumity Rover. http：//en. wikipedia. org/wiki/Opportunity - rover.

[28] Wikipedia. Mars Reconnaissance Orbiter. http：//en. wikipedia. org/wiki/mars - reconnaissance - orbiter.

[29] De Paula R P, et al. Evolution of the communications systems and technology for Mars exploration. Acta Astronautica, v51, n1 - 9, 2002, p207 - 212.

[30] Edwards C D. Key telecommunications technologies for increasing data return for future Mars exploration. IAC - 06 - B3. 1. 03.

[31] Kuln W. A UHF proximity micro - transceives for Mars exploration. 2006 IEEE, p1 - 7.

[32] NASA Space Science Data Center. Zond 2 . http：//nssdc. gsfc. nasa/nmc/spacecraftDisplay. do? id＝1964 - 078C.

[33] NASA. Mars Reconnaissance Orbiter. http：//www. nasa. gov/mission - pages/mro.

[34] Steltzner A. The Mars exploration rovers entry descent and landing and

the use of aerodynamic decelerators. AIAA 2003 – 2125.

[35]　NASA. Mars Global Surveyor arrival. Press kit，1997.

[36]　NASA. Mars Reconnaissance Orbiter arrival. NASA Press kit，2006.

[37]　Harvey B. Russian Planetary Exploration History，Development，Legacy Respects. Praxis Publishing Ltd. ，2007.

[38]　NASA. Phoenix Landing – Mission to the Martian Polar North. Press kit，2008.

[39]　Leuschen C J. Simulation and design of ground – penetration radar for Mars exploration. 2001 IEEE，p1524 – 1526.

[40]　金亚秋. 火星探测的微波遥感技术. 空间科学学报，2008（3）：264 – 272.

[41]　Young A H. Lunar and Planetary Rover：The Wheels of Apollo and the Ones for Mars. Praxis Publishing Ltd. ，2007.

[42]　Shwochert M A，et al. Mars exploration rover cameras：A status report. N20050175949.

[43]　Erikson J K，et al. Mars exploation rover. IEEE Robotics a&. Automatioin Magazine，June 2006，p12 – 82.

[44]　NASA. Mars Science Laboratory Landing. Press kit.

[45]　Ball A J，et al. Planetary Landers and Entry Probes. Cambridge University Press，2007.

第7章 探测故障与教训

7.1 火星探测分系统故障分析

火星探测几乎和探月于同一时间开始，迄今为止已发射了 41 次，共计 50 多个各类探测器，但其中约有一半以失败而告终。火星探测器的主要故障统计情况见表 7-1。表中所列的探测器各分系统发生故障比例见图 7-1。从图 7-1 中可以较为直观地看出，推进和 GNC 系统故障最多，均达到了 26.8%，其次是 TT&C 系统和电源，均为 9.8%，再次之为结构和机构为 7.3%，热控为 4.9%。

表 7-1 火星探测器故障统计[1-3]

	轨道器	着陆器	漫游器	合计
推进系统	火星-1960A 火星-1960B 火星-1962A 火星-1962B 火星-1969A 火星-1969B 水手-9 海盗-1 火星观测者 火星-8 希望号			11
结构和机构	火星快车 火星-1	猎兔犬-2		3
热控系统	水手-3		机遇号	2
电源系统	探测器-2 水手-7 海盗-1	深空-2		4

续表

	轨道器	着陆器	漫游器	合计
制导、导航与控制系统（GNC）	水手-8 宇宙-419 火星-4 福布斯-2 希望号	火星-2 火星-6 火星-7 火星极地着陆器 福布斯-土壤	勇气号	11
测控和通信系统（TT&C）	火星-5	火星-3 火星探路者	勇气号	4
其他	探测器-3 福布斯-1 火星气候轨道器 火星勘测轨道器	火星极地着陆器 凤凰号		6
合计	27	11	3	41

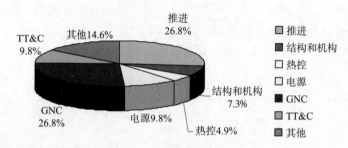

图 7-1　火星探测器中各分系统故障比例

7.1.1　推进分系统[1-12]

包括探火过程中进入低地球轨道、地-火转移轨道、环绕火星轨道和着陆制动火箭用的推进系统，以及姿态控制推力器。当前，火星探测推进分系统主要采用先进的化学推进技术，它在整个探测系统中起着至关重要的作用，但由于早期的火星探测活动中，运载火箭技术尚未十分成熟，故障率较高，因此在本书案例中，推进系统的故障比例在所有系统中占据了首位。

例如苏联早期的火星-1960A/B、火星-1962A/B、火星-1969

A/B 探测器都是由于推进系统故障而失败的。第一起是因为第三级火箭的泵未能提供足以点火所需的压力而失败，火箭仅达到 120 km 高度就坠毁，未能到达地球轨道。火星-1960B、火星 1962A/B 都是在上面级点火后向火星轨道转移过程中上面级爆炸或解体。火星-1969A 是由于发射后 438.66 s 时第三级发动机转子轴承出现故障，引起涡轮泵着火后发动机爆炸，探测器坠毁于阿尔泰山脉地区。火星-1969B 在起飞后 41 s，火箭坠毁在距离发射台 3 km 处。原因是起飞后 0.02 s 时，6 个第一级发动机中的一个发生爆炸，控制系统试图依靠余下的 5 个发动机的工作来进行补偿；但未获成功，起飞后 25 s 大约在 1 km 高度开始倾倒成水平状态，5 个发动机全部关机，最终坠毁。

1972 年 10 月 27 日，美国水手 9 号探测器在进行了近一年的绕火飞行后，完成了整个火星表面的拍摄任务，但这时它的姿控系统用的增压工质氮气亦已耗尽，探测器终止工作。这本来是一次极其完美的探测，这时水手-9 其他部件均完好无损，如果增压氮气充足，这颗价值昂贵的探测器本来还可以继续绕火工作一年。出现这一问题的原因是当时对水手-9 的运行寿命估计不足，设计寿命仅 90 天。当时曾有人提出可以将主推进系统贮箱和姿控系统相连，这样在姿控用氮气用尽时可以采用推进系统的压缩气体进行姿控。但这个建议未被采纳，原因是要多花 3 万美元。事后美国人十分感慨地说："为了节省这 3 万美元的管道，损失了价值 1.5 亿美元的探测器继续科考一年的机会。"

1976 年，美国海盗-1 探测器在接近到达火星轨道前，也曾遇到了一起重大的推进系统故障。它的燃料—甲基肼和氧化剂 N_2O_4 贮箱采用直径为 64 cm、压强为 2 530 kg/m^2 的贮箱中贮存的氦气增压。但增压用氦气必须先经过调节阀进行调压，压强为 179 kg/cm^2。箱中的氦气如果未经节制就流入推进剂贮箱，可以将贮箱压爆，因此采用了 5 个电爆阀，设计成 3 条线路（A，B，C），氦气经调压器调压后才可以进入推进剂贮箱。6 月 7 日，在发出指令将 B 线路打开，准备进行接近火星的机动飞行时，遥测数据显示，调压器发生了泄漏，泄漏速率为 0.16 kg/h，导致贮箱内压强仍然持续升高。这时，如果关闭 B 线路，可以防止未来的轨道进入机动过程中推进剂箱压强过高，可是因为 A 线路在飞行中途轨道修正后已经关闭，如果再关闭 B 线路，将使剩下的 C 线路成为唯一通道，而如果 C 线路在接受到指令后不能打开，整个探火任务就要失败，探测器最终将飞离火星。最后决定采取一项更稳妥的措施，即采用增大氦气流入推进剂贮箱的方法来减缓箱中的压强升高，并将原定在 6 月 9 日开始的接近轨道机动分成两次执行（50 m/s 和 60 m/s）。这样虽然防止了 C 线路成为唯一通道的危险，但多用了不少推进剂，使得后来的轨道进入燃烧过程推迟了 6 h，导致探测器进入轨道的近火点偏离了预定的着陆点，进入了一条周期为 42.6 h 的初始轨道。后来又经过一次点火才进入周期为 24.6 h 的设计轨道。鉴于这次故障的教训，在 1 个月以后重新编制了海盗-2 的程序，将贮箱增压程序推迟到轨道进入燃烧过程开始前的 12 h。但即便如此，仍有某些证据表明调压器存在泄漏，原因是直径小至 1 μm 的粒子影响了阀门的密封，导致了调压阀泄漏。

　　1983 年 8 月 22 日，火星观测者在进入火星轨道前 3 天，与地球的联系中断。当时需要打开电爆阀以接通推进系统管线，启动主发动机作轨道进入机动，但考虑到通信系统行波管放大器不能承受电爆阀振动的冲击，就先将行波管放大器关闭了，这样做的结果是从此后就中断了和探测器的联系，发射任务失败。由于再也未能取得与探测器的联系，无法肯定是哪个单一原因导致了失败，已提出的可能性有 6 个，但总的看法认为：发动机增压管线中自燃性氧化剂和燃料意外混合，引起增压工质与推进剂不可控制地外流，探测器因此失去了姿控和通信能力。这种观点认为是阀门不完善而造成了泄漏，特别是电动单向阀的软座可以导致扩散，而其硬座的密封也容易出问题，在有粒子污染时尤其如此，即使是尺寸仅有几微米的粒子。在卫星推进系统中，这样小量的泄漏本无所谓，因为它只需几天的机动飞行就可以到达工作位置。而火星观测者在太空飞行了 11 个月才启动主发动机，加上空间环境也有很大差别，不仅管道可能发生冷凝，其温度也不均匀，还会有一些蒸气聚集和冷凝在管道空端。试验确定在仅仅 200 h 内就可以有 40 mgN_2O_4 蒸气通过单向密封阀泄漏出去。因此一年时间内将有大量的氧化剂聚集起来，游离在贮箱和备用的发动机之间，当它们碰到一甲基肼燃料时就会自燃，引起管道受热和爆炸，使燃料和氦气增压工质逸出，逸出时产生的推力可以使航天器自旋，燃料泄漏形成的云雾将造成电子设备腐蚀或短路。但地面模拟泄漏试验中未能重现管道爆破现象。第 2 种最可能的故障模式是增压调节阀未能关闭，积累的 N_2O_4 蒸气腐蚀了增压系统限流器的钎焊材料。这种故障也是当年海盗号的一种重要故障模式，因此可以提供某些支持。第 3 种故障模式是电爆阀引爆时，阀门组件中用来固定炸药的螺栓损坏，将发火管以 200 m/s 的速度从阀门中弹出，击中燃料箱，足以使之击穿，这种模式在欧空局的地面试验中确实发生过。

1996 年 11 月 16 日俄罗斯发射火星-8 探测器，质子号运载火箭完成了前三级点火和第 4 级的第一次点火，正常地进入地球停泊轨道，但在按程序启动第 4 级二次点火 4 s 后，燃烧就终止了。探测器随后与第 4 级分离，并启动自己的发动机，但它没有足够的能量飞向奔火轨道，只是升高了远地点高度，而近地点仍在 70 km 高度的大气层中，火星-8 于 1996 年 11 月 18 日坠入南太平洋。事故发生时由于探测器组件已不在俄罗斯地面站遥测范围内，而南大西洋又没有跟踪测控船，因此未能观测到第 4 级的最后燃烧情景，但多数看法认为第 4 级工作不正常是事故的最终原因。

1998 年 7 月日本发射希望号火星探测器，由于轨道误差未能按预期到达火星，在太空飞行了 5 年后，最终进入环绕太阳的轨道，使这次火星探测失败。失败原因是火箭助推器燃料喷射阀门发生故障，导致推进剂泄漏从而使燃料消耗过度；另一个说法是因为氧化剂闭锁阀未完全打开，双组元发动机不能产生足够的推力，导致速度增量比预期减少了 100 m/s，未能进入预定轨道，轨道修正时又用去大量推进剂。在后来的绕地球借力飞行过程中，又因为通信和电子分系统发生故障最终使探测任务失败。

7.1.2 结构和机构系统[1-3,13,14]

探测器结构是指承受和传递载荷，为探测器及其分系统设备提供支撑、刚度和尺寸稳定性的部件、组件的总称。探测器机构是指使飞行器部件完成规定的运动的机械组件，包括解锁分离装置、太阳翼、解锁展开机构、天线指向机构、软着陆机构以及火星车释放装置等。

苏联火星-1 探测器在发射约 5 个月后的 1963 年 3 月 21 日，当飞离地球 1.06×10^8 km 时，因定向稳定装置发生故障，致使无线电方向性失灵和电源不足，最后同地球中断了联系。

2003 年欧空局发射的火星快车探测器携带的探测火星地下水的 MARSIS 雷达，有一根 20 m 长的天线杆，由圆柱形玻璃钢分段构成，像手风琴一样折叠起来，接到指令后打开，利用其弹性伸展出来。由于这种伸展机构很难在地面进行试验，因此只是使用了伸展动力学的计算机仿真代替了实物试验，当时采用的是 ADAMS 软件。但火星快车系统交付后，在用新的仿真软件对另一个将在 2005 年发射的火星勘测轨道器（MRO）上的类似天线进行仿真研究时，由于仿真的改进，发现 MARSIS 天线在伸展时可能会发生"后冲"，从而可能使天线杆撞击航天器本身。这个发现使欧空局决定改变天线的应用进程。原计划应在 2004 年 4 月，即探测器进入轨道后几个月后就展开该天线，欧空局决定推迟该天线的展开，让其他有良好运行业绩的仪器先工作，然后再让这个有可能带来损坏或失控风险的天线杆展开，但因此而推迟了探测进程。

火星快车探测器携带的猎兔犬-2 着陆器采用了许多创新性的设计，于 12 月 19 日采用弹簧载荷抛射器从探测器中释放，准备登陆火星。但是它也和同一时段发射的美国火星极地着陆器及深空 2 号探测器一样，释放后就从此杳无音信，基本上没有可以用来推断故障模式的信息。很显然，由于研制日程十分紧迫，探测器质量裕度和能量裕度又都极其有限，系统中没有冗余件，因此遇到任何单点故障都没有办法解决，造成猎兔犬-2 失败的一个可能原因是环境因素延缓了降落伞展开的时间，使之以过大速度撞击火星表面。后来还在探测器刚分离时由火星快车轨道器拍摄到的图像中，发现猎兔犬-2 密封舱后部似乎有冰状沉积物，据此人们判断，用来使缓冲气囊充分膨胀的氨气可能在太空飞行时就泄漏光了，因此探测器着陆时已无法通过气囊实现缓冲。

7.1.3　热控系统[1-3,15]

深空探测器在飞行过程中要经受极为恶劣的热环境，其温度可从摄氏零下 200 多度变至零上数百度。所有探测器都需要采取一定的热控措施，以保证探测器上各种仪器设备能处于正常的工作温度范围之内。探测器热控可以简单定义为控制探测器内外的热交换过程，使其热平衡温度处于规定的范围内，因此热控系统是探测器的重要组成部分。迄今为止的火星探测活动中，已发现 2 起因热控系统故障而导致发射失败或使任务受严重影响的案例。

1964 年 11 月 5 日，NASA 发射第一个探火飞行器——水手-3以失败告终。程序要求在发动机点火进入逃逸轨道后，抛去整流罩释放出水手-3探测器，而后再展开探测器太阳帆板并报告其运行状况。但是遥测数据表明，整流罩未能抛离，探测器飞行速度达不到设计要求，因此不能到达火星轨道。由此还造成其太阳帆板无法打开，只是依靠其电池供电运行，几小时后电池耗尽，失去联系，后来飞行器进入环绕太阳的轨道。事故原因确定为有效载荷整流罩蜂窝材料的结构故障。造成该故障的部分原因是运载火箭上升时气动加热引起高温，再加上整流罩泄压孔设置不当造成的压强载荷。在宇宙神火箭上升时，周围压强迅速下降，而罩内压强并非如此。产生的压差导致罩内壁蜂窝材料迸裂，材料受热后与罩内的航天器粘在一起，使整流罩无法抛离。同时还发现制造商洛克希德公司并未进行用以测试相应的压力剖面和热力剖面的热真空试验。

2004年1月24日美国机遇号火星车在着陆后的第一个夜晚，温度调节装置就出现了故障，一个晚上消耗了170 W·h的电能，研究发现是因为仪器置放臂的肩关节加热器一直开启着。这170 W·h的电能相当于火星太阳电池板最纯净时一个火星日发电总量的20%。设计时考虑到白天黑夜都需要能使机械臂转动，到了火星上，这个加热器整晚消耗着电能，但无法关闭。到4月28日，即着陆56天后，由于太阳电池板发电能力下降，这170 W·h电量已接近总发电量的30%。原本用于火星探测的电能供应已十分紧张，最后决定冒很大风险采用"深度睡眠"方法来节约用电，在夜间断开电池连接，将电池和电源总线断开，意味着火星车上所有的加热器停止工作，第二天早晨在太阳照射到电池板上时再自动接通。用此方法虽解决了电源不足的矛盾，但丧失了火星夜间科学观测功能。

7.1.4　电源系统[1-3,16,17]

电源系统是航天器的重要组成部分，主要包括太阳能电池、同位素温差电池和蓄电池。任何一种航天器均需要配有一个合适而可靠的电源系统。电源系统的水平对航天器性能、可靠性和工作寿命也起着决定性作用。在火星探测中，就有数起因电源系统故障导致航天器损伤的事故。

苏联于1964年11月30日发射的探测器-2，在12月1日首次通信中就发生严重问题。探测器上可用功率仅为期望值的一半，原因是一个太阳帆板未正确展开或工作不正常，原计划在飞往火星途中进行的实验不得不缩小规模以尽可能节省功率，确保探测器主要任务的完成。地面指挥部与探测器之间的通信保持了几个月，但在1965年4月探测器上通信系统的工作开始不正常，1965年5月5日与地面失去了联系。

1969年7月30日，美国水手-7探测器在抵达火星前的几天内，突然与位于南非的哈比斯普特地面站失去联系。后来再发指令，要求它使用低增益天线工作时探测器才给出回应，但这时发现 15 个遥测通道已经丢失，而且其他通道的通信也出现了一些错误。跟踪发现水手-7 的运行轨道已经偏移，以致在 8 月 5 日到达轨道近火点时与设计要求相差 130 km。这显然是因为探测器受到重大损伤才会导致这么大的轨道改变。最初推断以为它曾受到微流星的撞击，但后来发现这是由于银-锌电池爆炸而引起的。电池壳体爆破时，电解质喷向太空产生的作用就像是一台推力器。电池爆炸或腐蚀性电解质的作用还使不少电子部件发生短路。对火星飞越探测产生的严重影响是失去了对照相机扫描平台的标定，因此不得不重新设计新的方向参考系列。

美国 1975 年 8 月 20 日发射的海盗-1 轨道飞行器在与太空舱分离之后，发生了短暂的供电障碍，虽然很轻微，但足以使飞行器失去与地球的联系。幸亏行动迅速，得以使用低能量的通信联系，才没有发生永久性的数据丢失。这个问题直到降落之后才得以解决，使主要的通信联系得以恢复。

1999 年 12 月 3 日，美国的火星极地着陆器巡航级在进入火星大气层前的几分钟释放了主着陆器和 2 个微型穿透探测器深空-2 (DS-2)。DS-2 探测器具有极高鲁棒性的结构，采用被动方式定向，以不大于 200 m/s 的速度和不大于 20°的攻角垂直撞击火星表面，可以插入火星土壤中约 1 m。但在 2 个微型探测器释放后，再也没有得到它们的信息。各种原因都能造成这次事故。其中 2 种涉及静电放电导致失败的可能性值得注意。其一是在卡纳维拉尔发射场搬运过程中由于伪分离脉冲无意中接通了探测器，这样探测器电池将会泄漏殆尽。事前人们也已注意了这种乱真的接通事故，并在硬件组装时采取了措施，但对意料外的激化敏感性依然未能消除。如果该事件发生在发射台上，因为有效载荷和航天器遥测系统之间没有联系界面，这种故障就无法监测。

7.1.5　制导、导航与控制系统 （GNC）[1-3,18-24]

制导、导航与控制系统包括轨道控制、姿态控制和计算机三个分系统。其作用是根据飞行任务的要求保证探测器的运行轨道和运行姿态，并且控制探测器各个分系统的动作和指向。火星探测任务对制导、导航与控制系统的要求极高，实际上它是火星探测中另一个最易产生故障的分系统。

1971年5月8日美国发射水手-8，在半人马座上面级和运载火箭分离后，由于级间飞行控制系统故障，探测器/半人马座上面级组件在俯仰方向发生颤振，并开始翻滚，失去控制，在发射后第282 s，距离地面148 km处探测器和上面级分离，坠入大西洋中。

1971年5月10日，苏联发射了宇宙-419，但未能离开地球轨道。这是因为第4级Block D点火计时器设置上的错误使整个发射任务失败了。该点火器正确设置应该是在送入停泊轨道后1.5 h启动点火，但实际操作中设置为1.5年，因此造成轨道不断下降，很快就在2天后探测器重返大气层坠毁。

苏联火星-2探测器在1971年11月27日到达火星后，在其着陆器和轨道器分离后4 h，着陆器进入火星大气层，但着陆后再未收到其任何信息。对于火星-2的失事原因，长期以来一直归因于强烈的沙尘暴。但后来发现，其原因是在到达火星6天前探测器进行自动轨道修正时，将其进入的双曲线轨道设得太低，结果使着陆器以过于陡峭的角度进入大气层，在定时器释放降落伞之前就撞击了火星表面。这也归因于当真实轨道极其接近预示轨道时，几乎没有时间来校验自动导航程序。

苏联于1973年7月21日发射了火星-4探测器，但未能进入火星轨道，1974年2月10日它只能沿日心轨道在2 200 km高度飞离火星，原因是计算机芯片中的缺陷在飞行过程中不断发展，最后使计算机出现故障，无法使制动发动机点火，因而轨道器无法减速进入火星轨道。

1973 年 8 月 5 日，苏联发射火星-6 探测器，降落时主伞打开后 148 s 即落地前几秒时，来自着陆舱的所有信号中断，与地面失去联系。原因也是计算机芯片缺陷在飞行过程中不断发展导致制动火箭点火出现问题，其撞击火星表面的速度估计为 61 m/s。虽然在着陆过程中传回了许多数据，但难以判读。

1973 年 8 月 9 日，苏联发射火星-7 探测器，但 1974 年 3 月 9 日在预期进入大气层前的几小时，着陆器错过了火星，在距火星 1 300 km 处飞过。原因同样也是计算机芯片缺陷在飞行途中的进一步扩展，致使姿控发动机或制动装置出现故障，在预期进入火星轨道前 4 小时就提前分离，将着陆器从母舱中释放出去。

1988 年 7 月 12 日，苏联发射福布斯-2 探测器，但它在接近火星前已发生了一系列故障，在途中它的 3 台计算机中已有一台停止工作；飞近火星时，第 2 台计算机也发生颤抖，到达后也停机了，最后留下的一台很难承担探测器全面控制任务；同时，它的 3 个 TV 通道已有 2 个失去作用，只能使用备份发射机工作；再有许多仪器发热，在探测器抵达火卫一时，有些仪器实际上已经停止工作。探测器在最后一次向距离火卫一表面 50 m 的轨道机动、以便释放 2 个着陆器的过程中与地球中断联系。

日本于 1998 年 7 月发射的希望号探测器，在 2002 年 4 月试图飞越地球作借力飞行期间，太阳耀斑使姿控系统的电池发生短路，在进入地-火转移轨道并到达火星附近后，因无法启动主推力器进入火星轨道，最终探测任务失败。

1999 年 1 月 3 日，美国发射了火星极地着陆器，在着陆过程中，着陆器与巡航器分离后再也没有任何信息。由于着陆器上未装备发送遥测信号的仪器来记录它们在进入、下降和着陆过程中的状态，因此故障原因的判别十分困难。开始考虑是分离过程的故障，但后来确定其破坏缘于传感器的信号误读。这是一种设计失误，着陆器的 3 条腿在 40 m 高度伸展出来时，用来探测着陆腿接触地面时运动的霍尔效应（磁）传感器会错误地认为探测器已经着陆，因此就会按照程序在 40 m 高度时就过早地关闭制动发动机，最后使探测器着陆撞毁。计算机每秒读 100 次霍尔效应传感器，将任何一条腿的连续 2 次信号判读为已经着陆。这种设计误差在地面试验中本来是应当检查出来的，但事实上却漏过了。后来的试验表明，有 47% ～ 93% 的可能性形成足够长的时间瞬间产生误读信号。在这个高度上自由落体，着陆时的速度将达到 22 m/s，其撞击能大约是设计值的 40 倍，装有通信系统的精密波导管的侧壁几乎肯定被撞得屈曲了，结果使得着陆器发不出任何信号。

2004 年 8 月 5 日，美国勇气号火星车在火星表面工作时，可能由于一个半导体元件出现故障，引起一台 Mini - TES 小型热辐射分光计停止工作。这可能是执行指令的程序有问题。程序设计员最终找到了消除故障的办法，重建了火星车的程序保障系统。

7.1.6 测控和通信系统 （TT&C）[1-3,18,19,25,26]

测控和通信系统包括遥测系统、遥控系统、跟踪系统和通信系统，由该系统故障造成的火星探测事故也有多起。

1971 年 5 月 19 日和 21 日苏联相继发射了两个火星探测器火星-2 和火星-3。6 月 24 日，飞行途中的两个探测器上的分米波发射机都陷入沉寂，备份发射机也是如此，甚至启动厘米波发射机也未成功，经过几天的努力，故障排除，备份分米波发射机终于可以使用，后来也一直保持正常运行。但厘米波发射机的失败仍然是一个谜。一种看法认为：探测器的高增益天线不经意地指向了太阳约 10 s。但计算结果并不支持这种说法，因为发射机上使用的银焊材料的熔点温度高达 700℃。虽然这种说法的说服力不够，但为谨慎起见，后来的航天器高增益天线上都加盖了布篷，以防止太阳光以这种方式聚集于天线。

火星-3 在 1971 年 12 月 2 日到达火星轨道后，先是着陆器与轨道器分离，4 h 后着陆器进入大气层，这时它遭遇了有记录以来火星上最强烈的沙尘暴。着陆器打开 4 个瓣式盖以亮出其仪器，以"半硬"方式着陆,速度为 25 m/s。但着陆后其轨道器只输出 14 s 无对比度的仿真电视图像,从此就杳无音信。对其失事原因,长期以来也一直认为是沙尘暴吹翻了着陆器。但这个解释难以成立,因为当着陆器的 4 个瓣式盖打开以后,整个着陆器形成了一个稳定的构型,很难被翻转过去。现在看来,火星-3 事故最可能的原因是沙尘暴环境造成的电晕击穿破坏了无线电传输,或者是某种放电攻击了星载的关键系统。二次大战期间,在沙漠中作战的无线电人员也曾遇到过沙尘暴导致发射机受电晕影响而发生故障,因为干燥的尘粒高速撞击其他颗粒时会聚集电荷。火星-3 着陆器和轨道器的分离方式也使它难以避开沙尘暴天气,因为它们很早就与轨道器分离,发现沙尘暴天气后已不可能修正着陆时间或着陆地点。而后来美国的海盗号探测器采用的方式就要灵活得多,其着陆器是在探测器入轨后才与轨道器分离。

1973 年 7 月 25 日苏联发射的火星-5 在进入绕火星轨道后正常运行了 9 天,由于发射机故障,在绕火飞行 22 圈后与地面失去了联系。

1996 年 12 月 4 日美国发射的火星探路者着陆器和它的索杰纳火星车之间的通信,采用了摩托罗拉 9 600 bit/s 无线电调制解调器。环境试验表明调制解调器可以在火星正常工作,辐射效应可以通过对调制解调器通电循环来排除。但通信系统仍经常停机。发生停机的部分原因是由于着陆器和火星车之间的温差引起的,这种温差引起了频率不匹配,比特误差率从 10^{-7}（20℃）跳到 10^{-3}（着陆器调制解调器温度为 0℃,而火星车为-20℃)。在航天器通信中,振荡器频率对温度很敏感,对温度状态不甚了解或控制不好,可以使无线电系统失调,致使通信中断。

2004 年 1 月 21 日,美国勇气号火星车到达火星表面 18 天后,出现了与地面中断联系数小时的故障。重新建立联系后发现它已处于故障模式,问题追溯到用来储存科学观测数据的 256 M 内存。一个 128 M 的随机存储器用来作为工作内存,放置着管理内存文件系统的软件。但文件管理器占据了太多的内存，由于文件管理过分松散导致计算机反复重新设置。因为进入星际飞行以来，在文件系统中积累了约 1 000 个文件。在 1 月 30 日将这些文件删除后，问题才大大缓解，但仍未完全消除。最后是用了 14 天时间小心翼翼诊断和修正才重新正常运行。

7.1.7　其他[1-3,27-30]

除了上述诸多类型的故障外，还有其他一些原因导致火星探测发生故障，有些与管理工作的混乱有关。

1965 年 7 月 18 日，苏联探测器-3 选择了在不适宜的时间发射，发射目的是测试进行长时间飞行和作行星间科学研究时的系统性能，它飞过了月球，然后进行飞越火星探测，但不适宜的发射窗口决定了飞行轨道不能临近火星，无法实现火星探测，在 1966 年 3 月和地球失去联系。

苏联福布斯-1 探测器在发射后不到两个月时间，就于 1988 年 9 月 2 日和地面指挥部中断联系。问题发生在地面操作员在 8 月底向探测器上传一个 20～30 页长的指令程序时，遗漏了最后一位数字。另一种类似的说法是在发送的一连串数字中，"＋"和"－"出现了混淆。对这样的指令，探测器计算机误读为关闭姿控推力器，并及时执行了。其结果是姿控系统停止工作，探测器开始旋转，太阳电池无法工作，探测器供电中断，失去了和地面的联系。在正常情况下，上传探测器的指令是要经过地面计算机校验的，但这一次在未经过授权、也没有等待软件校验情况下，这个技术人员就越过规定程序向探测器发出了指令，很可能是因为此人工作安排太紧了。苏联航天研究所所长 Sagdeev 后来认为事故可能与航天器控制指令从远在克里米亚的指挥中心向莫斯科传递困难有关。

1998 年 12 月 11 日，美国德尔它运载火箭发射了火星气候轨道器（MCO），在次年 9 月 23 日按计划点燃发动机使之进入火星轨道，但点火开始后地面便未收到它的任何信号。地面人员确定它进入的轨道比预定的轨道低，可能已进入火星大气层而被烧毁了。调查发现，这是一个使 NASA 十分窘迫的低级错误，一个简单的单位换算错误导致了探测器在大气层中烧毁。在轨道器研制过程中，合同商洛马公司向 NASA 下属的喷气推进实验室（JPL）发送一个常规数据文件，JPL 设想文件中用的单位是公制单位，但实际上洛马公司用的是英制单位。具体地说对飞行器轨道机动推进冲量所用的单位是磅·秒，而不是牛·秒，两者相差 4.45 倍。巨大的轨道误差导致探测器在进入轨道后过于贴近火星。在研究人员发现这个单位误差并进行重新计算后，探测器的轨道已经只离火星表面 57 km 了，由于进入火星大气层实在太深了，要安全着陆已经不可能。

美国 1999 年发射的火星极地着陆器（MPL）在一次地面系统功能试验中，模拟着陆器在火星着陆后的动作。在通过输入软件指令使中增益天线全轴转动后，操作人员突然意识到由于前面的试验序列已使太阳帆板处于展开状态，这时天线摆动必将发生碰撞，因此试图中止该试验。但这时上行链路通道已经形成，紧急关机开关只能对地面支持的设备起作用，而这时航天器已在使用自身的电源。结果是天线摆动时碰撞了展开的太阳帆板，击碎了复合材料制的碟形反射器，刮伤了太阳帆板的基部。这是一种构型控制方向的事故，因为在指令天线摆动前，没有检查整个飞行器尚处在地面构型状态。另一重要的教训是，无论何时都要有办法使自动系统停止工作。

2005 年发射的火星勘测轨道器（MRO）于 2009 年 2 月 23 日经历了一次快速重启，之后，在 6 月 4 日又经历了与 2 月份相同的情况。工程师们不知道到底是什么引起了这些快速重启。起初他们认为可能是太阳粒子或宇宙射线袭击了探测器。8 月份，MRO 又经历了另一次不同情况的重启，卫星临时切换到备份计算机。这三次重启是否有关联，是否由相同的原因引起仍是个谜团。

2007 年发射的凤凰号火星漫游车于 2008 年 5 月 25 日在火星北极着陆，当初的设计并没有充分考虑火星冬季极其严寒的气候。火星北极冬季最低温度可达-126℃，而凤凰号只接受过-55℃寒冷环境的测试。随着火星上寒冷冬季的到来，凤凰号太阳能输入逐渐减少，只能关闭其温控加热器。在漫长的火星寒冬期间探测器太阳板被冻坏，结束了长达 5 个多月的火星探测任务。

7.2　经验和教训

　　火星历来是深空探测一个危险的目的地。50 多年来，世界各国向火星发射的各类探测器约有一半以上以失败告终，因此火星曾被称为"探测器的坟场"或"死亡星球"。之所以使人们产生这样的印象，其中一个重要原因是因为人类在太阳系行星探测活动中，对火星探测的尝试较多。人类发射的第一颗地外行星飞越探测器就是火星探测器，第一次环绕轨道探测、第一次着陆探测、第一次巡视探测也都是围绕火星展开的。

　　从最近几次事故讲起，2003 年 12 月，日本希望号火星探测器因为技术故障在太空中飞行 5 年，到了最后关头又出现故障，十分可惜地与火星擦肩而过，变成绕太阳飞行的人造行星。欧空局的猎兔犬-2 着陆器在进入火星大气后消息全无。即便是相当成功的勇气号，也在它的孪生兄弟机遇号成功到达之前，出现通信故障。这些事故都提醒着我们，火星探测充满危险，失之毫厘，谬之千里，所以我们要总结前人的经验教训，避免犯同样的错误。

7.2.1　探火途中充满艰辛[1-3]

　　火星是一个运行在与地球不同轨道的行星，虽然它也是和地球一样围绕太阳运转，但它的直径、质量、引力、绕太阳旋转的公转周期、轨道平面、偏心率、表面温度、大气组成和密度与地球都有差别，有的差别还十分显著。更重要的是它和地球之间的距离非常遥远，达到 5 千万到 4 亿 km，是地球和月球之间平均距离的 100～1 000 倍。探测器以第二宇宙速度飞向火星需历时 6～11 个月，在如此长时间的旅途中充满着艰辛，无论是发射阶段、星际飞行阶段、进入火星轨道和着陆阶段，以及着陆后或进入绕火工作轨道后都可能出现这样或那样的故障。

7.2.1.1 发射阶段

发射阶段的任务是将火星探测器从地面送入地-火转移轨道，它是整个火星探测的第一步，在 50 多年来的火星探测活动中，很多次失败都是由于运载火箭的故障而引起的。在本文收集到的 41 次探火故障中，有 12 次属于发射阶段故障，占总数的 29.3%。其中一个重要原因是这些运载火箭故障大都发生在人类初期探火活动中，当时运载火箭的能力、入轨精度、可靠性都不能充分地满足需求。在美苏两个超级大国冷战时期的空间竞赛中，探火计划仓促上马，特别是苏联从 1960 年 10 月 10 日至 1971 年 5 月的前 10 次探火任务全部失败，其中 7 次都出现在发射阶段。进入 20 世纪 70 年代后，运载火箭技术进步较快，日趋成熟。但即便如此，仍出现因运载火箭上面级故障而造成发射失败的重大事故。1996 年 11 月，俄罗斯选用了他们最得意的质子号火箭发射火星-8 探测器，但它在进入绕地球轨道后，因其第 4 级发动机二次点火失败而坠入南太平洋。在进入 21 世纪后的 2011 年，俄罗斯选用天顶-2SB 火箭发射福布斯-土壤采样返回探测器，其中还搭载了我国研制的萤火一号火星轨道器，但仍由于计算机故障导致上面级无法点火而失败。

7.2.1.2 地-火转移阶段

探测器从地球轨道进入地-火转移轨道后，就进入了一个历时漫长的自由飞行阶段，到达火星需要半年以上时间，期间探测器除了为数不多的几次轨道修正外，其余时间都为无动力飞行。虽然如此，由于时间跨度非常长，同时又是在严酷的宇宙环境中飞行，因此仍然可以出现各类故障。在本书所述的故障案例中，有 8 次就是在这一阶段发生的，占总数的 19.5%。其中特别是本阶段对通信和制导系统有极高要求，常常由于通信中断而失去联系而使任务失败。典型的例子是人类公认的第一个火星探测器（苏联的火星-1），就是在飞离地球 1.06 亿 km 后因定向稳定装置故障而失去联系的。此外，其他各种故障，如电源系统故障、燃料泄漏等原因也都可能使探测器失去联系。苏联的探测器-2和福布斯-1，美国的火星观测者就是由于上述故障而中断与地面联系的。日本的希望号探测器则是在星际飞行轨道上发生了一系列故障，经过长时间不遗余力的挽救，在太空中飞行了5年时间，最终还是未能进入火星轨道。

7.2.1.3 进入火星轨道和着陆阶段

在探测器完成星际飞行后，其进入火星的方式分为进入环绕火星轨道和在火星表面着陆。前者是在火星引力的作用下，使探测器成为火星的卫星。在进入火星轨道过程中，技术难点是选择适当的进入高度。如果探测器离火星过远，则不能被火星的引力捕获，只能掠过火星；如果切点太近，则可能坠毁于火星大气层。着陆是在探测器进入火星轨道后，通过减速使探测器轨道的远地点逐渐减小，然后在适当的高度进入大气层到达火星表面。因为在探测器进入火星大气时离地球已很远，遥测和遥控信号比较微弱，另外，当探测器飞到火星背面时，地面指挥部无法准确地确定其轨道参数，这就给再入高度的选择带来困难。进入火星大气层后，探测器防热措施如何，降落伞、气囊和缓冲火箭能否按程序工作都至关重要，必须非常精确。另外，火星上的一块石头或者一阵狂风都有可能破坏原有的计划。因此这一阶段也是非常关键的阶段，由于能造成故障或失败的因素很多，故障比例和发射阶段相近，达到了26.8%。

上面所述的故障案例中，进入火星轨道的故障为3例，分别是苏联火星-4轨道器和火星-7着陆器，因无法实现减速未能被火星捕获；另一起是美国火星气候轨道器因人为失误而进入大气层过深，无法返回绕火轨道而坠毁。而着陆火星过程产生的故障则多达7例，占全部案例的17.1%，可见着陆火星过程是极其艰险的。这包括苏联火星-2探测器轨道设置错误、火星-6姿控发动机的制动装置故障、福布斯-2控制设备故障、美国的火星极地着陆器传感器误读和深空-2的电晕放电攻击，以及欧空局猎兔犬-2降落伞展开故障，均使着陆失败。

7.2.1.4 着陆火星后或进入火星工作轨道后

在经历了一系列艰难历程，最后着陆火星或进入绕火工作轨道后，仍有可能出现多种故障，影响探测器的正常工作，甚至造成探测器失败。这段时间的故障案例共有 9 个，占总数的 22.0%，其中主要是着陆火星表面后的故障，达 7 例之多。原因是火星表面环境十分复杂，气候条件恶劣。火星表面温度极低，对探测器温度调节装置有很高的要求；而且火星大气密度约只有地球的 1%，辐射相当严重；火星表面很不平整，充满凹坑和岩石，探测器很有可能陷入松软的火山灰覆盖的陷阱中；火星上的沙尘暴也十分可怕，有时达到 6 倍于地球上 12 级台风的强度，持续时间可达一年。这些故障包括苏联火星-3 因沙尘暴期间的电晕放电被击穿通信设备，美国火星探路者和火星车之间的巨大温差而导致通信系统停机，勇气号火星车计算机系统的故障和指令程序的故障，以及机遇号火星车热控系统的故障。轨道器在轨运行时出现的故障有 2 起，分别为苏联火星-5 发射机故障和欧空局火星快车轨道器有效载荷天线杆故障。

7.2.2 正确的发展战略是深空探测事业的头等大事[1-3,31-35]

从世界各国 50 余年来火星探测的风风雨雨，我们可以清楚地看到，正确的、科学的发展战略对于深空探测事业的成功至关重要。任何战略方面的失误都是全局性的失误，并可能造成长时期的不利影响。

火星探测初期，美苏两个超级大国的空间竞赛是其中最有代表性的例子。两国为了扩大政治影响的需要，不惜巨额投资，急功近利，发射了大量火星探测器，追求发射第一个火星探测器、第一次飞越探测、拍摄第一幅火星图像、第一次绕火飞行和第一次登陆火星。而实际上当时的技术尚不是十分成熟，特别是运载火箭发动机和控制系统的能力和可靠性还存在不少疑问，许多探测器尚未达到地球轨道就坠毁于地面，还有不少探测器虽然进入了地球停泊轨道，但上面级故障同样使之无法进入地-火转移轨道。苏联在 1960 年至 1988 年间共发射了 18 个火星探测器，没有一个是完全成功的。其中 13 个探测器完全失败，5 个探测器被认为是部分成功，但比较勉强。苏联通常采用同一窗口发射 2 个相同探测器的方式互为备份，以保障其成功率。如火星-1960A/B、火星-1962A/B、火星-1969A/B；火星-2/3；火星-4/5；火星-6/7；福布斯-1/2。但由于技术上的缺陷客观存在，其补偿效果仍然不大，这是一个令人深省的教训。在 1988 年两个福布斯探测器相继失败后，苏联就几乎中断了火星探测活动。直到苏联解体后，俄罗斯才重新提出新的探火计划——火星-8。但又犯了类似的错误，好大喜功，一个探测器上携带了 2 个着陆器、2 个穿透器和一个轨道器，所携带的科学仪器重达 1 t 多，将大量的科学任务捆绑在一次发射上，希冀通过它的发射振奋俄罗斯人对火星探测的信心，结果所有的希望全都破灭了，得到了适得其反的消极效果。2011 年发射的福布斯-土壤探测器的失败教训也在总结中。

美国在冷战时期的空间竞赛中也遭到多次失败，在 20 世纪 70 年代中期成功地进行了 2 个海盗号着陆器的火星探测后，从此休眠了整整 17 年。直到 20 世纪 90 年代中期，美国人逐渐领悟到制定一个火星探测长期发展战略的重要性。1995 年美国 19 位顶级科学家在一份"火星地外生物学探测战略"的重要文件中，提出了火星探测的五阶段长期发展战略。这五个阶段的时间跨度都比较长，但任务十分清晰。这个战略很快得到了 NASA 的首肯，对美国后来的星际探测计划产生了深远的影响，为 NASA 的空间科学战略计划奠定了基础。从 1996 年的火星全球勘测者（MGS）起，美国的火星探测活动就开始进入了新的有序化轨道。该战略同样得到了欧空局的认同，并在此基础上更新了欧空局的地平线-2000 计划。

但在后来的发展道路上美国人还是走了一段弯路，即 NASA 的"更快、更好、更省"路线。火星全球勘测者（MGS）和后来的火星探路者计划虽然也遵循了这一路线，但都十分幸运地成功了。MGS

还由于采用了革命性新技术——空气制动技术，只花了 2.5 亿美元，其投资还不到以前海盗号计划的 1/10。可是 NASA 却忽视了 MGS 在进入工作轨道时用太阳帆板减速所遇到的一个重大故障，反而是忘乎所以，在后来 1998 年和 1999 年发射的火星气候轨道器（MCO）和火星极地着陆器（MPL）进一步推行这条路线，变本加厉地削减成本，两个探测器总计只花费 1.9 亿美元。结果是探测器质量裕度和能量裕度十分有限，许多系统中取消了冗余备份，在遇到任何单点故障时根本没有办法解决，最后这两个探测器全部坠毁了。这两起事故在美国全国范围内掀起了轩然大波，甚至国会也提出了质询，要求 NASA 予以解释。显然 NASA 在这条路线上走得太远了，将火星探测这样的高风险任务草率地简化到了不可接受的地步，造成的损失是十分惨重的。无独有偶的是欧空局的火星快车探测器也受到这条路线的影响，采取了一系列不适当的措施，丢失了探测器携带的猎兔犬-2 着陆器。后来 NASA 从这些事故中吸取了深刻的教训，在紧接着于 2001 年起开始的火星探测任务中采取了有效的改进措施，取得了前所未有的连续 6 次发射成功的业绩。

7.2.3 严格周密的管理是探测任务成功的保障[1-3]

火星探测是一项极其复杂的系统工程，从设计、研制、生产、装运、发射直至着陆火星或在轨工作，任何细微的失误都可能造成全局性的灾难事故。因此严格周密的管理是至关重要的保证。

管理中最主要的是避免人为失误。人为失误分为两大类，即现实失误和潜在失误。现实失误不仅是事故的直接原因，而且是一旦发生就立刻导致事故；潜在失误一般不会马上引发事故，而是要过一段时间后才显现出来。现实失误只有一例，美国的火星极地着陆器在试验中天线碰撞展开的太阳能帆板，击碎了复合材料制的碟形反射器，刮伤了太阳能板的基部。这主要是试验人员事先没有认真检查当时整个探测器的状态。

潜在失误共有 5 例，都是属于人员的误操作，包括技能性误操作、决策性误操作、知觉性误操作和违规操作。常见的技能性误操作是操作人员的技术不熟练、动作缓慢、注意力不集中、看错仪表、按错按钮和操作步骤发生错误等；决策性误操作的典型例子是对情况的判断或估计错误，进而采取错误的措施和行动；知觉性误操作主要是指对距离、时间和速度的估计错误，这种误操作在操作人员发生幻视、幻听或空间定向障碍的情况下最易发生；违规操作就是不按规章制度的要求进行操作。

NASA 的首次火星探测任务水手-3 就是由决策性误操作导致失败的。由于制造商洛克希德公司没有在适当的压力和热力条件下进行热真空试验，导致了运载火箭在上升过程中整流罩和探测器粘在一起，无法脱落而失败。首先洛克希德公司的决策层就犯了错误，没有按要求进行试验。其次是 NASA 也没起到监管作用，在发射前更没提及试验，最终导致了探测器的失败。

技能性误操作有苏联的宇宙-419，由于其第 4 级 Block D 点火计时器设置上的错误导致了任务的失败，这是由于操作人员把 1.5 小时设置为了 1.5 年，这很有可能是操作人员注意力不集中导致的。还有火星极地着陆器的另一个故障，传感器的信号误读，此设计失误应该在地面测试中能被检查出来的，但事实上却被漏过了。这可能是试验人员检查不仔细导致的。

由于操作人员自身的身体条件和环境条件不良很容易引起知觉性误操作。操作人员不良的身体条件包括精神状态、生理状态和能力限制。典型的不良精神状态是精神紧张、身心疲劳、任务繁重、动机不纯、骄傲自满和注意力不集中等；不良生理状态主要是带病坚持工作、身体疲惫、体力下降和意识丧失；能力限制是指系统对人的要求超出人的能力范围，因为人的体力、智力、视力和反应能力等都有一定的极限，超出这种极限人就必然会犯错误。除了人自身的条件以外，还有完成任务的环境条件，如工作场所信息交流不畅通、协调不够、领导不得力、没有充分利用各种资源、准备工作不充分和操作人员休息时间不够等。福布斯-1 就可能是由于操作人员工作繁忙、休息不好导致在指令输入时遗漏了数字。更糟的是这个技术人员未经过授权，也没有等待软件校验，就越过这个程序向探测器发出了指令，所以这也是一个典型的违规性误操作。美国的火星气候轨道器的失事原因也是典型的违规操作，由于单位换算问题导致了失败。从一开始 NASA 就规定统一按国际通例实行公制单位，但合同商洛马公司在一个常规数据文件传输中采用了英制单位，数据值和公制单位相差 4.45 倍，最后导致火星气候轨道器的失败。

从以上人为误操作导致的故障可以看出，管理对于航天来说是多么重要。同时也可以看出管理不力主要表现在规章制度不健全、缺乏严格的督促检查、产品质量不过关、产品存在设计缺陷、对员工要求不严、纪律松弛、没有提供及时的技术指导、生产和试验过程中没有发现问题或发现的问题没有得到及时和有效的解决。所以必须建立健全管理制度来避免以上的误操作。凡是人就会犯错误，因此航天器设计应该以人为中心，考虑到人的能力、人的本性，特别是人会犯错误这个特点，通过健全的管理体系来要求和规范设计和生产。

参 考 文 献

[1] Harland D M. Space Systems Failures，Disaster and Rescues of Satellites，Rockets and Space Probes. Praxis Publishing Ltd.，2006.

[2] 张晓岚，等．行星探测工程典型故障案例研究．上海航天技术基础所，2010.

[3] Siddiqi A A. Deep space chronicle：A chronology of deep space and planetary probes 1958－2000. NASA，Washington，2002.

[4] NASA Space Science Data Center. Mars 1960A（Masnik 1）. http：//nssdc. gsfc. nasa/nmc/spacecraftDisplay. do？ id＝MARSNK 1.

[5] NASA Space Science Data Center. Mars 1960B（Masnik 2）. http：//nssdc. gsfc. nasa/nmc/spacecraftDisplay. do？ id＝MARSNK 2.

[6] NASA Space Science Data Center. Mars 1962A. http：//nssdc. gsfc. nasa/nmc/spacecraftDisplay. do？ id＝1962－057A.

[7] NASA Space Science Data Center. Mars 1962B. http：//nssdc. gsfc. nasa/nmc/spacecraftDisplay. do？ id＝1962－062A.

[8] NASA Space Science Data Center. Mars 1969A. http：//nssdc. gsfc. nasa/nmc/spacecraftDisplay. do？ id＝MARS69A.

[9] NASA Space Science Data Center. Mars 1969B. http：//nssdc. gsfc. nasa/nmc/spacecraftDisplay. do？ id＝MARS69B.

[10] Guernsey C S. Propulsion lessons learned from the loss of Mars Observer. AIAA 2001－3630.

[11] Cruze M I，Chadwick C. A Mars polar lander failure assessment. AIAA 2000－4118.

[12] Wikipedia. Nozomi（Planet－C）. http：//zh. wikipedia. org/wiki/file：nozomi. gif.

[13] Wikipedia. Mars 1. http：//fr. wikipedia. org/wiki/Mars－1.

[14] NASA. Mars Express. http：//mars. jpl. nasa. gov/express/.

[15] Wikipedia. Marine 3. http：//en. wikipedia. org/wiki/mariner－3.

[16] NASA Space Science Data Center. Zond 2. http：//nssdc. gsfc. nasa/nmc/

spacecraftDisplay. do? id=1964 - 078C.

[17] Wikipedia. Marine 7. http: //en. wikipedia. org/wiki/mariner - 7.

[18] Wikipedia. Mars 2 . http: //en. wikipedia. org/wiki/Mars - 2.

[19] NASA Space Science Data Center. Mars 4. http: //nssdc. gsfc. nasa/nmc/ spacecraftDisplay. do? id=1973 - 047A.

[20] NASA Space Science Data Center. Mars 6. http: //nssdc. gsfc. nasa/nmc/ spacecraftDisplay. do? id=1973 - 052A.

[21] NASA Space Science Data Center. Mars 7. http: //nssdc. gsfc. nasa/nmc/ spacecraftDisplay. do? id=1973 - 053A.

[22] NASA Space Science Data Center. Cosmos 419. http: //nssdc. gsfc. nasa/ nmc/spacecraftDisplay. do? id=1971 - 042A.

[23] NASA Space Science Data Center. Phobos 2. http: //nssdc. gsfc. nasa/ nmc/spacecraftDisplay. do? id=1988 - 059A.

[24] Cruz M J. A Mars Polar Lander failure assessment. AIAA 2000 - 4188.

[25] NASA Space Science Data Center. Mars 3. http: //nssdc. gsfc. nasa/nmc/ spacecraftDisplay. do? id=1971 - 049A.

[26] NASA Space Science Data Center. Mars 5. http: //nssdc. gsfc. nasa/nmc/ spacecraftDisplay. do? id=1973 - 049A.

[27] NASA Space Science Data Center. Zond 3. http: //nssdc. gsfc. nasa/nmc/ spacecraftDisplay. do? id=1965 - 056A.

[28] Krebs G D. Phobos 1, 2. http: //space. skyrocket. de/doc - sdat/fobos - 1. htm.

[29] Mars Reconnaissance Orbiter. http: //www. nasa. gov/mission - pages/mro.

[30] Phoenix. http: //www. nasa. gov/mission - pages/phoenix/.

[31] Cowing K. NASA response to the Columbia accident report: Farewell to Faster, Better, Cheaper. Sept, 2003.

[32] David L. NASA report: Too many failure with Faster, Better, Cheaper//A Critical report of former NASA manager, March 2000.

[33] Dumas N. Faster, Better, Cheaper: An institutional view. IAF99 - 11. 2. 03.

[34] Gross R L. Final report on audit of Faster, Better, Cheaper policy strategic planning and human resource alignment. IG—01—009, NASA Office of Inspection General, March 2001.

[35] Musser G S. Faster, Better, Cheaper, How? An interview with Domenick J. Tenerrelli. Astronomical Society of the Pacific, 1995.

第 8 章　火星探测前景

尽管人类在火星探测方面有了重大进展，但是到目前为止有关火星的主要问题和基本问题仍没有明确的答案，所以还需要不断的努力，作进一步的探索，来回答这些未知问题。

未来所面临的任务非常艰巨，将有更多的使命需要完成。当前阶段的核心推动因素是探求火星从过去到现在的全球细节，从地质化学到生物化学，这仍然是当前我们努力的落脚点。到目前为止，火星轨道探测器和着陆器的任务结果验证了我们最初关于火星有着活跃历史的猜测：水的作用、与地球的密切关系，以及与星球生命相关的有价值的见解。这些成就要求我们进一步制定切实可靠的火星探测计划，继续新的探索，更加全面地了解这颗行星。

8.1　未来 10 年的火星探测计划

世界各空间大国都已制订或正在制订各自的火星探测规划，近年来已经立项的主要有 3 项计划：NASA 的"火星大气和挥发物演化探测器"（MAVEN）和"洞察号火星地震和内核探测器"（InSight）；欧空局和俄罗斯合作的"地外生物探测器"（ExoMars）；此外，还有"空中机器人"（Aerobots）和"火星采样返回" 2 个任务，虽然尚未正式立项，但预计它们很可能在未来 10 年内飞往火星，期望通过不断努力，逐步了解火星历史和它所诠释的生命。图 8 - 1 为 NASA 目前规划的未来火星探测计划，但可能会有调整。

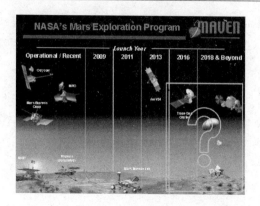

图 8-1　NASA 未来的火星探测计划构想图[1]

8.1.1　火星大气和挥发物演化探测器（MAVEN）[1-3]

火星大气和挥发物演化探测器（Mars Atmosphere and Volatile Evolution Mission，MAVEN）是 NASA 的一个用于探测早期火星大气层和挥发物演化机理的轨道器。该任务起始于 2004 年，2011 年通过设计评审，2012 年夏进入组装、试验和发射准备阶段，预定于 2013 年 11 月 18 日～12 月 7 日的发射窗口采用宇宙神-V401 火箭发射升空，经过 10 个月的太空飞行，最早将于 2014 年 9 月 22 日进入环绕火星的椭圆轨道。

MAVEN 探测器（见图 8-2）总质量 2 550 kg，净质量 903 kg，

图 8-2　火星大气和挥发物演化探测器[1]

采用太阳能电池供电，翼展 13.7 m，在远火点高度时功率为 1 135
W，三轴姿态控制，单组元推进剂发动机。预定在火星上空工作一
个地球年。

8.1.1.1　科学任务

MAVEN 探测器的主要目标是探测早年火星大气层散失的原因。
现在的火星大气非常稀薄、干燥、寒冷，但已经进行的火星地质学
和矿物特性探测表明火星表面状况并非一直如此。纵横交错的峡谷
群体系和高度退化的撞击坑等地质现象，以及层状硅酸盐的存在，
都表明火星在形成早期曾经很湿润。已测得火星大气中氘/氢的同位
素比例是地球的 5 倍，此外 $^{15}N/^{14}N$ 和 $^{38}Ar/^{36}Ar$ 的同位素比值也极
高，这些均表明火星曾经有过较厚的大气层。丰富的液态水和稠密
大气层的存在决定了火星可能曾经长期存在生命。

但这种状况在火星诺亚纪末期消失了，大气层中的大部分 CO_2，
N_2，H_2 在远古时期就散失到太空中。研究表明很可能是下列三种机
制的相互结合导致这种结果。其一是由于火星磁场的消失，大气层
缺乏磁场的保护，太阳的远紫外线、高能粒子和太阳风便会肆意地
溅射和撞击火星大气；其二是在 39～41 亿年前的内太阳系晚期重轰
炸期，由于类木行星移位而引入的小行星撞向类地行星，导致火流
星和大气层的激烈摩擦加热作用使大气层快速散逸；其三是上层较
轻原子的正常"金斯逃逸"（Jane's Escape）作用。MAVEN 探测器
的主要任务就是研究火星大气确切的逃逸机理，以便充分理解火星
大气层、气候和水的历史，从而正确地了解火星的可居住性。

MAVEN 探测任务的主要科学目标是：

· 确定火星大气层中挥发物向太空中散发产生的影响；

· 确定外层大气和电离层的现状以及与太阳风之间的相互关系；

· 确定目前中性气体和离子向太空逃逸的速率和控制过程；

· 确定稳定的同位素比值，推算火星大气随着时间推移而损失
的历史。

8.1.1.2　科学仪器

MAVEN 探测器配备了一整套研究火星上层大气和电离层的高精度仪器，主要有以下 8 种。

· 太阳风电子分析仪（Solar Wind Electron Analyzer，SWEA）；

· 太阳风离子分析仪（Solar Wind Ion Analyzer，SWIA）；

· 超热和热离子组分仪（Super Thermal and Thermal Ion Composition，STATIC）；

· 太阳高能粒子仪（Solar Energetic Particles，SEP）；

· 朗缪尔探测器（Langmuir Probe and Waves，LPW）；

· 磁强计（Magnetometer，MAG）；

· 紫外成像光谱仪（Imaging Ultraviolet Spectrometer，IUVS）；

· 中性气体和离子质谱仪（Neutral Gas and Ion Mass Spectrometer，NGIMS）。

探测内容包括一年内的火星上层大气、电离层、行星日冕、太阳风、太阳远紫外线和太阳高能粒子的状况，确定太阳和火星之间的相互作用，以及目前火星大气的逃逸速率。

探测器将运行在一个椭圆轨道上，轨道倾角 75°，远火点高度 6 230 km，近火点高度 150 km，周期 4.5 h。在一个地球年的探测中将 5 次深入高度 125 km 的火星大气层中，每次历时 5 天。这样，在长达一年的探测期间，探测器可以多次覆盖火星各个高度的大气层，全面探测火星各个部位大气层的状况。

8.1.2　洞察号火星地震和内核探测器（InSight）[4,5]

洞察号（InSight）是英语 Interior Exploration Using Seismic Investigations，Geodesy and Heat Transport 的缩写，原意是"采用地震研究、测地学和传热学进行内核探测"。2012 年 8 月，在 NASA 举行的项目评审中击败了同时于 2011 年授权论证的另外两个项目（Hopper 彗星探测和土卫-6 探测）。该项目由 NASA 下属的喷气推进实验室主持，主合同商为洛马公司。任务将在法国航天局（CNES）和德国航天局（DLR）的协同下完成，美、法、德、奥地利、比利时、加拿大、瑞士、英国的科学家和工程师将共同实施这项科学探测活动。洞察号原名为"火星地质物理监测站"（GEMS），2012年才改为现名。

　　洞察号是一个固定式火星着陆器（见图8-3），质量约350 kg。它继承了凤凰号火星极地着陆器的技术，采用了相同的主体设计，使用太阳能电池供电，总经费4.25亿美元（不包括运载火箭费用）。预定于2016年3月发射，同年9月着陆火星，在火星表面工作1个火星年（或2个地球年）。由于任务时间很长，因此将部署在火星赤道附近，保证火星冬季时也能正常工作。

图8-3　洞察号地震和内核探测器[5]

8.1.2.1　科学任务

　　洞察号的科学任务是研究40多亿年前太阳系岩石行星形成的演变史。因为研究表明，太阳系内层行星在形成时都从一个称为"堆积"的过程开始，随着行星尺寸的逐渐增大，内热不断升高，演变为后来的由内核、地幔、地壳构成的类地行星。尽管它们有一种共同血统，但对各个地类行星后来的形成过程中是否都分化出地核、地幔、地壳仍不十分清楚。洞察号的研究目的就是增进对这一过程的理解，这方面的研究反过来又可以帮助解释行星磁场动力学的演变史。

这是首次尝试探测火星的内核状况。选择火星进行研究，是因为它的大小既可以经历早期类地行星形成时的堆积和内热过程，又可以保留下这些过程的痕迹，获得深层次、精确的历史记录，提供它们形成过程的基本信息，有助于人类对太阳系所有岩石行星演变过程的研究。洞察号的研究项目包括火星内核、地幔、地壳的尺寸、厚度、密度、总体结构，内核是固态还是液态，以及从内核释放热量的速率；第二个目的是深入研究火星的地质物理、构造活动、地震活动和火星上的小行星撞击活动，用以提供地球上这些过程的知识。

8.1.2.2 科学仪器

1）火星内部结构地震实验仪（Seismic Experiment for Interior Structure，SEIS），由法国航天局提供，希望用它监测到一个火星年内火星的 4.5 级或 5 级地震，以精确测量火星地震和其他内部活动，用地震设备绘制火星内部和表层的分界线，搞清它是否拥有地球那样的断层性、是否有一个熔融核心，以及火星内核亿万年来有什么样的变化。

2）热流和物理性能包（Heat Flow and Physical Properties Package，又称 HP3），由德国航天局提供。这是一台钻入火星地表下 5 m 的热流探测仪，诨名称为"鼹鼠"，其进入深度比以往所有的机械臂、采样铲、钻孔机和探测仪都深，用来考察从火星地核传出热流的传输机制及揭示火星的"热史"。

3）旋转和内结构实验仪（Rotation and Interior Structure Experiment，RISE），使用探测器的通信设备实施，提供对火星旋转的精确测量，以便更好地理解行星的结构。

4）黑白相机。安装在着陆器机械臂上的黑白相机，视场 45°，可以提供着陆场四周的全景图像，采集着陆器甲板上仪器的相片和地震仪与热流探测仪周围地面的三维图像，帮助工程师们正确地布置探测仪器。此外在甲板边上还安装了一台视角为 120°的广角相机，协助仪器布置工作。

8.1.3　地外生物探测器 (ExoMars)[6,7]

8.1.3.1　计划的演变

地外生物探测器 (Exobiology on Mars，ExoMars) 原来是欧空局"曙光"计划的第一个旗舰类任务，由 1 个固定式着陆器和 1 台火星车组成。该计划已于 2005 年由欧洲各国航天局长批准，原定于 2011 年用俄罗斯的质子号- Fregat 火箭发射。它的任务是通过现场分析来寻找过去和现在的火星生命迹象，探测有机物、水和岩石成分，确定航天员登陆火星可能会遇到的危险，并为火星采样返回任务作准备。ExoMars 的火星车将携带用来探测有机物的多种仪器和钻探设备，可以补充和显著地拓宽美国科学实验室的生物分析能力，成为发送到火星上最先进的生物学着陆器。人们相信，只要在着陆点有生命存在的证据，无论过去的还是现在的，该火星车就一定能找到。

但该计划后来经历了一系列变化，探测方案和发射方式也在不断改变。先是在 2009 年和美国 NASA 达成了一项"联合探测火星倡议"，后又与俄罗斯航天局签订 ExoMars 和福布斯-土壤两项计划合作的合同；2012 年 2 月奥巴马政府由于财政原因决定终止参与 Exo-Mars 计划，同年 3 月 15 日欧空局宣布俄方参加 ExoMars 计划的内容和方式。

8.1.3.2　科学任务

ExoMars 的科学任务包括：探索火星过去和现在存在生命的生物迹象；表征火星各种深度浅表水和地质化学分布；研究火星表面环境，甄别未来载人探测火星任务的危险性；研究火星浅表和深层状况，较好地理解火星的演变和可居住性；为采样和返回任务作好准备。

8.1.3.3　计划组成

根据欧空局最近宣布的决定，ExoMars 计划将包括 4 个探测器，其中 2 个固定式着陆器，1 个火星车，1 个轨道器，分别于 2016 年和 2018 年各用 1 枚俄罗斯质子号火箭发射。具体计划是 2016 年 1 月将发射 ExoMars "微量气体探测轨道器"（TGO）和 "进入、下降和着陆演示舱"（EDM）；2018 年发射 ExoMars 火星车和俄罗斯着陆器。

8.1.3.4 微量气体探测轨道器（Trace Gas Orbiter，TGO）

TGO 轨道器（见图 8 - 4）用于分析火星大气，在释放 EDM 着陆器后它主要用于绘制火星大气中甲烷和其他气体的资源图，并帮助火星车选择 2 年后将在火星表面着陆的场地。火星大气中存在甲烷是令科学家十分关注的问题。在火星车于 2018 年或 2019 年着陆后，TGO 轨道器将降低飞行高度，进行科学探测的同时，还为火星车及 EDM 着陆器提供通信中继。2022 年之前 TGO 轨道器将一直作为火星着陆器的中继卫星。

图 8 - 4　ExoMars 微量气体探测轨道器（TGO）[7]

8.1.3.5 进入、下降和着陆演示舱（Entry, Descent and Landing Demonstrator Module，EDM）

该着陆器的主要任务是为欧空局验证在火星表面着陆时控制方向和降落速度的技术。在探测器进入火星大气层后，舱内释放出降落伞，以雷达多普勒高度仪传感器和探测器惯性测量单元为基础，通过闭环制导、导航与控制系统控制一组推力器，以脉冲方式开启-关闭，实现半软方式着陆。该着陆舱拟在火星梅里迪亚尼平原着陆，该地区平坦少岩石，是气囊式着陆的理想地点。

　　着陆将在火星沙尘暴季节进行，因为这是表征火星沙尘大气独一无二的好机会，同时将进行与沙尘环境相关的表面测量。EDM 舱着陆后将成为一个火星环境测量站，用站上 DREAMS 气象包的一整套传感器来进行火星大气环境测量，包括用以测量风速和风向的 MetWind 传感器、测量湿度的 MetHumi 传感器、测量压强的 Met-Baro 传感器、测量表面温度的 MarsTem 传感器，并用 ODS 传感器（Optical Depth Sensor）测量大气粉尘浓度、研究电量对粉尘飞扬的作用和引发沙尘暴的机理，还将用 MicroARES 传感器首次进行火星表面电场测量。俄罗斯将为 EDM 着陆器提供同位素温差电池，使该着陆器可以在火星表面持续工作数月。

8.1.3.6　ExoMars 火星车

　　ExoMars 火星车（见图 8-5）和俄罗斯的着陆器拟将在火星的 Mawrth 峡谷着陆。早先曾为该火星车安排了 5 个待选着陆点，但在 2009 年发现火星上有数个甲烷源后，已使该峡谷成为高价值探测目标。这是因为甲烷有可能是当今仍然存活的生命体代谢的产物，也有可能是目前火星地质活动的产物，无论证实是哪一种情况，都将是极其重要的发现。火星上现已发现的甲烷是以长的羽流方式存在的，提示它们是由数个分散的区域释放出来的，可能有 2 个来源区域，一个以 30°N，260°W 为中心，另一个以 0°N，310°W 为中心。

　　因此首先要在 2016 年的探测任务中，由 TGO 轨道器预先确定火星上甲烷季节性生成的原因，然后在 2018 年任务中将 ExoMars 火星车着陆在指定的甲烷源地区，进行深入探测，提高成功率。

图 8 - 5　ExoMars 火星漫游车[7]

8.1.4　空中机器人 (Aerobots)[6,8,9]

空中机器人（Aerobots）是英语"空中"（Aero）和"机器人"（Robots）两词的缩写。在深空探测中，像火星这样的拥有大气层行星使用的空中飞行器主要包括火星气球和火星飞机两类，目前研究的重点是火星气球。空中机器人探测器的优势在于，它们能够在火星上空以比轨道探测器高数百倍的分辨率进行大面积的空中探测。这样一个独特的视角可获得更好的景观资料，并进行比卫星轨道上清晰得多的火星表面分析。

虽然目前尚未安排具体时间发射火星探测用的空中机器人，但是其原理并不十分复杂，而且有可能在地球高层大气中进行试验，因此很可能在 10 年后登陆火星。欧空局已经在整个成员国范围内提出这样的飞行器设计要求。NASA 也已开展了大量的关于空中机器人的研制工作。

8.1.4.1　火星气球

使用火星气球有两种设计思路：第一种是从正在登火的着陆器上将超长期气球（ULDB）迅速充满氢气，然后释放出去；第二种是热气球，可利用太阳能或从火星表面的辐射中吸取热量，加热球内气体使其产生浮力。气球上装备了各类有效载荷，可利用昼夜之差产生浮力效果，在空中长时间漂浮。气球在夜间需要降落到火星表面，用长系绳锚定，在长系绳基座上的科学仪器甚至可以在火星表面进行采样分析。火星气球探测的优点是质量轻，成本低；缺点是方向控制能力较差，进入大气层展开后主要依靠自己的能力自主工作，需要配备导航和飞行控制装置。

在行星探测中最早使用气球的是苏联，1985 年 6 月 11 日和 6 月 15 日，其维加-1 和维加-2 探测器在飞往哈雷彗星的途中，在金星上空各释放了一个探测气球，在进入金星大气层后，第一个气球工作了 56 min，第二个气球工作了 57 min。

在火星上空进行气球探测难度较大，这是因为火星大气密度仅为地球上的 1/150，但所幸的是，火星表面的重力加速度也只有地球的 38%。一个能承载 20 kg 重物的气球其容积需达到 5 000～10 000 m³，而承载 200 kg 时则需要 100 000 m³ 容积。20 世纪 90 年代，俄罗斯曾研制了一种 5 000 m³ 容积的镀铝 PET 聚酯气球，质量 65 kg，但最后因研制经费的原因未能付诸应用。

NASA 和欧空局对火星气球均感兴趣，NASA 喷气推进实验室正在考虑一种称为火星地质科学空中机器人（Mars Geoscience Aerobots，MGA）的热气球，可以在火星上空飞行 3 个月，绕飞火星 25 圈，行程 500 000 km，携带的精密学仪器包括超高分辨率立体相机，寻找浅表水的雷达探测器和寻找重要矿物的红外光谱仪等。图 8-6 是 NASA 提出的一种在火星火山上空工作的气球构型。

图 8-6　NASA 提出的在火星火山上空工作的气球构型[8]

8.1.4.2　火星飞机

火星飞机是一种在火星大气层中依靠空气动力飞行进行科学考察的探测器。对于气压不到地球 1% 的火星表面，设计这样的航空飞行器有很多困难。基于目前的材料，一架轻型滑翔飞机从正在登陆火星的着陆器上释放后，在着陆过程中可以滑行 1 小时左右。即使这么短的滑行时间内，滑翔机仍可以从着陆器附近的广大区域中拍摄到火星表面的重要图像和收集矿物学数据。如果配备相应的推进系统，则可以飞行相当长的时间。当前考虑的火星飞机主要是一次性使用的探测器，如果配备起飞和下降功能，还可以多次反复使用。

火星飞机研制工作中面临的主要技术挑战有：

· 掌握低雷诺数、高亚声速的空气动力学，并对其建模；

· 建立适宜的且通常为非传统的机体和气动结构设计；

· 掌握火星飞机从进入阶段的防护壳体中伸展的动力学；

· 由于火星大气层组成与地球不同，必须采用非吸气式推进系统。

美国火星飞机的研究开发工作在 20 世纪 90 年代发展很快，在 NASA 的"侦察兵"（Scout）低成本机器人火星探测计划提出的多种方案中，就有一种 ARES 火星飞机。ARES 的全称是"区域环境空中侦察机"（Aerial Regional - scale Environment Survey），计划用德尔它 - 2 - 7925H 发射升空。飞机的两翼和尾段均可折叠，在地-火转移轨道飞行时，火星飞机一直收拢在探测器的防护罩内，在进入火星轨道后，先是采用常规的方式通过气动外形减速、再使用制动火箭和降落伞减速到要求的速度后，将火星飞机从防护罩中释放出来，解除折叠并展开成飞行构型。图 8 - 7 和图 8 - 8 分别是 NASA 火星飞机结构组成和在防热罩中的收拢状态，图 8 - 9 是 ARES 飞机进入火星大气层和展开过程。

ARES 采用复合材料机体，长 4.45 m，翼展 6.25 m，尾翼展 1.81 m，基准面积 7 m^2，平均空气动力弦长 1.25 m，净质量 113 kg。采用脉冲火箭推进，载有 45 kg 双组元肼推进剂（MMH＋MON -

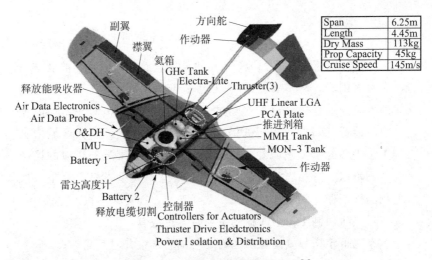

Span	6.25m
Length	4.45m
Dry Mass	113kg
Prop Capacity	45kg
Cruise Speed	145m/s

副翼

方向舵

作动器

襟翼

氦箱

GHe Tank

Electra-Lite　Thruster(3)

释放能吸收器

UHF Linear LGA

Air Data Electronics

PCA Plate

Air Data Probe

推进剂箱

C&DH

MMH Tank

IMU

MON-3 Tank

Battery 1

作动器

雷达高度计

Battery 2

控制器

释放电缆切割　Controllers for Actuators

Thruster Drive Eledctronics

Power l solation & Distribution

图 8-7　ARES 火星飞机结构组成[9]

3)，巡航速度 145 m/s，航程 450～600 km，飞行中 $Ma = 0.65$，$Re = 200\ 000$，$q = 105$ Pa，探测时将采用正在火星上空轨道飞行的 MRO 探测器作通信中继，向地球传输信号。

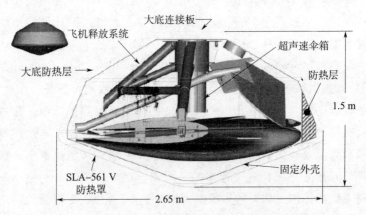

大底连接板

飞机释放系统

超声速伞箱

大底防热层

防热层

1.5 m

SLA-561 V

防热罩

固定外壳

2.65 m

图 8-8　ARES 飞机收拢在探测器防护罩内的状态[9]

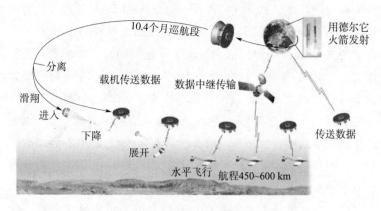

图 8-9　ARES 火星飞机的降落过程[9]

在研制工作中，曾用 1/2 缩比模型和全尺寸模型在 30 km 高度进行了试验，其大气密度和温度条件和火星大气层基本相同。但侦察兵计划最后选取了凤凰号火星极地着陆器方案，因此 ARES 火星飞机研制计划未能继续进行。

8.1.5　火星表面采样返回[6,10-13]

火星表面采样返回是 NASA 和 ESA 所确定的火星探测战略的第四阶段任务。前三个阶段仅限于机器人在火星探测。由于火星上景观广阔，地质遗产丰富，要获得过去和现在火星特征的全面信息可能需要几十年时间。尽管现代机器人探测器已经很先进，已可以在火星表面完成一部分科学实验。但它和人类的研究能力仍旧无法相比，一般认为机器人的实验水平比人类亲自进行的实验水平至少要相差几十年，仅仅依靠机器人的探测是远远不够的，必须尽早实施对火星表面采样并返回地球进行研究。火星表面采样返回任务难度极大，它将是未来十年内火星探测领域皇冠上的宝石，其科学意义十分深远，国际影响极为显著。

ESA 曾经宣布，其火星采样任务计划在 2016 年前后开展，属于 ESA 曙光计划的第二个旗舰类任务。NASA 也曾表示要尽可能早地进行采样返回任务。2009 年 10 月，NASA 和 ESA 发出"联合探测火星倡议"，其最终目标是在 2020 年后取回火星样品，预定于 2018 年发射的 ExoMars 计划是第一步，采样返回的时间未明确规定，预计在 2020～2022 年间。然而在 2012 年 2 月，奥巴马政府宣布退出 ExoMars 计划，因此采样返回任务已成为悬而未决的设想。

根据当年 NASA 和 ESA 的联合方案，有两步法和三步法两种方式来开展火星采样返回任务。两步法战略第一步是 2018 年发射 1 个登陆火星的机器人着陆器/火星车用来收集多种样品，包括各种岩石，地下钻取的土壤、表层土、沙子、尘埃，以及一天中不同时段的空气样本。如果任务时间足够，着陆器甚至可以采集火星一年中不同时期的样品。然后将这些样本放入一个密封舱内，转移到火星上升飞行器（MAV）中（见图 8-10），飞向火星轨道。随后发射第二枚探测器前往火星，并在火星轨道上与该上升飞行器对接，完成样品转移后返回到地球。上升飞行器可以继续留轨，也可以在交付样品后候机返回火星表面，进行后续样品收集。

三步法战略是在 2018 年发射 1 辆火星车，进行火星表面的采样和分析，至少工作 500 个火星日。然后在数年后分别发射 1 个火星着陆器和 1 个轨道器。着陆器携带了 MAV 上升飞行器和一台小型火星车，该火星车功能相对单一，仅用来将前一台火星车上的样品容器搬运到着陆器上，然后卸货给 MAV，MAV 发射升空将样品交给轨道器后返回地球。显然这种方式比较从容，但要多一次发射任务。但不管怎样，该任务的成功将是深空探测的一个里程碑，不仅采样返回具有重要历史意义，而且任务本身将成功地演示载人探索火星行程的各个阶段，将对未来的探火任务提供巨大的技术推动。

图 8 - 10　火星上升飞行器（MAV）[13]

8.2　载人火星探测构想

火星采样返回任务的实施，必将大幅度提升人类对这颗红色星球历史和现状的理解和认识。但这些绝不会使人类就此满足。自古以来人类就有一个愿望——登上火星。因为我们的前辈在探索南北极、登上珠峰、发射卫星以及载人登月时就产生了载人登火的愿望。这一愿望虽不一定符合逻辑，迄今为止科学家的意见也未完全统一，但也不可磨灭——这是人类的天性。并且，随着人类空间探索能力越来越强，载人探火的时机已不再是那么遥远。尽管当前对其社会、政治、经济、伦理问题存在重大争议，对成本、风险甚至人类探险的伤害争论很多，但只要条件具备，我们一定会登陆火星。

20 世纪 90 年代以来，人类越来越多地认识到去火星进行实地探测的意义。有许多实际理由表明大量探测任务最后仍需要由人类登陆火星才能完成，人是万物之灵，人的机动能力极强，可以根据具体情况就地作出重要决定；人类可以在现场实验室内进行复杂的科学实验；人类可以精选出最准确的火星样品带回地球等。但最重要的原因还不是这些，载人登火最大的驱动力来自它的科学价值。试想，在遥远的火星上有可能存在生命，而在机器人探测和采样任务后，仍然没有发现与生命相关的活动痕迹。我们怎能就此宣布火星上没有生命，难道人类会任由本可解答的问题悬而未决？我们找不到这样做的理由。如果我们在整个火星上都发现了大量史前生命活动的证据，还能满足于只发射机器人探测火星吗？机器人探火给了我们许多可信的证据，但仅有一小部分证据可帮助我们了解火星。勿庸置疑，最终结果将引导人类进行更广泛更深入的探索。同样，人类也需要亲身经历火星探测，展开火星之旅的科学探索，因为只有聪明的人类才能完成机器人无法完成的任务。因此，载人探火具有必然性。

　　NASA 和 ESA 早在 20 世纪 90 年代就将载人探火作为火星探测战略的第 5 个阶段任务。众多独立的、深入的研究项目，如 NASA 的设计参考任务（Design Reference Mission），Robert Zubrin 的火星指南（Mars Direct），美国火星协会和 ESA 的载人探火研究，都广泛地分析了载人火星探测的重要问题。其中，NASA 和 ESA 的计划最具有代表性，他们计算了 2048 年前的所有相关发射任务和时间，认为 2033 年是载人探火的最佳时机。NASA 和 ESA 都乐观地设想一项为时两年半的探火任务，在 2033 年 4 月 8 日发射，2035 年 11 月 25 日返回地球。但这项任务能否在这个时间段完成还有疑问，因为和载人登月相比，这个计划将更困难，或者说两者根本无法相提并论，载人登火将是人类有史以来最伟大的航天任务。NASA 和 ESA 期望在未来 30 年内实现这项任务，人们将翘首以待。

　　NASA 和 ESA 等世界主要航天机构提出了一些构想方案。所有方案都是采用首先由德国数学家霍曼在 1925 年提出的探火路线，第一种是"合点型"路线，当地球和火星分别处在太阳的两侧时发射。因为在飞行途中太阳引力将提供一些帮助，该方案可使整个任务需要的燃料较少，航天员将在 6 个月内到达火星，并在火星表面停留 18 个月（约 550 天），然后经过 6 个月的星际航行返回地球，总任务时间约 900～1 000 天。该路线的一个变型称为"长期滞留、快速转移"路线，即航天员将沿同样的路线往返火星，但速度更快，需要更多的推进剂和新型、效率更高的火箭。总任务时间保持不变（由地球和火星的位置和运动决定），较快的飞行过程将使航天员尽量少受空间辐射危害，并有更多的时间停留在火星的表面。第二种称为"冲点型"路线，当火星和地球处在太阳同一侧时发射。任务总时间400～650 天，航天员往返火星航程分别约需 6 个月，但在火星表面逗留仅有 30 天左右。冲点型路线的一个变型称为飞越金星路线，即可在地球和火星分别位于金星两侧时飞向火星，但是无论是去还是回，都要飞临金星并且利用它的引力。这样可节约大量推进剂，但机组人员在火星表面也只能停留 30 天，并将在飞行过程中因为靠太阳太近而暴露在较强的辐射中。分析以上两种路线后，所有任务都倾向于选用"合点型"轨道，这种方法耗能（推进剂）较少，在火星表面停留时间长，可最大限度地获取科学价值[6,14-17]。

8.2.1　NASA 的载人探测火星构想

早在 20 世纪 50 年代，冯·布劳恩就大胆地提出载人探测火星的构想。近 20 多年来，美国各个研究机构提出了多种载人登陆火星的方案，如 1988 年 NASA 的"案例研究"，1990 年"90 天研究"，1991 年"合成工作组的研究"，以及 90 年代以来火星参考设计构型（DRA－Design Reference Architecture）系列。2010 年，奥巴马政府颁布了新的载人航天政策，取消了载人登月的"星座计划"，将其最终目标定位在载人登陆火星，再次将载人火星探测推上了高潮。根据奥巴马的载人航天新政，将分布实施载人登陆火星计划，包括发展新型大推力运载火箭——空间发射系统（SLS），研制新型载人运输飞船等，期望在 2030 年后实现载人火星探测。

8.2.1.1　火星参考设计构型 5.0

（1）总体方案

火星参考设计构型 5.0（DRA 5.0）是美国目前最为先进的载人火星探测方案，该方案在继承了 DRM 1.0（DRM - Design Reference Mission）和 DRM 3.0 的基础上，以战神-5、战神-1 和猎户座

（Orion）为基准，采用多次发射、多次对接的方式，设计了载人火星探测 900 天的任务。往返地-火的星际载人飞行器将是人类历史上最为复杂的探测器，这种飞行器的研制将代表人类最先进的航天技术。

　　DRA5.0 采用的是"合点型"路线，该方案需要燃料较少，航天员将在 6 个月内到达火星，并在火星表面停留 18 个月，然后经过 6 个月的星际航行返回地球，总任务时间约 900 天。

　　该方案最大的特点是，采取"分批次发射"的方案，即典型的人货分离。其优点是货物采用低能量的轨道且无飞行时间限制，保证速度增量最小，便于提高有效载荷运输效率；航天员采用高能量的快速飞行轨道，最大限度减少宇宙辐射的危害。这种方式还有利于采用就地资源利用技术（ISRU）制造火星上升飞行所用的推进剂，最大程度地减轻任务总质量和着陆器的体积。载人登陆火星发射程序十分复杂，发射过程和飞行程序见图 8-11。

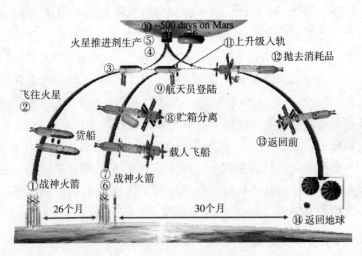

图 8-11　火星参考构型-5.0 飞行程度[19]

　　整个载人登陆火星任务分三个阶段实施。第一阶段起始于两艘货船的发射：下降/上升飞行器（DAV）和火星表面居住舱（SHAB）。这两艘飞船均使用多枚运载火箭分多次发射升空，并在低地轨道完成组装。然后，进入能量消耗最小的轨道飞往火星，在航天员到达火星之前两年抵达。一旦到达火星，SHAB 暂时停留在火星轨道，作长达 2 年的等待，直至搭载航天员的乘员舱抵达火星轨道，在航天员转移到 SHAB 之后，再着陆到火星表面。DAV 被火星轨道捕获后，随即自主地完成进入下降和着陆。着陆后，在火星表面进行一系列准备工作，为航天员到达火星作准备。

第二阶段起始于载人的火星转移飞行器（MTV）发射。MTV 的主要任务是搭载航天员往返于地-火轨道。整个 MTV 也分多次发射，进入低地轨道，并在轨道上完成组装完毕后，进入高能量的快速飞往火星的轨道。MTV 到达火星轨道后，在火星轨道上与 SHAB 对接。航天员转移到 SHAB，然后着陆火星表面。

航天员在到达火星表面后，开展一系列火星表面考察活动。在完成任务后，乘坐早先登陆火星的 DAV 离开火星表面，然后与在火星轨道的 MTV 对接。MTV 将作为地球返回舱搭载航天员返回地球。

（2）芯级飞船核热推进系统

DRA 5.0 建议优先采用核热芯级推进系统。所有飞行器无论是货船还是载人转移飞行器都通过 3 个 110 kN 推力的核热发动机完成全部机动。

每艘货船的初始质量为 246.2 t，总长 72.6 m（其中气动外形长 30 m，直径约 10 m）。有效载荷的总质量约 103 t。核热推进级总长 28.8 m，发射质量 96.6 t。液氢贮箱内部直径 8.9 m，可贮存推进剂约 59.4 t。串联型贮箱总质量 46.63 t，总长 13.3 m，可贮存液氢 34.1 t。在地-火轨道转移飞行期间，需耗液氢约 91 t，发动机燃烧时间为 39 min。

载人火星转移飞行器的初始质量为 356.4 t，总长 96.7 m。芯级推进器 106.2 t，串联燃料贮箱 91.4 t，拱形桁架和液氢外挂贮箱 96 t，有效载荷 62.8 t。与载货转移飞行器不同的是，载人转移飞行器的每个发动机外侧都配备了防止航天员免受辐射伤害的屏蔽装置。

由于 DRA5.0 方案采用的是单模式核热发动机方案，因此，货船和载人飞船均要配置太阳电池阵供电。其中，载人飞船采用的是四块太阳电池阵，每块面积为 125 m²，可提供 50 kW 的电源。

芯级推进系统以化学推进为备选方案，但不作为最优选择。

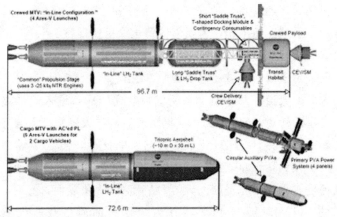

图 8-12　采用热核火箭的火星转移飞行器概念图[19]

（3）地球返回舱

在 DRA 5.0 构型中，采用了猎户座（Orion）作为地球返回舱，总质量约 10 t，它具备两个功能：一是将 6 名航天员运输到位于低地轨道的火星转移飞行器（MTV）中。二是航天员在完成 30 个月的探测任务后，返回到火星轨道，与在火星轨道的火星转移飞行器（MTV）对接，进入火星转移居住舱（MTH），飞行器加速进入火-地转移轨道。经过漫长的星际飞行后，再减速进入地球轨道。航天员从火星转移飞行器（MTV）转移到地球返回舱，并最后与火星转移飞行器（MTV）分离，由返回舱将航天员直接送回地球，进入大气层后在水上着陆。

（4）战神大推力运载火箭

在 DRA 5.0 中，重型运载火箭沿用了"星座计划"的战神系列。它包括两个 5 段式可重复使用的固体火箭助推器，芯级采用 5 台 RS-68B 发动机，二子级采用 1 台 J-2X 发动机。运载火箭起飞

8-13 猎户座乘员探测飞行器[19]

时初始质量约为 3 323 t，长为 110.3 m，可以将 110 t 有效载荷运送到低地轨道。火箭整流罩直径为 8.4～12 m，长 12～35 m。

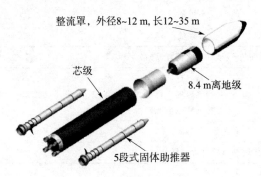

图 8-14 战神-5 运载火箭[19]

（5）火星转移居住舱（MTH）

火星转移居住舱（MTH）是航天员由地球到火星或由火星返回地球的转移过程中的居住空间。整个任务中，星际飞行时间约 400 天，因此，火星转移居住舱（MTH）需要提供至少供航天员消耗400 天的物资。整个舱段分为两层，一层供航天员居住，另一层为航天员提供餐饮、锻炼及医疗护理服务等。舱内主要结构和设备有舷窗、舱门对接装置、配电系统、环控生保系统、废物处理系统、通信系统、贮藏室、防宇宙辐射的安全装置、航天员出舱活动用的气闸舱和进出通道等。

表 8-1　火星转移居住舱质量分解[19]

系统名称		质量/kg
系统	电源系统	5 840
	电子设备	290
	环境控制和生保系统	3 950
	热管理系统	1 260
	乘员居住系统	4 210
	地球返回舱系统	870
	结构	2 020
	冗余	4 920
	额外备份	4 180
	乘员	560
火星转移居住舱总质量（不含消耗品时）		28 100
消耗品	食物（返回）	2 650
	食物（边界飞行）	2 650
	食物（紧急情况）	7 940
消耗品质量		13 240
火星转移居住舱总质量（含消耗品时）		41 340

（6）火星表面系统

　　火星表面系统的研究需要处理好两方面的关系：即探测目的和载人探火系统方案的顶层设计。火星表面系统的基本策略包括：1）移动系统：即增压火星车在火星表面远距离行走。2）探索路径：即平衡增压火星车在火星表面的科学探索与居住舱之间的关系。3）表面通信：即小型机器人系统与居住舱之间的通信。火星表面系统主要包括：火星表面居住系统、就地资源利用系统（ISRU）、电源系统，以及火星巡视系统等。

表 8 - 2　火星表面系统质量估算[19]

表面系统	数量	居住舱/kg	下降飞行器/kg
航天员消耗品	—	1500	4500
载荷	—	—	1000
机器人	2	—	500
钻探设备	1	—	1000
非增压火星车	2	500	—
增压火星车	2	8 000	—
增压火星车增长	—	1600	—
增压火星车电源	2	—	1 000
移动设备	—	—	1 000
居住舱	1	16 500	—
居住舱增长	—	5 000	—
静止电源系统	2	7 800	7 800
ISRU	2	—	1 130
表面系统合计	—	40 400	18 430
上升级 1	1	—	12 160
上升级 2	1	—	9 330
下降级（湿重）	2	23 760	23 760
气动外型	2	42 900	42 900
合计（含燃料）	107 060	106 580	

　　火星表面居住系统与月球居住系统在设计方案上存在较大的共性，因此可以充分继承月球居住系统的设计。月球居住舱可容纳 4 名航天员，其形式可以是单独的小型居住舱，也可以是"拼接"成火车状的组合式居住舱。该方案修改后，可以满足火星探测的更高

要求。由于火星任务需要再补给，每个分系统都要作额外质量的冗余考虑。因此，总质量大概需要增加 20%。居住舱质量大概为 21.5 t，需要 12.1 kW 的电源。

　　就地资源利用系统（ISRU）的主要目的是在火星表面制造上升返回用的推进剂。基本原理是：火星亚表层土壤内含有水分，同时在火星大气中含有大量的二氧化碳，利用化学反应来制备甲烷和氧气，制造火箭所需的推进剂。此外，ISRU 系统还可用来生产航天员所需的氧气和水。ISRU 系统包括三个分系统：大气获取系统、消耗品生成系统、液化系统。

　　除上述表面系统之外，还有移动系统和电源系统。火星表面移动系统是进行火星探测的核心运输工具，大大增强了航天员在行星表面活动范围。其中包括增压火星车和非增压火星车，这两类火星车都可以继承增压月球车和非增压月球车的设计。不过增压火星车可以容纳 2~4 人，无补给续航时间约 2 周，大约行程 100 km。

　　所有火星表面系统均采用核反应堆供电，核反应堆在航天员到达之前就部署完毕。核反应堆电源生成系统能够提供 40 kW 能量，其中有 12 kW 用于维持人员生保系统。

8.2.1.2　奥巴马载人航天新政下的载人登火计划

　　2009 年，奥巴马就任美国总统后即组织航天专家审议美国的载人航天政策，2010 年 2 月 1 日奥巴马宣布新的太空探测计划，提出了新的战略及技术发展重点和路线。其主要内容是，取消重返月球的星座计划，停止研制战神系列运载火箭和猎户座飞船；将火星探测作为未来太空探测的主要目标；延长国际空间站的在轨寿命；研发新一代重型运载火箭；重视商业航天运输系统的开发等。奥巴马的战略调整是采用"能力驱动"发展模式来代替以前的"目标驱动"模式。即通过不断开发突破性的技术，不断提升自身的航天技术能力，逐步完成一系列发展目标，其战略是要最终以可持续的方式发展美国航天事业，提升总体能力，巩固其航天霸主地位。

　　但在同年 4 月 15 日奥巴马在 NASA 的演讲中对此作了一些修

改，承诺在飞船和重型运载火箭计划中要注意继承战神和猎户座飞船开发的成果，并明确将把小行星和火星作为未来载人深空探测的目标，即先通过载人小行星探测，然后在 2030 年前后将把航天员送上火星轨道，最终再实现载人登陆火星。

（1）新一代重型运载火箭

2011 年 9 月 14 日，NASA 公布了美国重型运载火箭"空间发射系统"（Space Launch System，SLS）的设计方案。运载火箭的低地球轨道运载能力为 130 t，基本方案为 2 个 5 段式航天飞机型固体火箭助推器，5 台航天飞机主发动机（RS-25D）的芯级、1 台基于 J-2X（土星-V 重型运载火箭 J-2 上面级的改进型）的二子级、直径 8.38 m 的航天飞机外挂储箱。但在后期作为货运火箭时可能采用大推力液体助推器。SLS 火箭初始构型的低地球轨道运载能力为 70 t，最后构型为 130 t。表 8-3 是美国 SLS 运载火箭和战神-5 火箭的对比。

从 SLS 重型运载火箭设计思路来看，NASA 强调充分使用成熟技术，其目的一是降低研发成本，保证研制进度；二是通过使用成熟技术提高可靠性。与战神-5 重型火箭构型相比，SLS 的构型采用了很多共性技术。虽然星座计划已被叫停，但是战神-5 火箭的许多技术成果仍可以直接用于新一代 SLS 重型运载火箭的研制。

根据 NASA 计划，SLS 系列中的首枚火箭 SLS-1 将在 2017 年 12 月发射，执行探月任务，此后将逐步优化设计构型，满足不同任务的需要。2032 年首飞低地轨道运载能力超过 130 t 的重型 SLS 运载火箭，该火箭芯级将使用 5 台改进型航天飞机主发动机，上面级使用 3 台 J-2X 发动机。根据太空探索任务的需要，SLS 采取渐进式发展，从承担月球任务逐步向小行星任务和火星任务过渡。

表 8-3　美国新一代重型运载火箭与战神-5 火箭的对比[19]

项目		战神-5	SLS 初始构型	SLS 最终构型
全箭	级数	两级半	两级半	两级半
	起飞质量/t	3 705	2 495	2 948
	起飞推力/kN	52 454	37 365	40 924
	起飞推重比	1.44	1.53	1.42
	高度/m	110	97.5	122
	LEO 运载能力/t	160	70	130
	LTO 运载能力/t	63	–	–
助推器	直径	3.7	3.7	3.7
	推进剂	固体	固体	固体
	助推器个数	2	2	2
	发动机型号	5 段式航天飞机助推器	5 段式航天飞机助推器	5 段式航天飞机助推器
一子级	直径/m	10.06	8.38	8.38
	推进剂	液氢/液氧	液氢/液氧	液氢/液氧
	发动机型号	RS-68	RS-25D	RS-25E
	发动机台数	6	3	5
	单台推力/kN	3 122	1 779	1 779
二子级	直径/m	10.06	5	8.38
	推进剂	液氢/液氧	液氢/液氧	液氢/液氧
	发动机型号	J-2X	RL10B-2	J-2X
	发动机台数	1	1	1

重型运载火箭的飞行计划为：

1）SLS-1 飞行时间确定为 2017 年 12 月。SLS-1 属于两级半构型，使用 3 台 RS-25D 航天飞机主发动机。芯级采用直径 8.38 m，长 64 m 的航天飞机外贮箱，两侧捆绑 5 段式航天飞机固体助推器。

2）2021 年 8 月发射 SLS-2 型火箭，构型与 SLS-1 相同，SLS-2 将执行 MPCV 载人绕月飞行任务。此后，将分别在 2022 年和 2023 年发射与 SLS-1 构型相同的 SLS-3 和 SLS-4。

3）2024 年发射 SLS-5，该火箭是货运型 SLS 的首次发射，火箭构型将有所变化，将采用新型整流罩。

4）2025 年发射载人型号 SLS-6。

5）2026 年发射 SLS-7 货运火箭，构型再次发生变化：芯级的可重复使用型 RS-25E 发动机将替代 5 台一次性使用型 RS-25D 发动机，运载能力大幅度提高。此后，载人火箭和货运火箭将每年交替飞行一次，直到 2030 年发射 SLS-11 火箭。

6）2032 年，首次发射完全优化的 SLS-13，一子级仍将使用 5 台 RS-25E 发动机，但上面级将使用 3 台 J-2X 发动机，形成低地球轨道运载能力超过 130 t 的重型运载火箭。从表 3 所列的配置可以看出，SLS 火箭最终构型仍采用 5 段式航天飞机助推器。

（2）多用途乘员探索飞行器（MPCV）

NASA 公布的新型载人飞船（Multi-Purpose Crew Vehicle，MPCV），是基于星座计划中猎户座乘员飞行器技术而研制的。MPCV 继承了猎户座的多项技术，能携带 4 名航天员执行为期 21 天的任务。增压舱容积约为 19.5 m^3，其中 8.9 m^3 为居住空间。与猎户座乘员飞行器相比，MPCV 的外形基本未变，从该载人飞船的性能来看，显然无法完成未来行程达到 180 天的小行星和火星轨道飞行任务，因此还需要有较大的改进。现在的一种设想是在近地轨道将两艘 MPCV 对接起来，然后飞往目的地。其中一艘飞船主要用来装载航天员所需的各种生活用品和消耗品。这也是对 MPCV 现有构型不作大的改变的情况下一种重要的载人太空飞行方案，值得借鉴。

8.2.2　欧空局的载人探火构想[20]

根据 2001 年 11 月欧空局（ESA）部长级理事会批准的"曙光"计划，最终将在 2030 年左右实现载人登上火星的梦想。但由于欧洲是一个多国集合体，ESA 的管理方式和 NASA 有很大的差别，其计划经费来源于各成员国的承诺，这种承诺在国与国之间、不同年份之间的变化很大。这种体制决定了它的大型空间计划只能在比较宽松的环境下以多阶段的方式操作，所以 ESA 迄今为止从未制定过由它们独立完成的载人登月和登火计划。然而，这并不意味着欧空局对载人探火的意愿不强烈，他们的策略是希望以国际合作的方式来实现，ESA 将在其中提供关键的技术和发挥关键的作用。

　　2004 年由 ESA 组织的关于载人探火的多学科研究班子，完成了一项称为"载人探火任务研究"（Study for a Human Mission to Mars）的研究工作，比较清晰地勾画了它们的开发思路。该方案探测器总质量 1541 t，通过 28 枚运载火箭将探测器的各个模块发射到低地球轨道，在轨道上完成组装和推进剂加注，然后由 6 名航天员驾驶该探测器完成历时 965 天的探火任务。ESA 方案的特点是立足于目前已有一定基础的技术，暂不考虑采用核动力、电推进、火星上资源利用、充气式居住舱等技术。该方案的不足之处是仅由 3 名航天员登陆火星表面，并且仅停留 30 天，届时另 3 名航天员将在绕火星轨道中工作。图 8-15 示出了该方案的各个阶段，表 8-4 列出任务的主要参数和指标，其中不包括将任务模块发射到低地球轨道的运载火箭数据。

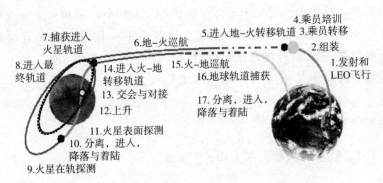

图 8-15　ESA 设想的载人探火任务的各个阶段[20]

表 8 - 4　ESA 规划的载人探火任务[20]

性能参数		数值
机组	机组的总人数	6 人
	着陆火星的机组人数	3 人
质量分配/t	转移居住舱	66.7（湿重），56.5（干重）
	火星漫游飞行器	46.5
	返回地球舱	11.2
	消耗品	10.2
	推进剂	1 083
	推进系统	130
	支撑结构	19.7
	离开地球时总质量	1 357
	采集的样本	0.065
飞行轨迹	离开地球	2033 年 4 月 8 日
	到达火星	2033 年 11 月 11 日
	离开火星	2035 年 4 月 28 日
	到达地球	2035 年 11 月 27 日
	在火星表面停留时间/天	30
	进入地-火转移轨道的 ΔV/（m/s）	3 639
	火星轨道入轨的 ΔV/（m/s）	2 484
	进入火-地转移轨道的 ΔV/（m/s）	2 245
	进入地球大气层的速度/（m/s）	11 505
发射和装配	总的发射次数	28
	低地球轨道发射质量/t	1 541
	低地球轨道装配时间/y	4.6

8.2.2.1　运载火箭

　　ESA 拟采用俄罗斯的能源号运载火箭作为该任务的主要运载器，将载人探火飞船的各个模块部件分多次运送到低地球轨道，在轨道上完成组装后飞往火星。能源号火箭是一种两级式运载火箭，包括芯级与助推器，起飞质量 2 400 t，向 200 km 低地球轨道发射有效载荷的能力为 80 t，整流罩直径 6 m，长 35 m。虽然该运载火箭已经停产，但将其再次投入使用所需的工作量肯定要比重新开发一种具有同等性能的运载火箭少得多。

8.2.2.2　任务组件

载人火星探测器主要包括推进舱模块、转移居住舱模块（THM）、火星漫游飞行器（MEV）3 部分，其任务组件结构如图 8 - 16 所示。

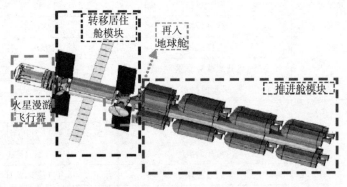

图 8 - 16　载人探火任务组件[20]

（1）推进舱模块

推进舱模块为载人探火飞行器组件从地球轨道起的各阶段飞行提供动力，它由三个子舱构成，即 TMI 子舱、MOI 子舱、TEI 子舱，如图 8 - 17 所示。

TMI 为地-火转移轨道推进子舱，由 3 个串联级组成，每个串联级包括 4 个相同的 Vulcain2 低温发动机和 1 个支持结构，每台发动机质量 80 t，推力 1 300 kN，比冲 450 s，这 4 台低温发动机同时工作，为探测器提供强大的动力。

MOI 为火星轨道进入子舱，用以提供进入火星轨道和最后轨道机动的动力，由 2 个并联级组成，每个级包括 2 个相同的 RD - 0212 可贮存推进剂发动机和 1 个支持结构，推力 612 kN。每个一子级发动机质

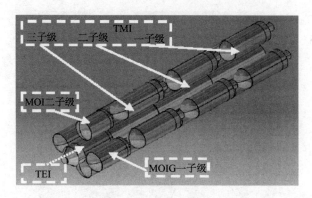

图 8 - 17　推进舱[20]

量 80 t，二子级质量 50 t，含推进剂 47.7 t。

TEI 为火-地转移轨道推进子舱，返回时用来提供向地球轨道转移的动力，包括 1 个可贮存推进剂发动机和 1 个支持结构，其发动机和 MOI 子舱一子级发动机完全相同。

（2）转移居住舱模块（THM）

THM 模块包括转移居住舱和地球再入舱（ERC）两部分，是 ESA 规划的载人探火任务的核心，它在巡航期间提供生命保障、通信、数据处理等基本功能，并且是登火和返回地球途中航天员居住的空间。

转移居住舱由一个中心圆柱体构成，大部分设施和设备都安装在其内部，还有两个起连接作用的节点，内部安装着其他的任务组件，同时也为机组人员提供了额外的空间。在紧急情况下，这几个部分都可以被密封。太阳风暴屏障设施也包括在其中，在太阳粒子活动期间保护机组人员。表 8 - 5 是转移居住舱的有关数据，图 8 - 18是其配置图，图 8 - 19 是其内部构型图。

地球再入舱（ERC）用于机组人员再入地球大气层和着陆期间任务，ESA 在规划时只考虑 11.2 t 的参考质量，该舱的外形类似于放大的阿波罗飞船。

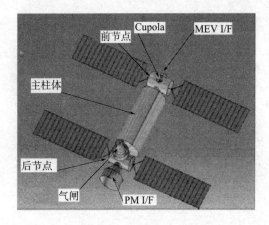

图 8-18　转移居住舱的配置图[20]

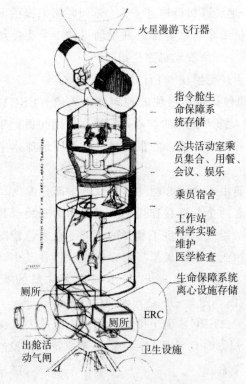

图 8-19　转移居住舱的内部构型[20]

表 8 - 5　转移居住舱的相关数据

性能参数	数值
总体质量/t	66.7
消耗品质量/t	10.2
总增压体积/m³	480
总长/m	～20
主圆柱体直径/m	6
节点直径/m	3.5
节点长度/m	5.2
太阳帆板/（m×m）	5.1×15

（3）火星漫游飞行器（MEV）

MEV 可运送 3 名航天员在火星表面着陆，并在 30 天后重新飞向火星上空，与转移飞行器交会对接。MEV 总长 12.1 m，直径 6 m，总质量 46.5 t，内含推进剂 20.5 t。它主要由以下三个组件构成：火星上升飞行器（MAV）、表面居住舱（SHM）和降落舱（DM）。

MAV 主要由座舱（航天员在降落和上升期间均在此舱中）和一个两级式推进舱组成，可提供 5 天的生命保障，见图 8 - 20。它的座舱设计参照了联盟号飞船的座舱，座位与火星漫游飞行器的纵轴垂直，从而使航天员能够承受最大的机动过载。起飞轨迹在设计上力求将起飞质量降至最低，飞往绕火星轨道与在轨飞行的转移居住舱（THM）对接，最后返回地球。

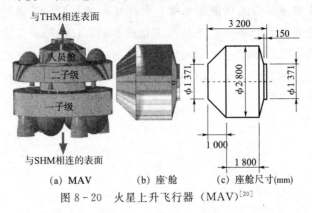

（a）MAV　　　（b）座舱　　　（c）座舱尺寸(mm)
图 8 - 20　火星上升飞行器（MAV）[20]

　　SHM 舱是个圆柱形舱体，它是航天员在火星表面停留期间的居住场所（30天，加上7天用来处理紧急情况），配备了生命保障系统和舱外活动设备，舱体内部安装有着陆系统（减速火箭和着陆支架）。它可与火星上升飞行器座舱对接，还配备了在火星表面进行舱外活动所需的气闸舱。图 8-21 示出了其内部结构和外部轮廓。

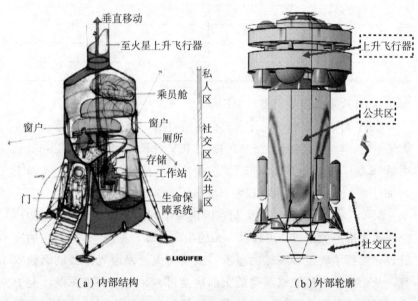

（a）内部结构　　　　　　　　　　　（b）外部轮廓

图 8-21　表面居住舱（SHM）[20]

　　DM 舱主要由离轨推进系统、可膨胀隔热层、后盖以及降落伞构成，它还带有与 MAV 飞行器连接的接口。DM 舱的作用是脱轨机动后由 MEV 实现进入大气层后的降落和着陆，它能提供所需的气动特性，并为进入大气层和降落提供热保护。由于着陆的质量很大，因此要防热。

结　语

　　人类火星探测活动已有 50 多年历史，它起始于 20 世纪 60 年代初美苏两个超级大国的空间竞赛，含有比较浓厚的政治色彩，耗资巨大，成功率低，但客观上为后来的火星探测奠定了基础。进入 90 年代以来，随着冷战的结束以及科学技术的迅猛发展，各国逐渐认识到将火星探测的目的转向自然科学基本领域研究的时机已经成熟，重点是寻找火星表面液态水活动的痕迹，希望在火星上找到生物出现前的化学活动和火星上存在生命的证据，从而为进一步论证地球上生命的起源以及为探索宇宙中其他星体存在生命的可能性提供有力佐证。

　　火星探测起始于飞越探测，这是一种比较初级的探测方式，在距离火星很远的飞越轨道上进行探测，时间相当短暂、观测面比较狭窄。而且由于当时技术上尚欠成熟，成功率比较低，但它毕竟开创了火星探测的先河。继后的火星探测逐渐转入轨道器环绕探测和机器人着陆器探测领域，这一阶段的探测活动以美国海盗号系列的成功登火以及苏联福布斯 - 2 探测器功亏一篑的探测活动而告一段落。20 世纪 90 年代以来，美国掀起了火星探测的第二个高潮，相继发射了一系列火星探测器，欧空局也密切配合，成功进行了独立的火星探测。这个高潮的一个重要特点是遵循了五阶段战略，美国和欧空局都制定了各自的探测规划，按部就班地实施，目的性明确，标志着火星探测活动进入了新的发展阶段。

　　50 多年来人类的火星探测已取得了丰硕的成果。在科学探测方面，已经比较清晰地掌握了火星的基本物理参数，此外还在火星大气与气候探测、火星表面形貌和土壤探测、火星上水的勘测方面取得了重要成就；在工程领域，已经攻克了轨道设计、深空通信、深空导航、EDL、遥感探测和机器人探测等方面的一系列技术难题，探测任务的成功率和探测效率有了显著提高。

　　然而火星探测仍然面临着许多难题。对于地球而言，火星是运行在不同轨道上的姊妹行星，和地球之间的距离十分遥远，这使下一阶段火星采样返回探测任务变得十分艰难，远非月球采样返回任务可比。载人登火任务更是难上加难，必须圆满地解决大推力火箭和大型飞船、飞船安全着陆和返回地球、能源供应、生活保障、长期失重环境和生命保障等重大问题，但我们仍对此充满信心。随着科学技术的进步，这些难题是可以被一一攻克的，火星这颗红色星球终将成为人类登陆、开展科学研究的园地。只是这一目标的实现，需要付出巨大的努力，需要相当长的时间。

　　通过国际合作，我国的火星探测事业已经起步。由于我国航天事业几十年来的技术积累，已经具有相当实力，通过重点领域的补缺有可能以较快的速度进入独立火星探测阶段。在发展道路上，我们可以充分借鉴国外发展过程中成熟的经验，详细考察研究各国所遵循的技术途径，吸取各国探测征程中所得到的教训，少走弯路。我们相信，我国的火星探测事业一定会像嫦娥工程那样健康地发展，结出丰硕的成果。

　　有理由相信，中国作为一个负责任的航天大国，随着国家综合国力的不断增强，在不久的将来将适度开展以火星为重点的深空探测活动。中国人自主深空探测的足迹必将踏上距离地球 4 亿 km 的火星，乃至更远的星球，以便更好地认识宇宙，服务地球，造福人类。

参 考 文 献

[1] Jakosky B, et al. The 2013 Mars Atmosphere and Volatile Evolution (MA-VEN) Mission. Project overview, CU/LASP. GSFC. UCB/SSL. LM. JPL. Oct. 2011.

[2] NASA. MAVEN - Mars Atmosphere and Volatile Evolution Mission. http://www. nasa. gov/mission - pages/maven.

[3] MAVEN - Laboratory for atmospheric and space physics. http://lasp. colorado. edu/home. maven.

[4] NASA. InSight - Interior Exploration Using Seismic Invstigations Geodesy and Heat Transport. http://insight. jpl. nasa. gov/mission.

[5] InSight. http://en. wikipedia. org/wiki/mars.

[6] Nolan K. Mars - A Cosmic Stepping Stone. Praxis Publishing Ltd. , 2008.

[7] ExoMars. http://en. wikipedia. org/wiki/mars/File: ExoMars - Trace Gas - Orbiter. jpg.

[8] Mars Scout aerorobot over volcano in 3D. htm.

[9] Wright S H. From Earth to Mars - An overview of the ARES Mars airplane. NASA Langley Research Center, July 2007.

[10] Mardesich N, et al. Mars orbiter sample return power design. N2005020-3763.

[11] Carter P H, et al. Design trade space for a Mars ascent vehicle for a Mars sample return mission. Acta Astronautica, v45, n4 - 9, 1999, p311 - 318.

[12] Sherwood B, et al. Mars sample return: Architecture and mission design. Acta Astronautica, v53, 2003, p353 - 364.

[13] Mars Sample Return Mission. http://en. wikipedia. org/wiki/mars - sample - return - mission.

[14] Rapp D. Human Mission to Mars: Enabling Technologies for Exploring

the Red Planet. Praxis Publishing Ltd. , 2008.

[15] 卡拉杰耶夫 A C. 载人火星探测 . 赵春潮，等，译 . 中国宇航出版社，2010.

[16] 马丁 J L. 远征火星 . 陈昌亚，方宝东，俞洁，译 . 中国宇航出版社，2011.

[17] Shayler B J. Mars Walk One：First Steps on a New Planet. Praxis Publishing Ltd. , 2005.

[18] Lyndon B. Reference mission version 3. 0 addendum to the human exploration of Mars. Johnson Space Center，Houston，TX 77058，June，1998.

[19] NASA. Human exploration of Mars－Design Reference Architecture 5. 0. NASA SP－2009－566，2009.

[20] ESA. Human exploration of Mars mission－from executive summary of united design organization，HMM executive summary. ESA，2004.

附表一　火星探测活动编年表

序号	日期	探测器	国别	运载火箭	任务类型	任务结果	任务概述
1	1960 – 10 – 10	火星－1960A (Mars－1960A)	苏	闪电 (Molniya)	飞越火星	失败	苏联第一代火星探测器，用于研究地球和火星之间的天体，拍摄火星图像，验证长期太空环境中星载仪器和近距离无线电通信能力。携带有光学成像系统和等离子离子收集器等仪器。太阳电池翼总面积 2 m²，用银锌电池蓄电。第三级火箭提供足够的压力，未能正常点火，导致发射失败，火箭仅达到 120 km 高度就坠毁
2	1960 – 10 – 14	火星－1960B (Mars－1960B)	苏	闪电 (Molniya)	飞越火星	失败	任务同火星－1960A。在进入地－火转移轨道时，可能由于上面级工作期间发生了爆炸，或者是探测器解体而告失败
3	1962 – 10 – 24	火星－1962A (Mars－1962A)	苏	闪电 (Molniya)	飞越火星	失败	其结构和火星－1 探测器十分相似，和运载火箭上面级组合后总质量为 6 500 kg。用于飞越探测。发射后和上面级一同进了 180 km×485 km 地球停泊轨道，倾角 64.9°。但在向地－火轨道转移时，可能是上面级工作时爆炸而解体，也可能是探测器解体，美国预警雷达探测到了解体后的碎片
4	1962 – 11 – 01	火星－1 (Mars－1)	苏	闪电 (Molniya)	飞越火星	失败	公认第一顺火星表面图像，美国火星探测器，原计划在距离火星 11 000 km 处飞越，拍摄火星表面图像，收集宇宙辐射、火星磁场等资料。但探测器在奔向火星的途中飞行近 5 个月后，因姿控系统发生故障，造成天线方向失灵，并导致能源不足，日在距离地球 1.06×10⁸ km 处同地球通信中断联系
5	1962 – 11 – 04	火星－1962B (Mars－1962B)	苏	闪电 (Molniya)	轨道器	失败	任务目的是成为火星轨道器，但也有的说法是飞越火星。探测器和上面级组合后总质量 6 500 kg。探测器发射后和上面级一同进入了 197 km×590 km 地球停泊轨道，倾角 64.7°。在上面级转移过程中解体，美国预警雷达探测到了 5 块大的碎片，1 个多月后坠入地球大气层

续表

序号	日期	探测器	国别	运载火箭	任务类型	任务结果	任务概述
6	1964-11-05	水手-3 (Mariner-3)	美	宇宙神-阿金纳D (Atlas-Agena D)	飞越火星	失败	原计划在13 840 km高度飞越火星，但由于运载火箭发射后有效载荷整流罩未能分离，火箭未获得足够的速度，无法到达火星轨道。此外，太阳能电池板也无法展开，在运行中电源很快耗尽
7	1964-11-28	水手-4 (Mariner-4)	美	宇宙神-阿金纳D (Atlas-Agena D)	飞越火星	成功	1965年7月15日首次成功飞越火星，和火星最近距离9 280km，探测区域占火星表面的1%。拍摄了21幅照片传回地球，看到和月亮上一样的环形撞击坑。还探测到火星大气非常稀薄，主要成分是CO_2，大气压强只有地球海平面的1%，火星有电离层，无磁场和辐射带等。继后又在太阳轨道运行3年，进行太阳风环境研究
8	1964-11-30	探测器-2 (Zond-2)	苏	闪电 (Molniya)	飞越火星	失败	探测器结构和水手-4一十分相似，紧跟着美国水手-4发射，希望赶在水手-4前飞越火星，进行近距离拍摄。但发射后3天就宣布其中一个太阳电池阵不能正常展开，输出功率只有期望值的一半。1965年8月6日宣布其在丢失距离火星1 500 km处
9	1965-07-18	探测器-3 (Zond-3)	苏	闪电 (Molniya)	飞越火星	失败	用于验证长时间空间飞行的性能，首先是飞越月球，完成任务后继续飞行。试图飞越火星轨道，进行简单的火星探测器试验，但由于这是在不适宜发射时间发射的，其飞行轨道无法接近火星，达不到预期要求。1966年3月通信系统发生故障，与地球失去联系
10	1969-02-25	水手-6 (Mariner-6)	美	宇宙神-半人马座 (Altas-Centaur)	飞越火星	成功	和水手-7是姊妹飞越火星。1969年7月31日在3 410 km高度飞越火星，包括24幅火星赤道区域的图像，测量了火星表面温度和气压参数等，测到火星大气层CO_2的含量占95%	拍摄了50幅近距离图像和25幅近距离图像，

续表

序号	日期	探测器	国别	运载火箭	任务类型	任务结果	任务概述
11	1969 – 03 – 27	水手 – 7 (Mariner – 7)	美	宇宙神 – 半人马座 (Altas – Centaur)	飞掠火星	成功	1969 年 8 月 5 日以最近距离 3 200 km 飞掠火星，拍摄了 93 幅远距离图像和 33 幅近距离图像，包括赤道和南极附近的图像。进行了大气测量。火星表面温度极低，赤道地区中午也仅-16℃，南极温度更低，至-88℃。确认了火星冰盖主要为 CO_2 和部分水冰
12	1969 – 03 – 27	火星 – 1969A (Mars – 1969A)	苏	质子 K/Block D (Proton K/Block D)	轨道器	失败	和火星 – 1969B 是一对完全相同的火星轨道器。采用 2 个太阳能电池翼，总面积 7 m²，110 Ah 容量的镉镍电池，直径 2.8 m 的抛物面高增益定向天线，500 通道的遥测系统。用偏二甲肼/N_2O_4 推力器作三轴稳定姿态控制。携带 3 台相机，最高分辨率 200～500 m，还载有γ射线光谱仪等一系列科学仪器。预定在发射后先进入地球停泊轨道，再由上面级二次点火进入火星转移轨道。最后进入 1 700 km×3 400 km 火星轨道。实际发射时，由于第三级转子轴承出现故障，引起涡轮泵着火。在发射后 438.66 s 发动机爆炸而坠毁
13	1969 – 04 – 02	火星 – 1969B (Mars – 1969B)	苏	质子 K/Block D (Proton K/Block D)	轨道器	失败	探测器结构和任务目的与火星 – 1969A 相同，但发射后就失败了。在起飞后 0.02 s，6 个发动机中的 1 个发生爆炸，控制系统试图依靠余下的 5 个发动机在 1 km 高度开始倾翻成水平状态。在起飞后 25 s 大约在 1 km 远处，发生爆炸，41 s 时坠毁在离发射台 3 km 远处

续表

序号	日期	探测器	国别	运载火箭	任务类型	任务结果	任务概述
14	1971 - 05 - 08	水手 - 8 (Mariner - 8)	美	宇宙神 - 半人马座 (Atlas - Centaur)	轨道器	失败	水手 - 9 的姊妹星，原打算成为第一个火星轨道器，用于飞越和环绕任务之间的过渡。探测器采用八角形镁构架，总高 2.28 m，太阳电池板总面积 7.7 m²，地球轨道功率 800 W，火星轨道功率 500 W，镍镉电池容量 20 A·h。用太阳和星敏感器、惯性单元姿态控制，推进剂采用一甲基肼/N₂O₄，推力 1 340 N。发射后在半人马座上面级运载火箭分离后，由于级间飞行控制系统故障，探测器组件在俯仰方向发生颤振和翻滚，失去控制。在发射 282 s，高度 148 km 处和上面级分离。探测器坠入大西洋中，发射失败
15	1971 - 05 - 10	宇宙 - 419 (Cosmos - 419)	苏	质子 K/Block D (Proton K/ Block D)	轨道器	失败	又称为火星 - 1971C，是苏联 1971 年三项火星任务之一，和其他两项不同之处是它是单纯的轨道器，是为了试图超过美国水手 - 8/9 成为世界第一颗火星轨道器而发射。由质子号火箭发射后成功地进入了 174 km×159 km 地球停泊轨道，倾角 51.4°。但其第 4 级 Block D 点火计时器设置上的错误使整个发射任务失败。本应在进入停泊轨道后 1.5 h 启动点火，但错误设置为 1.5 y。探测器在低轨道上运行 2 天后，于 1971 年 5 月 12 日坠毁于大气层中

续表

序号	日期	探测器	国别	运载火箭	任务类型	任务结果	任务概述
16	1971 - 05 - 19	火星 - 2 (Mars - 2)	苏	质子 K/Block D (Proton K/Block D)	轨道器/着陆器	部分成功	由轨道器和着陆器组成，1971 年 11 月 27 日进入 1 380 km ×25 000 km 火星轨道，但因程序设计原因，着陆器失败，撞毁于火星表面。轨道器保持在环绕火星轨道达 8 个月。测得火星表面温度和火星磁场。但遥测信号非常弱，许多火星大气成分和沙尘分布信息无法使用，照片也因沙尘暴而难以辨认。1972 年 8 月正式宣布其工作任务结束
17	1971 - 05 - 28	火星 - 3 (Mars - 3)	苏	质子 K/Block D (Proton K/Block D)	轨道器/着陆器	部分成功	1971 年 12 月 2 日到达火星轨道机，着陆舱和轨道器分离，并进行空气动力削动。成功地在火星 (45°S, 158°W) 着陆。收到火星 - 3 传送来的火星图像，但 14.5 s 以后所有遥测信号中断，最可能的原因是沙尘暴袭击，或者是某种放电攻击了星上的关键系统。它的轨道器也因为推进剂泄漏、减速发动机燃烧时提供的能量不足而未能有效地减速，无法按预定要求进入周期为 25 h 轨道，只到达周期为 303 h 的大椭圆轨道。入轨后连续进行了广泛的测量，并保持向地球传送数据，拍摄图像分辨率不高。1972 年 8 月宣告任务结束

续表

序号	日期	探测器	国别	运载火箭	任务类型	任务结果	任务概述
18	1971-05-30	水手-9 (Mariner-9)	美	宇宙神-半人马座 (Altas-Centaur)	轨道器	成功	1971年11月14日到达火星轨道，成为第一个成功地环绕火星飞行的人造卫星，在轨道上运行349个火星日，拍摄了7 329幅图像，覆盖了80%火星表面，分辨率1～2 km（有2%为100～300 m），获得了大量数据，包括太阳系中最大的火山奥林帕斯山，长度超过了4 000 km的水手谷，以及陨石坑、干枯河床和火星的2个卫星，将火星的重力场测量精度提高一个数量级，并测量了大量大气温度、臭氧浓度、表面热惯性、电离层峰值电子浓度。1972年10月27日和地球进行最后一次数据传输
19	1973-07-21	火星-4 (Mars-4)	苏	质子 K/Block D (Proton K/Block D)	轨道器	失败	和火星-5是一对孪生探测器，其结构和火星-2/3十分相似。在到达火星附近时，因其计算机芯片的缺陷使飞行中不断恶化，计算机无法控制动火箭发动机点火，探测器无法实现减速，致使该轨道器未能被火星捕获，无法进入火星轨道。1974年2月10日在距火星2 200 km处飞过，只是在飞越火星时拍摄和传输了一些照片。其无线电掩星测量首次探测了火星夜间的电离层
20	1973-07-25	火星-5 (Mars-5)	苏	质子 K/Block D (Proton K/Block D)	轨道器	部分成功	第4个火星轨道器，结构和火星-4相同。1974年2月12日进入1 755 km×32 555 km火星轨道，探测了火星温度、臭氧层，太阳等离子体，但在绕火飞行9天22圈后，由于发射机故障，轨道器与地面失去了联系，仅传回60幅图像，首次确定了火星表面的热惯性变化

续表

序号	日期	探测器	国别	运载火箭	任务类型	任务结果	任务概述
21	1973-08-05	火星-6 (Mars-6)	苏	质子 K/Block D (Proton K/ Block D)	着陆器	部分成功	与火星-7是孪生探测器，其外形和火星-2/3基本相同，所不同的是它们的母舱在分离后就在1 600 km上空飞越火星而去。另一个区别是它们的着陆器大约比火星-2/3着陆器重1倍。火星-6于1974年3月12日到达火星，着陆舱分离进入火星大气层，在降落过程中收集并发回了224 s的火星大气数据，但由于计算机芯片设计缺陷在巡航途中不断恶化，使许多数据难以判读。着陆器在主伞打开后148 s，即落地前几秒时所有信号中断，失去联系。其原因可能是制动火箭点火故障，撞击火星表面的速度估计为61 m/s
22	1973-08-09	火星-7 (Mars-7)	苏	质子 K/Block D (Proton K/ Block D)	着陆器	失败	结构和任务与火星-6相同，发射后经过数月飞行，1974年3月9日由于姿控发动机或制动发动机故障，比预期着陆器释放时间提前4 h就将着陆舱释放出去，因此着陆器与火星失之交臂。故障原因也是计算机芯片缺陷在飞行途中不断恶化，导致计算机工作失常，使整个探测任务失败。在飞越火星的过程中从其母舱传回了掩星测量数据

续表

序号	日期	探测器	国别	运载火箭	任务类型	任务结果	任务概述
23	1975-08-20	海盗-1 (Viking-1)	美	大力神-半人马座 (Titan-Centaur)	轨道器/着陆器	成功	和海盗-2是姊妹探测器，于1976年6月19日进入火星轨道，轨道器在投放着陆器后继续进行观测并提供通信中继服务。海盗-1着陆器是美国首颗火星着陆器，在7月20日成功软着陆。探测器发回了51539张图像，覆盖了火星97%的表面，进行长期实地考察。两个海盗号探测器开展了采样分析，进行了3项采样的生物实验，精确测定了大气成分和物理性质。海盗-1轨道器运行4年，共计达1489圈，远远超过了90天的设计寿命。最后由于姿控系统气体用尽而失效，1982年11月停止向地球发送信息
24	1975-09-09	海盗-2 (Viking-2)	美	大力神-半人马座 (Titan-Centaur)	轨道器/着陆器	成功	第二次火星软着陆。1976年8月7日进入火星轨道，着陆器于9月3日软着陆成功。观测工作与海盗-1相同，相互协同进行火星表面实地勘测，获得了一系列重大科学发现。海盗-2共传输回16000幅照片和大量大气数据及土壤数据。其轨道器在火星上空运行了706圈，由于姿控系统气体动气体耗尽，在1978年7月25日失效，但着陆器仍一直工作到1980年4月11日

续表

序号	日期	探测器	国别	运载火箭	任务类型	任务结果	任务概述
25	1988 – 07 – 07	福布斯–1 (Phobos – 1)	苏	质子 K/Block D (ProtonK/ Block D)	轨道器/火卫着陆器	失败	与福布斯–2是一对孪生探测器。由轨道器和着陆器组成，总质量6 200 kg，三轴稳定。主要任务是探测火卫一，并进行等离子体环境观测，携带γ射线爆发光谱仪等25种仪器。在发射后近2个月，即1988年9月2日与地球的通信中断。任务失败。诊断认为，其原因是8月29日地面人员上传的软件存在差错，在长达20～30页的指令程序中，遗漏了最后一位数字。另一种说法是发送的一连串数字中的"+"和"–"发生混淆，其结果是使姿控发动机关机，太阳能电池因此无法对日定向，天线无法指向地球，电池耗尽后失去控制
26	1988 – 07 – 12	福布斯–2 (Phobos – 2)	苏	质子 K/Block D (ProtonK/ Block D)	轨道器/火卫着陆器	部分成功	与福布斯–1的结构、目的均相同。发射后系统尚比较正常，1989年1月29日进入火星轨道，近火点为865 km，偏心率为0.903。但在接近火卫轨道前已发生了一系列故障，3台计算机只有一台能正常工作，其余2台已停机工作，3个TV通道已有2个失去作用，只能使用备份发射器工作。在探测器开始最后一次机动，使它进入离火卫一表面50 m范围以便释放2个着陆器前，和地球的联系中断。一些已经停止工作，但进入过程中仍进行了一系列地形地貌、矿物和大气的红外探测。最后于1989年3月27日全部止该任务

续表

序号	日期	探测器	国别	运载火箭	任务类型	任务结果	任务概述
27	1992-09-25	火星观测者 (Mars Observer)	美	航天飞机/TOS	轨道器	失败	美国发射海盗号探测器后17年来的第一个火星探测器。原计划精确地探测火星全球的矿物特性、地形、磁场性质、大气结构和环流。但探测器发射后11个月，即1993年8月21日和地面的联系中断。虽然地面发送一系列指令抢救，仍然毫无结果。1994年1月，美国海军研究所（NRL）宣布通信中断最可能的原因是推进系统燃料和氧化剂通过单向阀泄漏到增压管线中，二者产生反应，导致增压管线破裂，使液用氦气大量排出，探测器失去姿控能力和通信能力，并使指令中断，不能启动发射机。发射任务失败
28	1996-11-08	火星全球勘测者 (Mars Global Surveyor)	美	德尔它-2 (Delta-2)	轨道器	成功	1997年9月11日到达火星。首先进入56 662 km×110 km大椭圆轨道，周期48 h。经过130天的空气动力制动，最后于1998年3月进入一条450 km高度测绘轨道。以高分辨率测绘火星地貌，监测火星气候和大气热力学。建立对火星磁场本质的认识，拍摄了大量地貌照片，包括大面积沙尘暴和表面散水冲刷地形的地貌照片，发现了火星局部残余磁场和火星表面古代河流形成的三角洲区，连续跟踪了火星历年的气候变化。工作时间长达9年零52天。于2006年11月2日失去联系

续表

序号	日期	探测器	国别	运载火箭	任务类型	任务结果	任务概述
29	1996-11-16	火星-8 (Mars-8)（又称火星-96）	俄	质子K (ProtonK)	轨道器/着陆器	失败	火星-8是一项俄、美、英等20国参加的国际火星探测计划。探测器包括1个长期观测用的轨道器（含20多台探测仪器）、2个着陆器（各含7台仪器）和2个穿透器。发射后正常地进入地球停泊轨道。任务最多的行星探测器，是当时质量最大，但在按程序启动上面级（第4级）二次点火4s后，燃烧就终止了。探测器随后与上面级分离，并启动自身的发动机，但它没有足够的能量飞向火星轨道，只是升高了远地点高度，而近地点仍在70km高度的大气层中。飞行三圈后就坠落在南太平洋中。由于军事故发生时，探测器已不在俄罗斯地面站遥测范围内，而南大西洋又没有跟踪测控船，因此未能观测到第4级最后燃烧情景，但多数看法认为这是导致事故的主要原因
30	1996-12-04	火星探路者 (Mars Pathfinder)	美	德尔它-2 (Delta-2)	着陆器/火星车	成功	1997年7月4日通过降落伞式在火星着陆，并开出索杰纳火星车，质量10.5kg，配合着陆器进行移动观测。两者共传回26亿比特数据，包括着陆器的1.6万张照片和火星车的550幅图像，以及大量关于火星风和其他气象的数据，并对火星表面和土壤进行了16项关于火星土壤化学分析，提示火星表面曾拥有液态水和浓密的大气层。着陆器实际寿命比设计值长3倍。同年9月因电池故障和地球中断通信，火星车也因此丢失

续表

序号	日期	探测器	国别	运载火箭	任务类型	任务结果	任务概述
31	1998 – 07 – 03	希望号 (Nozomi) 又称行星－B (Planet－B)	日	M－5	轨道器	失败	日本第一个火星探测器，质量 540 kg，尺寸为 1.6 m × 1.6 m ×0.58 m，任务是研究火星上层大气成分和太阳风的相互作 用等，携带了磁场测量仪等 14 种探测仪器。探测器发射后进 入 340 km ×400 000 km 椭圆停泊轨道，然后两次用月球借力飞 行，再飞越地球借力，以期加速进入奔火轨道。但是由于阀 门故障导致推进剂损失。轨道修正又用去过多推进剂，探测 器末能达到所需的飞行速度。决定再 2 次绕地球系统飞行， 但 2002 年 4 月太阳耀斑又使星上通信和电子系统频发，用来 控制姿控系统的电池发生短路，无法点燃主推力器进入火星 轨道。在太空飞行了 5 年后，最终只是停留在绕太阳轨道
32	1998 – 12 – 11	火星 气候轨道器 (Mars Climate Orbiter)	美	德尔它－2 (Delta－2)	轨道器	失败	第一个火星气象卫星，主要任务是在一个整火星年（687 个 地球日）中巡视监测火星大气层，研究表面挥发成分和尘埃 总量，探索激发或抑制地区及全球沙尘暴的气候过程，以及 寻找古代火星气候的证据。携带有拍摄火星大气及全球水面 图像的彩色成像仪和测量大气温度、压力、尘埃、水蒸气的 红外辐射计。计划首先进入 160 km ×39 000 km 高度的火星轨 道，然后通过空气动力减速进入 405 km 的圆形火星捕获轨 道，但由于传输数据文件时人为的计量单位使用混乱，最后 在 1999 年 9 月 23 日将它送入了仅 57 km 的过低绕火星轨道，最后 在大气层中坠毁

续表

序号	日期	探测器	国别	运载火箭	任务类型	任务结果	任务概述
33	1999 – 01 – 03	火星极地着陆器/深空-2 (Mars Polar Lander/DS-2)	美	德尔它-2 (Delta-2)	着陆器	失败	火星极地着陆器携带了两个深空-2探测器，主要有效载荷是统称为火星挥发物与气候勘测仪（MVACS）的一套各种形态水的仪器，用于研究火星过去和现在的气候，寻找各种形态水的证据，并试图在火星极地寻找水冰。发射后经11个月的巡航，最后于12月3日到达火星。但在着陆过程中，由于软件出现问题，与地面失去联系，宣告失败。事故分析认为可能是设计缺陷导致了制动发动机过早关机，从而造成了探测器坠毁。这个过早关机发生在探测器距离火星表面尚有40 m时就关机了。正常的设计中的该伸腿时，表示支腿已经触及地面，制动展动机根据这个信号在探测器应触及地面时，表示支腿已经触及地面，可能由于程序中的设计缺陷，使控制系统认同了这种假象，导致任务失败
34	2001 – 04 – 07	奥德赛 (Odyssey)	美	德尔它-2 (Delta-2)	轨道器	成功	奥德赛是美国火星探测连续两次失败之后的首次探测，意义十分重大。整个计划耗资3亿美元。2001年10月23日进入火星轨道。经过70多天火星大气制动，到达400 km高度的圆轨道，以18 m的高分辨率拍摄了整个火星的地质图，并拍摄了火星上20多种元素的全球分布图，火星地表1 m以内深度的全球水分布图。测得了火北极表面下50 cm土壤中存在大量水冰，发现了34亿年前近古湖泊的遗迹。其热辐射成像系统分辨率比以前轨道器分辨率的1 800倍，可以微量水平甄别矿物的化合物形态。奥德赛设计寿命为2.5年，但它实际工作已有10多年，截至目前仍在健康地服役

续表

序号	日期	探测器	国别	运载火箭	任务类型	任务结果	任务概述
35	2003-06-02	火星快车/猎兔犬-2 (Mars Express / Beagle-2)	欧	联盟-Fregat (Soyuz-Fregat)	轨道器/着陆器	部分成功	欧空局第一个火星探测器，由方形的火星快车轨道器和猎兔犬-2着陆器组成。轨道器设计寿命2年，着陆器寿命2个月。主要任务是在火星上寻找生命的痕迹。2003年12月20日在轨道器和着陆器分离过程中，由于错误地预估了火星大气密度，延误了降落伞展开的时间，使着陆器以过大的速度撞击火星表面而失败。但它的轨道器顺利进入轨道，进行了卓有成效的探测工作，用10 m分辨率进行摄影测绘，用100 m分辨率对全球矿物制绘，并研究大冰冻土结构特性，探测地表下数km及永久冻结层，表面粗糙度，以及大气中电离层，火星重力场，火星日前仍然在有效运转
36	2003-06-10	火星探测漫游者/勇气号 (Spirit, MER-A)	美	德尔它-2 (Delta-2)	火星车	成功	和机遇号是一对双胞胎，火星车长1.6 m，宽2.3 m，高1.5 m，火星车质量为174 kg，着陆器质量365 kg。它们各携带了10台相机，3套通信天线。任务是寻找火星上是否曾有生物的证据，明确火星气候特征，掌握地质特征，为载人火星探索打下基础。2004年1月4日，火星车驶上火星表面。勇气号采用气囊缓冲方式实现软着陆。火星车累计在火星表面工作2 269火星日，直到2010年3月22日才失去联系。累计行走火星7 730 m（设计值90火星日，600 m），优异地完成了着陆点四周的挖掘，采样和分析工作，找到了火星表面曾经存在大量液态水的确凿证据，拍摄了火星的全景照片

续表

序号	日期	探测器	国别	运载火箭	任务类型	任务结果	任务概述
37	2003 – 07 – 07	火星探测漫游者/机遇号 Opportunity MER – B	美	德尔它 – 2（Delta – 2）	火星车	成功	2004年1月25日成功地着陆在火星的梅里迪亚尼平原。与在近似纬度的火星另一半球着陆的勇气号协同工作，成功地进行了大量科学探测。到2012年2月1日为止，已在火星表面工作2 872火星日，总行程34 361 m（设计值90火星日，600 m）。至今仍健康地在火星表面工作
38	2005 – 08 – 12	火星勘测轨道器（Mars Reconnaissance Orbiter）	美	宇宙神 – 5（Atlas – 5）	轨道器	成功	当前最先进的火星轨道器，它的平台和探测仪器均是前所未有的顶级产品。其强有力的成像系统可以清楚地拍摄火星地貌。MRO最大传输速率为6 Mb/s，是目前火星探测任务最高传输速率。主要观测任务是火星表层大气候、大气层、地形、地表浅层，考察未来着陆点，并提供高速通信中继。轨道器共投资7.2亿美元，采用单点故障容错可靠性设计。已发回2.6×10^{13}比特数据，显示了火星岩层、沙丘等细节及过去液态水流动的证据，以及火星水循环和气候形成的信息。携带的推进剂足以运行到2014年
39	2007 – 08 – 04	凤凰号（Phoniex）	美	德尔它 – 2（Delta – 2）	着陆器	成功	首个成功着陆火星北极的着陆器。经过6.8×10^{8} km航行之后，2008年5月25日成功着陆。凤凰号火星着陆器共计于地球68.22°N，233°E成功着陆。凤凰号火星着陆器共计向地球传输回2.5×10^{10}比特数据。在历时5个月（设计寿命3个月，后延长至5个月）的探测中表现出色，取得突破性进展。首次检测到火星北极土壤中含盐，具有支持原始生命的条件；在挖掘采样中找到火星北极表面有水冰存在的有力证据

续表

序号	日期	探测器	国别	运载火箭	任务类型	任务结果	任务概述
40	2011-11-09	福布斯-土壤/萤火一号 (Phobos-Grunt)	俄/中	天顶-2SB (Zenit-2SB)	火卫一采样返回，火星轨道器	失败	俄罗斯近十多年来唯一的火星探测任务。用于在火卫一表面着陆，采集100g太阳系最原始的残留物土壤样品，返回地球进行分析，以确定火卫一年龄，土壤组分，有机物与生命特征以及和火星的相互关系。2007年后又决定搭载中国的火星探测器萤火一号和一个尺寸极小的美国的实验装置。萤火一号是中国第一个火星探测器，在联合探测器到达火星轨道后即与之分离，然后自主地开展探测，用来探测火星空间磁场、电离层特性、火星离子逃逸规律、火星土壤特性，并进行火星空间环境的掩星研究。福布斯-土壤探测器发射后，在指令第一次变轨进入椭圆轨道的过程中，由于计算机系统的故障导致上面级发动机未能点火，最终未进入奔火轨道前坠毁。
41	2011-11-26	火星科学实验室 (Mars Science Laboratory, MSL)	美	宇宙神-5 (Atlas-5)	火星车	成功	MSL是真正意义上的火星生物实验探测项目，总质量3839kg，其中火星车质量899kg，装备的科学仪器的数量和精度均是前所未有的。设计寿命1个火星年，将在寿命1个火星年广泛得多的范围内进行数十次采样分析，研究过去和现在有可能支持微生物存在的有机化合物和环境条件。该探测器于2012年8月6日成功地在火星着陆，首次采用了"空中吊车"方式着陆，2小时后发回在火星表面拍摄的照片。

附表二　火星探测故障表

序号	日期	探测器	国别	任务结果	故障描述	故障原因
1	1960 - 10 - 10	火星 - 1960A (Mars - 1960A)	苏	失败	未能进入地球轨道	因为第三级火箭的泵未能达到点火所需的压力而失败，火箭仅达到 120 km 高度就坠毁，未能到达地球轨道
2	1960 - 10 - 14	火星 - 1960B (Mars - 1960B)	苏	失败	未能进入地球轨道	在进入地-火转移轨道过程中，可能由于上面级燃烧期间发生了爆炸，或者是探测器解体而告失败
3	1962 - 10 - 24	火星 - 1962A (Mars - 1962A)	苏	失败	未能离开地球轨道	在进入地-火转移轨道过程中，可能由于上面级燃烧期间发生爆炸，或者是探测器解体而告失败
4	1962 - 11 - 01	火星 - 1 (Mars - 1)	苏	失败	在发射约 5 个月后的 1963 年 3 月 21 日，在飞离地球 1.06 × 10^8 km 时，同地球中断联系	因姿控系统发生故障，造成天线方向失灵，并导致能源不足
5	1962 - 11 - 04	火星 - 1962B (Mars - 1962B)	苏	失败	在上面级点火后向火星轨道转移过程中解体	火箭上面级解体
6	1964 - 11 - 05	水手 - 3 (Mariner - 3)	美	失败	发射后程序要求在发动机点火进入地-火转移轨道后，抛去整流罩，释放出水手 - 3 探测器，而后探测器太阳帆板展开并报告其状况。但是遥测数据表明整流罩未能抛离，太阳帆板也无法正常运行，只是依靠其电池供电运行，几小时后电池耗尽，失去联系。由于整流罩飞行速度达不到要求，探测器飞行到达火星轨道，因此不能到达进入太阳轨道，探测器默默地进入环绕太阳的轨道	事故原因确定为热控系统设计不当而造成有效载荷整流罩蜂窝材料的结构故障。运载火箭上升时气动加热引起高温，再加上整流罩泄压孔设置不当造成的压力过载。在宇宙神火箭上升时，周围罩内压强差导致罩内壁蜂窝材料进裂，使整流罩无法抛掉。同时还发现制造商洛克希德公司并未进行热真空试验，从而无能验证压力剖面和热力剖面

续表

序号	日期	探测器	国别	任务结果	故障描述	故障原因
7	1964 - 11 - 30	探测器 - 2 (Zond - 2)	苏	失败	发射后探测器上可用功率仅为预期值的一半，在 12 月 1 日首次通信中发生严重问题。结果原计划在飞往火星途中进行的实验不得不缩小规模以尽可能节省功率，确保探测器主要任务的完成。地面同探测器 - 2 的通信保持了几个月，但在 1965 年 4 月开始通信系统的工作开始不正常，1965 年 5 月 5 日，与地面失去了联系	一个太阳帆板未正确展开或工作不正常造成的，使其输出功率只有期望值的一半，5 个月后通信系统工作出现异常，最后与地面失去联系
8	1965 - 07 - 18	探测器 - 3 (Zond - 3)	苏	失败	在探测器 - 2 失败后决定发射，目的是验证长时间空间飞行和系统性能，它飞过了月球，并要求它飞越火星，但飞行轨道无法临近火星，在 1966 年 3 月和地球失去联系	在不适宜的发射窗口发射，尽管飞行过程中末出现异常问题，但从开始就决定了它飞行的飞行轨道不能临近火星，无法达到飞越探测火星的目的

续表

序号	日期	探测器	国别	任务结果	故障描述	故障原因
9	1969-03-27	水手-7 (Mariner-7)	美	成功	1969年7月30日，在探测器抵达火星前的几天内，水手-7突然与位于南非的哈比斯普特地面站失去了联系。后来在指令天线工作时，探测器使用低增益天线才给出回应，但这时发现15个遥测通道已经丢失，而且其他通道也出现了一些错误。跟踪发现水手-7的运行轨道已经偏移，以致在8月5日到达火星时与设计要求相差130 km	显然因为探测器受到如此之大的轨道改变才会导致重大损伤。起先推断以为它曾受到微流星的撞击，但后来发现这是由于银锌电池爆炸而引起的。电池壳体爆破时，电解质向太空产生的作用就像是一台推力器。电池爆炸或腐蚀性电解质的作用还使不少电子部件发生短路。对飞越探测平台产生唯一的严重影响是失去了对照相机扫描平台的标定，因此不得不重新设计新的方向参考系列
10	1969-03-27	火星-1969A (Mars-1969A)	苏	失败	第三级涡轮泵着火，在发射后438.66 s时发动机关机，并导致爆炸，探测器坠毁于阿尔泰山脉地区	第三级转子轴承出现故障，引起涡轮泵着火发动机爆炸
11	1969-04-02	火星-1969B (Mars-1969B)	苏	失败	火箭起飞后41 s时坠毁在离发射台3 km处，发生爆炸	起飞后0.02 s，其中一台一子级发动机爆炸，但探测系统试图依靠其余5台发动机进行补偿，但未获成功。在起飞25 s大约在1 km高度开始倾倒成水平状态，5台发动机全部关机，坠毁在离发射台3 km处

续表

序号	日期	探测器	国别	任务结果	故障描述	故障原因
12	1971-05-08	水手-8 (Mariner-8)	美	失败	在半人马座上面级和运载火箭分离后，探测器/半人马座上面级组件在俯仰方向发生颤振，并开始翻滚，失去控制，在发射后第282 s，高度148 km处探测器和上面级分离，坠入大西洋中	探测器级间飞行控制系统故障造成探测器、上面级组件失去控制
13	1971-05-10	宇宙-419 (Cosmos-419)	苏	失败	发射后进入了174 km×159 km的地球停泊轨道，但第4级Block D未点火，探测器未能离开地球轨道	因为第4级Block D点火计时器设置上的错误使整个发射任务失败。该点火本应设置在送入停泊轨道后1.5 h启动点火，但实际操作中设置为1.5 y，因此造成轨道不断下降，探测器很快就在2天后重返大气层毁毁
14	1971-05-30	水手-9 (Mariner-9)	美	成功	1972年10月27日，水手-9在进行了近一年的绕火飞行后完成了整个火星表面的拍摄任务。但这时它的姿控系统用的增压工质氮气亦已耗尽，不得不使整个探测器的探测终止工作。这时水手-9其他部件均完好无损，如果增压用氮气无足，这颗价值昂贵的探测器还可以绕火星工作1年	出现这一问题的原因是当时对水手-9的运行寿命估计不足，确定的设计使用寿命仅90个火星日。当初曾有人提出可以将主推进和姿控系统相连，这样在姿控用氮气体进行姿控。但这个建议未被采纳。事后美国人十分感慨地说："为了节省这3万美元，损失了价值1.5亿美元的海盗号探测器继续工作1年的机会。"在后来的海盗号探测器中采取了这种新设计

续表

序号	日期	探测器	国别	任务结果	故障描述	故障原因
15	1971-05-19	火星2 (Mars-2)	苏	部分成功	1971年5月相继发射的火星-2和火星-3探测器，6月24日在飞行途中两个探测器上的分米波发射机都陷入沉寂，甚至启动厘米波发射机也未成功，经过几天的努力，故障排除，备份分米波发射机终于可以使用。但后来发射机也一直保持正常运行。但厘米波发射机的失败仍然是一个谜	对于该故障的一种看法认为：探测器的高增益天线不经意地指向了太阳约10 s，但计算结果并不支持这种说法，因为发射机上使用的银样材料的熔点温度高达700℃。虽然这种说法说服力不够。但为谨慎起见，后来的航天器高增益天线上都加盖了布罩，以防止太阳光以这种方式聚集于天线
16	1971-05-19	火星-2 (Mars-2)	苏	部分成功	火星-2探测器1971年11月27日到达火星后，在其着陆器和轨道器分离后4 h，着陆器进入大气层，但十分不幸。这时它正遇到了火星-2着陆前所未有的沙尘暴天气，火星-2着陆后未收到其任何信息	对于火星-2的失事原因，长期以来一直归因于强烈的沙尘暴，认为有可能是大风将着陆器和降落伞吹走了，因此着陆器进入水平不是按设计的垂直落击地面。但现在看来，其原因是在到达火星前6天探测器进行自动轨道修正时，将进入点的双曲线角度设计得太低，结果使着陆器以过于陡峭的角度进入了火星大气层，在定时器释放降落伞之前就撞击了火星表面。这也要归因于在设计时，在接近预示轨道的情况下，几乎没有时间来校验其自动导航程序

续表

序号	日期	探测器	国别	任务结果	故障描述	故障原因
17	1971-05-28	火星-3 (Mars-3)	苏	部分成功	火星-3在1971年12月2日到达火星后，先是进行着陆器与轨道器分离，这时它也同样遭遇了这场有记录以来火星上最强烈的沙尘暴。展开降落伞，像登月用的Lunar 9着陆器在抛去锥形防热罩后，着陆器那样打开4个花瓣状装置，以"半硬"方式着陆，速度为25 m/s。但着陆后其轨道器只运行14 s的无对比密度的仿真音信视图像，从此就杳无音信	对火星-3着陆器的失事原因，长期以来也一直归因于沙尘暴，认为可能是大风把着陆器吹翻了。但这个解释难以成立，因为当着陆器的4个花瓣状展开装置打开以后，整个着陆器会成了一个稳定的构型，很难被翻转过去。也曾有看法认为有可能是主轨道器的中继系统出了故障。现在看来火星-3着陆最可能的原因是沙尘暴环境造成的电晕对穿破坏了无线电传输的关键系统电改击了着陆器上了载器用的关键系统 火星-2/3着陆器和轨道器的分离方式也使它们难以避开沙尘暴天气，因为它们很早后就与轨道器分离，发现沙尘暴天气后也不可能推迟着陆时间或着陆地点。而美国的海盗号探测器是在着陆后才方式要灵活得多，其着陆器是探测器入轨后的与轨道器分离
18	1973-07-21	火星-4 (Mars-4)	苏	失败	发射后经过几个月星际飞行已到达火星轨道附近，但轨道器未能进入火星轨道，1974年2月10日它只能继续沿日心轨道在2 200 km高度飞离火星	计算机芯片中的设计缺陷在飞行过程中不断恶化，最后使计算机出现故障，无法使制动发动机点火，因而轨道器无法减速进入火星轨道
19	1973-07-25	火星-5 (Mars-5)	苏	部分成功	轨道器成功地进入了环绕火星轨道，但仅正常运行9天，绕火飞行22圈后就失去了联系	发射机故障

续表

序号	日期	探测器	国别	任务结果	故障描述	故障原因
20	1973-08-05	火星-6（Mars-6）	苏	部分成功	着陆器在降落时主伞打开后148 s，即落地前几秒时来自着陆舱的所有信号中断，失去联系	计算机芯片缺陷在飞行过程中不断恶化，使制动火箭点火降落过程中出现问题，其撞击火星表面的速度估计为61 m/s。着陆过程中传回的许多数据也无法判读
21	1973-08-09	火星-7（Mars-7）	苏	失败	在预期进入大气层前的几小时，着陆舱错过了火星，在距火星1 300 km处飞过	计算机芯片缺陷在飞行途中的控制器发生故障，在预期进入火星轨道前4 h就将着陆器从母舱中释放出去了
22	1975-08-20	海盗-1（Viking-1）	美	成功	海盗-1 在接近到达火星轨道前，曾遇到了一起重大的推进系统故障。它用一甲基肼和 N_2O_4 贮箱采用直径为64 cm，压强为2 530 kg/m² 的贮箱中的氦气增压。但增压用氦必须经过调节阀进行调压，压强为179 kg/m²。氦气如果未经B调压就流入推进剂箱可以将贮箱压爆。设计成3条线路（A，B，C）才进入推进剂箱。1976年6月7日，按指令将B线路打开，准备进行接近火星的机动飞行，但此时遥测数据显示，在达到调	因为A线路在飞行中途轨道修正后亦已关闭，因此B线路已经打开。很明显，如来关闭B线路，可以防止未来的进入A轨道过程中推进剂贮箱压强过度增高。但这样将使推进剂贮箱成为唯一通道，如果C线路在接受到指令下的C线路成为合后不能打开，整个探火任务就要失败，探测器将飞越火星而去。最后决定采取一条更妥善的方法来减缓箱中的压强升高，即采用增大氦气流入推进剂贮箱的接近强（50 m/s 和60 m/s）。这样虽用了不少推进剂，但多用丁不少推进剂。过程成为唯一轨道燃烧，过程后来迟了6 h，导致探测器的进入轨道的近火点偏离了42.6 h的初始轨道。后来又经过一次则点火才进入周期为24.6 h

续表

序号	日期	探测器	国别	任务结果	故障描述	故障原因
22	1975-08-20	海盗-1 (Viking-1)	美	成功	节器阀值压强后，贮箱内压强仍然持续升高，说明调压阀发生了泄漏，泄漏速率为 0.16 kg/h	的设计轨道 鉴于海盗-1 探测器的教训，在 1 个月以后重新编排了海盗-2 的程序，将贮箱增压程序推迟到"进入轨道燃烧"开始前的 12 h 才进行。但仍有某些证据表明调压器存在泄漏，总结报告的结论是直径小至 1 μm 的粒子影响了阀门的密封，导致了调压阀泄漏
23	1975-08-20	海盗-1 (Viking-1)	美	成功	在与巡航级分离之后，轨道飞行器发生了短暂的能量障碍，很轻微，但足以使飞行器失去与地球的主要联系。幸亏行动迅速，没有数据使用低能量的联系的丢失，这个问题直到着陆器降落之后才得以恢复，主要的通信联系之后才得以解决	不详

续表

序号	日期	探测器	国别	任务结果	故障描述	故障原因
24	1988-07-07	福布斯-1 (Phobos-1)	苏	失败	探测器发射后，在1988年9月2日与其中断了通信联系，因此并未到达火星轨道	地面操作员在8月底向探测器上传一个20~30页长的指令程序时，遗漏了最后一位数字。另一种类似的说法是在发送的一连串数字中，"+"和"-"出现了混淆。对此指令，探测器计算机解释为关闭姿控推力器，并反时执行了。由于姿控系统停止工作，探测器开始旋转，太阳能电池无法工作，探测器供电中断，失去了和地面的联系。在正常情况下，上传探测器的指令是要经过地面计算机校验的，但这一次未经过授权，也没有等待软件校验。这个技术人员就越过这个程序向探测器发出了指令，也有分析认为，可能与航天器控制指令从远在克里米亚的指挥中心向莫斯科传递困难有关
25	1988-07-12	福布斯-2 (Phobos-2)	苏	部分成功	在探测器开始最后一次机动，使它进入离火卫一表面50 m范围以便释放2个着陆器前，和地球的联系中断	在接近火星前已发生了一系列故障，在途中它的3台计算机中已有一台停止工作，在它飞近火星时，第2台计算机也发生颤抖，到达后它也停机了，最后留下的一台很难完成探测任务；同时，它的3个TV通道已有2个失去控制任务，只能使用备份发射机工作，其他许多仪器开始发热，在探测器抵达火卫一时，有些仪器实际上已经停止工作

续表

序号	日期	探测器	国别	任务结果	故障描述	故障原因
26	1992-09-25	火星观测者 (Mars Observer)	美	失败	1993年8月22日，即探测器进入火星轨道前3天，火星观测者与地球的联系中断。当时考虑到系统要打开电爆阀以接通推进系统管线，准备启动主发动机进行轨道进入机动。考虑到承受火工品振动大器不能将行波管放大器关的冲击，就先将行波管放大器关闭了，但这样作的结果是从此再未和探测器取得联系，发射任务失败	由于再未能取得与探测器的联系，无法肯定是哪个原因导致了失败，已提出的可能性有6个。但总的看法趋向于第1种原因，即发动机增压系统管线中自燃性氧化剂和燃料意外混合，引起增压剂与推进剂向地外流，探测器因此失去了姿控和通信能力。这种观点认为关键是由于阀门不完善造成了泄露。特别是电动单向阀的软座可以导致扩散，而其硬座的密封也容易出问题，在有粒子污染时尤其如此，即便是仅有几微米尺寸的粒子。在地球卫星推进系统中，这样小量的泄露本无所谓。因为它只需几天就可行了11个月才启动其发动机，而目火星观测者在太空行了11个月才启动其发动机，而目空间环境也有很大差别。还会有一些蒸气可能聚集和冷凝在空端管道。某试验确定在仅200 h内就可以有40 mg N_2O_4 蒸气通过单向阀密封逸出去。在一年时间内可以有大量的氧化剂聚集在管道中。当它们碰到一甲基肼燃料时就会自燃，引起管道增压和爆炸，使氧化剂和氢器产生的推力可以使航天器自旋，燃料形成的云雾还会使电子设备腐蚀或短路。但地面模拟泄露试验中未能重现管道爆破现象

续表

序号	日期	探测器	国别	任务结果	故障描述	故障原因
26	1992-09-25	火星观测者 (Mars Observer)	美	失败		第2种最可能的故障模式是增压调压阀未能关闭。积累的 N_2O_4 蒸气可以腐蚀增压系统限流器的钎焊材料。这种故障模式也是后来海盗号火星探测器的一种重要故障模式，因此可以提供某些支持。第3种观点认为是电爆阀的螺栓损坏，因为阀门组件中用来固定炸药的螺栓射出，击中燃料箱，足以使之击穿，将发火管以 200 m/s 的速度从阀门中穿出。这种现象在欧空局地面试验中确实发生过
27	1996-11-16	火星-8 (Mars-8) (又称火星-96)	俄	失败	质子号火箭正常地进行了前3级点火和第4级的第1次点火，但第4级第2次点火未能正常工作，致使探测器没有到达地-火转移轨道，于1996年11月18日坠入地球大气层，坠落于南太平洋	发射后正常地进入地球停泊轨道，但在按程序启动上面级（第4级）二次点火4 s后，燃烧就启动了。探测器随后与上面级的能量足够没有分离，并启动自己的发动机，但它没有足够的能量飞向柔火轨道，只是升高了远地点高度，而近地点仍在 70 km 高度的大气层中。飞行3圈后就坠落在南太平洋中。由于事故发生时，探测器组件已不在俄罗斯地面站遥测范围内，而南太平洋又没有眼跟踪控船，因此未能观测到这是导致事故最后燃烧情景，但多数看法认为这是导致事故的最终原因

续表

序号	日期	探测器	国别	任务结果	故障描述	故障原因
28	1996-12-04	火星探路者(Mars Pathfinder)	美	成功	火星探路者着陆器和它的索杰纳火星车之间的通信，采用了一种流行的摩托罗拉9 600 bit/s无线电调制解调器。环境试验表明可以在火星正常运转，辐射效应可以通过对调制解调器通信循环来排除。但通信系统仍经常发生停机	发生停机事故，至少部分原因是由于着陆器和火星车之间的温差引起了频率不匹配。这种温差从10^{-7}（20℃）跳到10^{-3}（着陆器温度为20℃，而火星车为-20℃）。在航天器通信中，振荡器频率对温度很敏感，对温度状态不甚了解或控制不好，可以使无线电系统失调，致使通信中断
29	1998-07-03	希望号(Nozomi)又称行星-B(Planet-B)	日	失败	希望号曾作2次月球借力飞行，后来又先后3次作地球借力加速，但在到达火星附近后，由于探测器无法点燃主推力器进入火星轨道，最终只能进入环绕太阳的轨道，探测任务失败	在第一次地球借力飞行过程中由于燃料喷射阀门故障，导致推进剂泄漏造成燃料消耗过度（另一种观点是氧化剂阀未完全打开，使双组元发动机无发动机不能产生足够的推力），而进行双次再进烧过程，正又用了不少推进剂；在后两次通信和电子系统中，又因太阳耀斑使卫星上通信电池发生短路。2003年12月9日使飞行器定向的努力发生失败，因此再也无法用来控制姿控系统的电子系统短路。这个在太空飞行了5年的探测器，在2003年12月14日飞越火星，进入了一个轨道主推力器，在2003年12月14日飞越火星，进入了一个绕太阳轨道周期为2年的绕太阳轨道

续表

序号	日期	探测器	国别	任务结果	故障描述	故障原因
30	1998－12－11	火星气候轨道器（Mars Climate Orbiter）	美	失败	在到达火星附近后，火星气候轨道器位于火星背面，按计划点燃发动机进入火星轨道，但从点火开始地面便未收到任何信号。此后，地面人员确定它进入人的轨道比预定的轨道低，可能已进入火星大气层而被烧毁了	这是一个使NASA十分窘迫的低级错误，一个简单的单位换算错误导致了探测器穿过大气层烧毁。在轨道器生产过程中，合同商洛克希德·马丁公司向NASA下属的喷气推进实验室（JPL）发送一个数据文件。JPL是负责该探测器轨道导航的部门，他们认为文件中用所用的单位是公制单位，但实际上洛马公司用的是英制单位。具体地说，对飞行器机动推进用量所用的单位是磅·秒，而不是牛·秒，两者相差4.45倍。当研究人员发现这个单位误差并进行重新计算后，探测器的轨道已经只离火星表面57 km了，由于进入火星大气层过深，要安全着陆已经不可能了

续表

序号	日期	探测器	国别	任务结果	故障描述	故障原因
31	1999 - 01 - 03	火星极地着陆器（Mars Polar Lander）	美	失败	火星极地着陆器在一次系统功能地面试验中，模拟着陆器在火星着陆后的动作，通过输入飞行器的软件指令使中增益天线全轴转动。这时操作人员意识到由于前面的试验序列已使太阳帆板处于展开状态，这时天线摆动将要发生碰撞，因此试图中止该试验。但这时上行链路通道已经形成，而且紧急关机开关只能对地面支持的设备起作用，因为这时航天器已在使用自身的电源。天线撞上展开的太阳能帆板时，击碎了复合材料制的碟形反射器，刮伤了太阳能板的基部	这是一种构型控制方面的事故，因为在指令天线摆动前，没有检查整个飞行器尚处在陆上构型状态。另一重要的教训是，无论何时都要有办法使自动系统停止工作

续表

序号	日期	探测器	国别	任务结果	故障描述	故障原因
32	1999-01-03	火星极地着陆器（Mars Polar Lander）	美	失败	火星极地着陆器巡航器在释放出着陆器，几秒种后又释放出两个深空-2穿透探测器后，再也没有得到它们的任何信息	由于着陆器和深空-2上均未装备发送遥测信号的仪器，未记录它们在进入、下降和着陆过程中的状态，因此对故障原因的分析十分困难。开始考虑其原因是分离过程的故障，因为这种故障，确可以导致全部3个飞行器失事。但几个月后，确定了着陆器的信号误读。这是一种设计失误，着陆器的3条腿式传感器在伸展出来时，传感器会错误认为探测器已经着陆，因此以照程序在40 m高度时就过早着地，因此以照程序在40 m高度致使探测器着陆撞毁。霍尔效应（磁）传感器用每秒读100次传感器，将任何一条腿的运动。计算机每秒读100次正信号判读为已经着陆，这种设计误差在地面试验中本来应当检查出来的，但事实上却漏过了。后来的试验表明，有47%～93%的可能性形成足够长的时间瞬间，产生正信号。在这个高度上自由落体，着陆时间大约是设计值的40倍。由于自由落体时可能是垂直下落到22 m/s，其撞击速度将是设计速度的40倍的，许多精密部件可能不至于已撞坏，但装有着通信系统的精密导管的侧壁几乎肯定被撞得屈曲了，结果使得着陆器发不出任何信号

续表

序号	日期	探测器	国别	任务结果	故障描述	故障原因
33	1999－01－03	深空－2穿透器 (Deep space 2)	美	失败	火星极地着陆器（MPL）巡航级在进入大气层前的几分钟即释放了主着陆器。几秒钟以后又释放探测器深空－2（DS－2）。DS－2探测器进入大气层时采用被动方式定向，前防护罩指向前方，以不大于200 m/s的速度和不大于20°的攻角垂直撞击火星表面，探测器可以插入火星土壤中约1 m。该探测器曾采用强力空气炮做过撞击地面的试验，证明它的结构极具鲁棒性，但在释放后再也没有得到它们的信息	多种原因都能造成此事故，包括：由于火星表面原因使撞击时部件损坏；巡航级释放探测器时火工品释放系统发生故障，探测器未曾进行过火星稀薄大气环境模拟试验，因此在进入火星大气层后可能被动击穿或受电晕放电攻击；在发射场搬运过程中由于伪分离脉冲无意中接通了探测器，使探测器电池泄漏殆尽，如果该事件发生在发射台上，因为有效载荷和航天器遥测系统之间没有联系界面，这种故障发生后遥测装备无法检测出来。由于探测器未装备发送遥测信号的仪器，未记录它们在进入、下降和着陆过程中的状态，因此确切的故障原因判别十分困难

续表

序号	日期	探测器	国别	任务结果	故障描述	故障原因
34	2003-06-02	火星快车 (Mars Express)	欧	成功	火星快车所携带的用来探测火星地下水的 MARSIS 雷达，有一根 20 m 长的天线杆，用中空的圆柱形玻璃纤维分段构成，像手风琴一样折叠起来，接到指令后打开。由于这种伸展机构伸缩性能伸展出来。只是使用了伸展动力学的计算机仿真代替了实物试验。当时采用的是 ADAMS 软件，但后来发现，探测这种伸展机构存在隐患时，探测器已经发射升空	在火星快车系统交付后，继续对将在 2005 年发射的火星勘测轨道器（MRO）用的类似天线进行仿真研究。由于仿真中高度计在伸展时可能会发生"后冲"，从而使天线杆撞击该天线本身。由于这个个发现使得指挥部决定改变天线的应用程序。原计划在 2004 年 4 月，即时展开天线，但由于这个原因，决定推迟该月时展开天线，目的是使其有良好运行果带来隐患或失控风险带来隐患的仪器先工作，然后再决定展开天线风险或失控风险带来隐患的天线杆展开
35	2003-06-02	猎兔犬-2号 (Beagle-2)	欧	失败	猎兔犬-2着陆器在 12 月 19 日采用弹簧载荷抛射器从探测器中释放，但是它也和美国火星极地着陆器/深空-2探测器一样，从此杳无音信，基本上没有可以用来推断故障模式的信息	由于计划日程十分紧迫，探测器质量裕度和能量裕度板有限，系统中没有冗余件，因此遇到任何单点故障都没有办法解决，造成猎兔-2失事的一个可能的原因是环境因素。由于错误地预估了火星大气密度，使之以过大的速度撞击在火星表面。由火星快车拍摄到的图像中，可看到猎兔犬-2密封舱后部似乎有冰状沉积物，怀疑缓冲气囊充分膨胀后的氦气可能在太空飞行时就泄露掉了，但确切真相无法得知

续表

序号	日期	探测器	国别	任务结果	故障描述	故障原因
36	2003-06-10	火星探测漫游者/勇气号（Spirit）	美	成功	2004年1月21日，勇气号到达火星表面18个火星日后，出现了与地面中断联系数小时的故障。在重新建立联系后发现它已处于故障模式	故障是因内存存储的文件过多所致。一个128M的随机内存存储器用于工作存储，放置着用来管理内存的软件。但这种设计的软件占据了太多的内存，导致计算机反复重新设置。原因是文件管理过分松散，自从进入火星际飞行以来，在文件系统中积累了约1000个文件。在1月30日将这些文件删除后，问题才缓解，但仍未重新和修正常运行。最后是用了14天诊断和修正才重新正常运行
37	2003-06-10	火星探测漫游者/勇气号（Spirit）	美	成功	2004年8月5日，勇气号火星车上的一个半导体元件可能出现故障，引起一台小型热辐射分光计（Mini-TES）停止工作	可能是执行指令的程序有问题。程序设计员最终找到了消除故障的办法，重建火星车的程序保障系统
38	2003-07-07	火星探测漫游者/机遇号（Opportunity）	美	成功	2004年1月24日机遇号的温度调节装置出现故障，消耗了大量电能；4月26日，火星日遇到了麻烦，经第446个火星日遇到它的过位于子午线高地的由强风形成的波纹状沙丘时，轮子陷入了该处松软物质中深达10cm，通过这个地方花费了5个多星期	温度调节装置故障

续表

序号	日期	探测器	国别	任务结果	故障描述	故障原因
39	2005 - 08 - 12	火星勘测轨道器（Mars Reconnaissance Obiter, MRO）	美	成功	MRO 轨道器于 2009 年 2 月 23 日经历了一次快速重启，在 6 月 4 日又经历了相同的情况。工程师们到现在仍不知道重启是什么引起了快速重启。起初认为可能是太阳粒子或宇宙射线袭击了探测器。但在 8 月份，又经历了另一次不同情况的重启。决定切换到备份计算机。这三次重启是否有关联，是否由相同的问题所引起仍是个谜团	原因仍然难以确定
40	2007 - 08 - 04	凤凰号（Phoenix）	美	成功	凤凰号探测器于 2008 年 5 月 25 日在火星北极着陆后，超额完成了预定的探测任务，但 5 个月后，火星北极寒冷的冬天来临，凤凰号可获得的太阳能量逐渐减少，而当初的设计并没有专门考虑火星冬季严寒的气候。凤凰号只接受过 -55℃寒冷环境的测试，而火星北极冬季最低温度可达 -126℃，最终使探测器被激活不在。第二年春天曾多次试图激活该探测器，但均未成功	设计中只考虑凤凰号探测器在火星极区工作 3 个月，因此没有对火星冬季的极端低温环境作更多试验。实际情况是在着陆火星 5 个月后凤凰号的健康状况依然良好，还可以用来对火星极地作更广泛深入的探测。但这时火星北极的冬季来临，其严寒远远超出凤凰号的设计要求，只好采取临时应对措施使探测器处于冬眠状态，希望在第二年春季到来后再唤醒。未预料到的是由于原先设计时考虑不周，探测器未能经受严酷环境的考验

续表

序号	日期	探测器	国别	任务结果	故障描述	故障原因
41	2011－11－09	福布斯－土壤／萤火一号（Phobos－Grunt）	俄/中	失败	福布斯－土壤探测器采用天顶－2SB火箭发射升空，星箭分离后进入地球停泊轨道，但在发布第一次变轨指令，使其进入椭圆轨道的过程中，发动机未能点火，探测器变轨失败。经过连同搭载的萤火一号探测器坠毁在太平洋，探测任务失败	由于计算机系统出现故障，探测器未能建立惯性姿态作出变轨动作，导致上面级发动机未能点火，无法进入地－火转移轨道而坠毁。深层次原因仍在研讨中